职业教育教学系列丛书

AutoCAD 计算机辅助设计绘图员（机械类）技能训练

主　编　杜　昱

副主编　洪晓燕　　罗　萍　　张兰英

主　审　姚德强

電子工業出版社

Publishing House of Electronics Industry

北京 · BEIJING

内 容 简 介

本书为 AutoCAD 计算机辅助设计绘图员（机械类）技能实训教学的指导书，内容包括 AutoCAD 计算机辅助设计绘图员（机械类）技能训练的训练要求与题型说明、训练题详解、模拟训练题。

本书既可作为技工院校、职业院校机械类、机电类或其他相近专业的教材使用，又可作为计算机辅助设计绘图人员及 AutoCAD 爱好者的自学参考资料。

图书在版编目（CIP）数据

AutoCAD 计算机辅助设计绘图员（机械类）技能训练 / 杜昱主编. — 北京：电子工业出版社，2021.11
ISBN 978-7-121-42312-3

I. ①A… II. ①杜… III. ①计算机辅助设计－AutoCAD 软件－中等专业学校－教材 IV. ①TP391.72

中国版本图书馆 CIP 数据核字（2021）第 226218 号

责任编辑：张　凌
印　　刷：涿州市般润文化传播有限公司
装　　订：涿州市般润文化传播有限公司
出版发行：电子工业出版社
　　　　　北京市海淀区万寿路 173 信箱　邮编：100036
开　　本：787×1092　1/16　印张：11　字数：281.6 千字
版　　次：2021 年 11 月第 1 版
印　　次：2025 年 2 月第 4 次印刷
定　　价：33.00 元

凡所购买电子工业出版社图书有缺损问题，请向购买书店调换。若书店售缺，请与本社发行部联系，联系及邮购电话：(010) 88254888，88258888。

质量投诉请发邮件至 zlts@phei.com.cn，盗版侵权举报请发邮件至 dbqq@phei.com.cn。

本书咨询联系方式：(010) 88254583，zling@phei.com.cn。

前　言

AutoCAD 是一款通用的计算机辅助设计软件。随着时间的推移和软件的不断完善，AutoCAD 已由原先的侧重于二维绘图技术为主，发展到二维、三维绘图技术兼备且具有网上设计的多功能 CAD 软件系统。AutoCAD 具有良好的用户界面，通过交互菜单或命令行的方式便可以进行各种操作。它的多文档设计环境，让非计算机专业人员也能很快地学会使用。

“业精于勤荒于嬉”，任何一种工具的学习都应从基本的操作练习开始。只有经过循序渐进、系统性和实战性的练习，读者才能更好地掌握软件的基本功能和操作方法，才能真正地了解其应用技巧，并提高解决实际问题的能力。

为帮助技工院校、职业院校的教师全面、系统地讲授 AutoCAD 这门课程，我们几位长期从事 CAD/CAM 教学的教师共同编写了本书。本书按照 AutoCAD 系统的功能模块来划分训练内容，由浅入深，既有针对单个功能的基本操作练习，也有难度较高的综合性练习，能够满足读者在不同阶段的训练需求，对初、中级读者有较大的参考价值。如果读者按照本书的安排，认真完成练习，就可以较好地掌握 AutoCAD 的操作方法。

本书分为三部分：训练要求与题型说明、训练题详解、模拟训练题。

训练要求主要说明技能训练的要求，包括机械制图和计算机绘图两方面的知识要求、技能要求和训练内容。

题型说明介绍训练题命题的指导思想、基本原则、题型及内容。

训练题详解针对训练题的七个题目做出详细的解答，包括机械制图的知识点、计算机绘图软件的知识点、解题的过程和步骤、注意事项等。

模拟训练题主要是针对目前教材品种多而学生练习少的情况，遵循由浅入深、循序渐进的原则编制的，内容针对性强，可作为 AutoCAD 及其他绘图软件的练习手册。

本书既可作为技工院校、职业院校机械类、机电类或其他相近专业的教材使用，又可作为计算机辅助设计绘图人员及 AutoCAD 爱好者的自学参考资料。

本书由杜昱担任主编，由洪晓燕、罗萍、张兰英担任副主编，由姚德强主审。由于编者水平有限，本书难免在内容选材和叙述上有欠缺之处，恳请广大读者批评指正，并提出宝贵意见。

编　者

前言

目　录

第一部分　训练要求与题型说明

第二部分　训练题详解

第三部分 模拟训练题

第一部分

训练要求与题型说明

训 练 要 求

1.1 知识要求

（1）掌握机械制图国家标准的基本规定，如图样幅面（图框尺寸、标题栏等）、图线、字体、绘图比例、尺寸标注等。

（2）掌握几何作图的方法和步骤。

（3）掌握投影的基本概念、基本规律，物体三个投影之间的关系。

（4）掌握基本立体（平面立体、回转体）的投影特性，以及立体表面的截交线、相贯线和基本性质。

（5）掌握形体分析法、线面分析法，通过形体的几个投影构造其空间的三维形象。

（6）掌握形体的视图表达方法，如全剖视、半剖视、局部剖视等的概念和作图方法。

（7）掌握零件图的表达方法、表达内容，零件的视图选择、尺寸标注、技术要求等。

（8）掌握简单装配图的阅读与拆画零件图的方法。

（9）掌握计算机绘图系统的基本组成及操作系统的一般知识。

（10）掌握基本图形的生成及编辑的方法和知识。

（11）掌握复杂图形（如块的定义与插入、图案填充等）、尺寸、复杂文本等的生成及编辑的方法和知识。

（12）掌握图形的输出及相关设备的使用方法和知识。

1.2 技能要求

（1）具有基本的计算机操作系统使用能力。

（2）具有基本图形的生成及编辑能力（绘制平面几何图形的能力）。

（3）具有通过给定形体的两个投影求其第三个投影的能力。

（4）具有绘制形体的全剖视图、半剖视图、局部剖视图的能力。

（5）具有复杂图形（如块的定义与插入、图案填充等）、尺寸、复杂文本的生成及编辑能力。

（6）具有绘制零件图和拆画简单装配图的能力。

（7）掌握图形的输出方法及相关设备的使用方法。

1.3 训练内容

1.3.1 文件操作

（1）调用已存在的图形文件。

（2）将当前图形存盘。
（3）用绘图机或打印机输出图形。

1.3.2 绘图环境的设置

（1）根据机械制图的国家标准，设置绘图界限。
（2）根据机械制图的国家标准，设置图层、线型、颜色。
（3）根据机械制图的国家标准，设置字体。
（4）根据机械制图的国家标准，绘制图样边框、图框、标题栏等。

1.3.3 绘图工具

（1）设置单位制、栅格、正交等。
（2）数据的输入，如绝对坐标输入法、相对坐标输入法、极坐标输入法。
（3）相对基点的确定方法（如查询点坐标命令 ID）。
（4）目标点的跟踪、捕捉方法。

1.3.4 绘制、编辑二维图形

（1）绘制点、线、面、圆弧、矩形、多段线等基本图素。
（2）绘制字符、符号等图素。
（3）绘制平面几何图形。
（4）通过形体的两个投影求其第三个投影。
（5）绘制复杂图形，如块的定义与插入、图案填充、复杂文本输入等。
（6）编辑点、线、面、圆弧、矩形、多段线等基本图素，如删除、恢复、复制、变化等。
（7）编辑字符、符号等图素。
（8）编辑复杂图形，如插入的块、填充和图案、输入的复杂文本等。
（9）将形体的视图改画成全剖视图、半剖视图、局部剖视图。
（10）绘制机械零件图。
（11）从装配图中拆画零件图。

1.3.5 标注尺寸

（1）根据机械制图的国家标准，设置机械制图的尺寸标注样式。
（2）标注长度型、角度型、直径型、半径型、基线型尺寸。
（3）修改各种类型的尺寸。
（4）标注尺寸公差。

题 型 说 明

2.1 命题的指导思想

训练题紧密结合专业要求，以加强绘图的基础知识、图形思维能力、绘图软件的操作能力、标准化和规范化作图能力为目的，具体命题指导思想如下。

（1）训练应用绘图软件的基本技能，如图幅、图层、线型设置，绘制图框、标题栏，设置字样，注写文字等。

（2）训练基本绘图能力，如几何作图、圆弧连接、目标捕捉、绘图命令、编辑命令等。

（3）训练识读投影图的能力，如通过形体的两个投影求出第三个投影。这些形体包括叠加式的组合体、简单切割式的组合体。

（4）训练视图表达的能力，如采用剖视、断面、简化等方法表达形体。

（5）训练零件图的画法，包括零件图的视图表达、尺寸标注、公差和表面粗糙度代号标注。

（6）训练装配图的画法，包括：由简单装配图拆画零件图，所画零件图能正确选择视图和标注尺寸；由零件图拼画简单的装配图。

2.2 题型

根据上述指导思想和标准，AutoCAD 计算机辅助设计绘图员（机械类）技能训练的训练题型共有七种。

第一题为图形基本设置训练题，重点培养学员掌握制图标准中的图样规格和绘图软件的基本设置的能力。要求学员根据制图标准，应用绘图软件进行绘图的基本设置，包括图幅、图层、线型、颜色设置；应用绘图与编辑命令绘制图框、标题栏；设置字样，注写文字等。学员应严格按照题目的要求进行设置并绘图。

第二题为二维草图训练题，重点培养学员对圆弧连接中的已知线段、中间线段和连接线段的认识，通过绘图软件进行圆弧连接的方法和步骤。要求学员能熟练运用绘图软件中的目标捕捉、跟踪等工具，准确地定位圆弧与圆弧、圆弧与直线的切点。

第三题为组合体训练题，即根据立体已知的两个投影作出第三个投影，重点培养学员识读投影图的能力。要求学员运用形体分析法和线面分析法的原理，通过形体的两个投影，正确地想象形体的三维形状，进而求出形体的第三个投影。在绘制形体的第三个投影时，要注意“长对正、宽相等、高平齐”。

第四题为剖视图训练题，即根据形体的主视图画出全剖视图、半剖视图、局部剖视图，重点培养学员对视图、剖视概念的理解与掌握。要求学员能熟练掌握全剖视图、半剖视图、局部剖视图的画法，运用绘图软件中的多段线命令绘制波浪线，运用图案填充命令绘制剖面线。

第五题为零件图训练题，重点培养学员对零件图的认识，包括零件图的视图表达、尺寸标注、公差和表面粗糙度代号的标注。要求学员具有综合运用绘图软件绘制零件图的能力，如将表面粗糙度代号构造为带属性的图形块并插入，设置尺寸样式并标注尺寸，特别是标注尺寸公差。

第六题为装配图训练题，即由简单装配图拆画零件图，重点培养学员阅读简单装配图，并从中拆画出指定零件图的能力。要求学员正确选择视图和标注尺寸。

第七题为第三角画法训练题，即将第三角投影视图改为第一角投影视图，重点培养学员对第三角视图的理解。要求学员掌握第三角投影法的概念、第三角画法与第一角画法的区别、第三角投影图的形成、第一角和第三角画法的识别符号。

2.3　有关国家标准及图书

题型中涉及的有关国家制图标准主要如下。

（1）《机械工程 CAD）制图规则》（GB/T 14665－2012）。

（2）技术制图与机械制图国家标准。

（3）《机械制图新旧标准代换教程（修订版）》。

（4）《国家标准机械制图应用指南》。

（5）《技术制图国家标准应用指南》。

（6）《CAD 工程制图规则》（GB/T 18229—2000）。

（7）《产品几何技术规范（GPS）技术产品文件中表面结构的表示法》（GB/T 131—2006 / ISO 1302：2002）。

（8）《中华人民共和国国家标准——机械制图》。

2.4　注意事项

所有题目均由学员在计算机上通过绘图软件 AutoCAD 完成，这就要求学员要认真细致、作图正确，尽量做到以下几点。

（1）认真审题，按照题目的要求绘制图形。如在画零件图中，题目要求表面粗糙度代号要构造为带属性的图形块，再进行插入。如果学员在绘图时未按要求构造表面粗糙度代号的图形块，而是以简单的直线命令绘制表面粗糙度代号，那么，此处将被判定为错误。

（2）应严格按照题目所给定的尺寸绘制图形。这就需要学员熟练掌握绝对坐标输入法、相对坐标输入法、极坐标输入法，熟练掌握确定相对基准点的方法，熟练掌握目标点捕捉的方法，熟练掌握跟踪的方法。

（3）根据要求设置图层、线型、颜色，应注意图形中的粗实线、细实线、点画线、虚线等要绘制在相应的图层上，不要混淆不同的图层和线型。

（4）绘制的图形要精确。如对于圆弧连接中的切点，应运用目标捕捉的方式获取，而不应以目测的方式确定。

（5）根据要求设置尺寸标注样式，通过尺寸标注的有关命令标注尺寸，不得拆开，保持所标注的尺寸是一个完整的图形元素。保持图案填充也是一个完整的图形元素，不要拆开。

第二部分

训 练 题 详 解

AutoCAD 计算机辅助设计绘图员（机械类）技能训练题（样题）

一、基本设置（10 分）

打开图形文件 A1.dwg，在其中完成下列工作。

（1）按以下规定设置图层及线型，并设定线型比例，绘图时不考虑图线宽度。

图层名称	颜色	（颜色号）	线型
01	白	（7）	实线 Continuous（粗实线用）
02	绿	（3）	实线 Continuous（细实线用）
04	黄	（2）	虚线 ACAD_ISO02W100（细虚线用）
05	红	（1）	点画线 ACAD_ISO04W100（细点画线用）
07	粉红	（6）	双点画线 ACAD_ISO05W100（细双点画线用）
08	绿	（3）	实线 Continuous（尺寸标注、公差标注、指引线、表面结构代号用）
09	绿	（3）	实线 Continuous（装配图序列号用）
10	绿	（3）	实线 Continuous（剖面符号用）
11	绿	（3）	实线 Continuous（细实线文本用）

（2）按 1∶1 比例设置 A3 图幅（横装）一张，留装订边，画出图框线（图纸边界线已画出）。

（3）按国家标准规定设置有关的文字样式（样式名为“机械样式”，包含“gbeitc.shx”和“gbcbig.shx”字体），然后画出并填写如下图所示的标题栏，不标注尺寸。

(图样名称)		(材料标识)	
学生姓名		题号	A1
学号		比例	1:1

（标题栏尺寸：行高 16、2×8=16；列宽 30、60、25、25）

（4）完成以上各项内容后，以原文件名保存。

二、用比例 1∶1 画出下图，不标注尺寸（10 分）

绘图前先打开图形文件 A2.dwg，该图已做了必要的设置，可直接在其上作图，作图结果以原文件名保存。

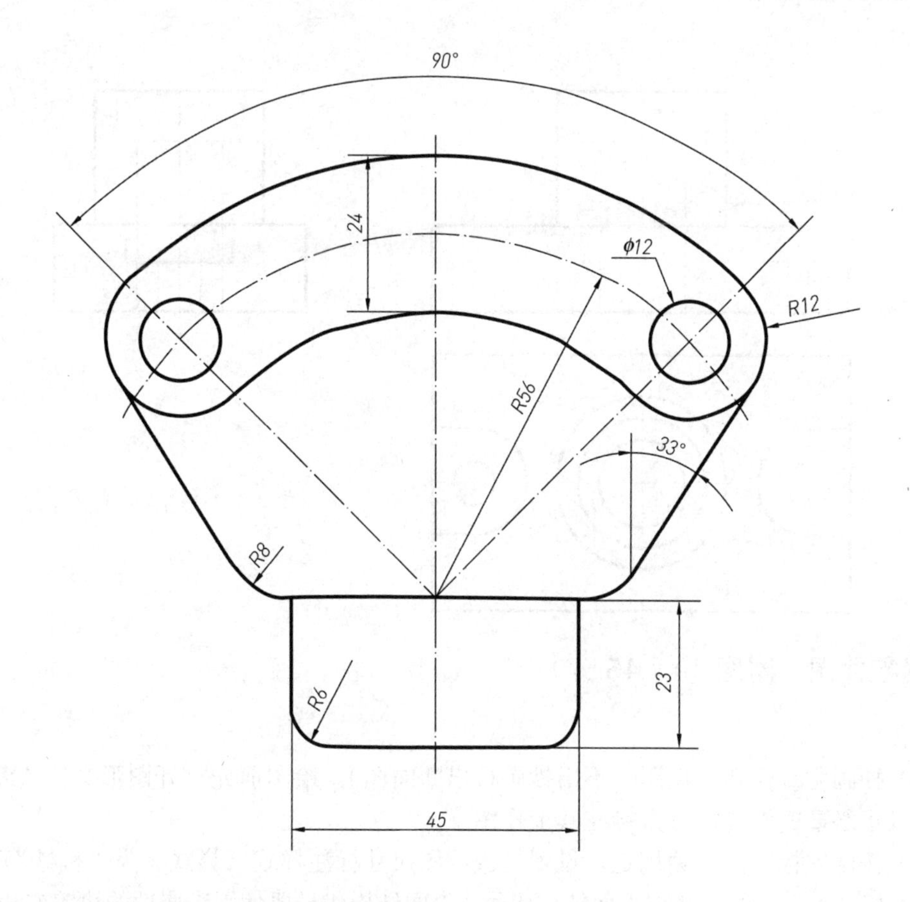

三、根据立体已知的两个投影画出第三个投影（10 分）

绘图前先打开图形文件 A3.dwg，该图已做了必要的设置，可直接在其上作图，作图结果以原文件名保存。

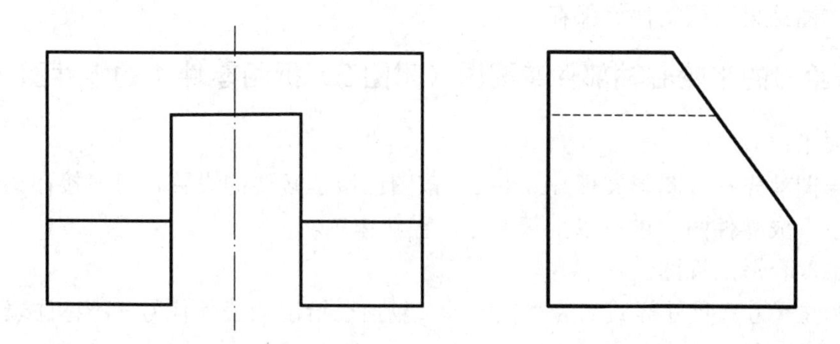

四、把下图所示主体的主视图画成全剖视图，左视图画成半剖视图（10 分）

绘图前先打开图形文件 A4.dwg，该图已做了必要的设置，可直接在其上作图，左视图的右半部分取剖视。作图结果以原文件名保存。

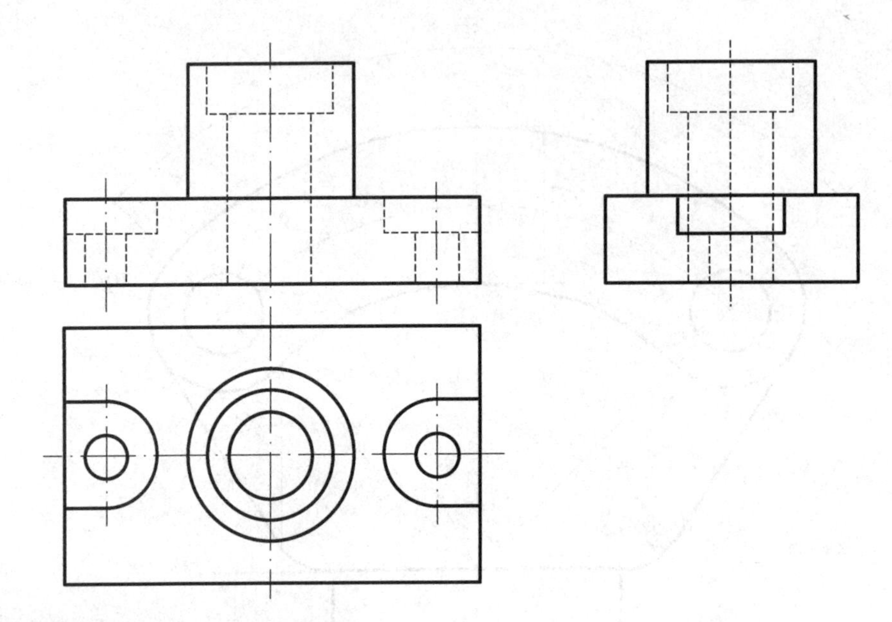

五、画零件图（附图 1）（45 分）

具体要求：

（1）抄画主视图和左视图（不用抄画移出断面图）。绘图前先打开图形文件 A5.dwg，该图已做了必要的设置，可直接在其上作图。

（2）按国家标准的有关规定，设置机械制图尺寸标注样式（样式名为“机械”）。

（3）标注主视图的尺寸与表面结构代号（表面结构代号要使用带属性的块的方法标注，块名为“RA”，属性标签为“RA”，提示为“RA”）。

（4）不用画图框及标题栏，不用标注标题栏上方的表面结构代号及“未注圆角”等字样。

（5）作图结果以原文件名保存。

六、根据给出的齿轮心轴部件装配图（附图 2）拆画零件 1 的零件图（10 分）

具体要求：

（1）绘图前先打开图形文件 A6.dwg，该图已做了必要的设置，可直接在该装配图上进行编辑以形成零件图，也可以全部删除，重新作图。

（2）选取合适的视图。

（3）标注尺寸（尺寸样式名为“机械”），包括已给出的公差代号（不标注表面结构代号和几何公差代号）。

（4）不画图框、标题栏。

（5）技术要求只填写未注圆角与未注倒角。

（6）作图结果以原文件名保存。

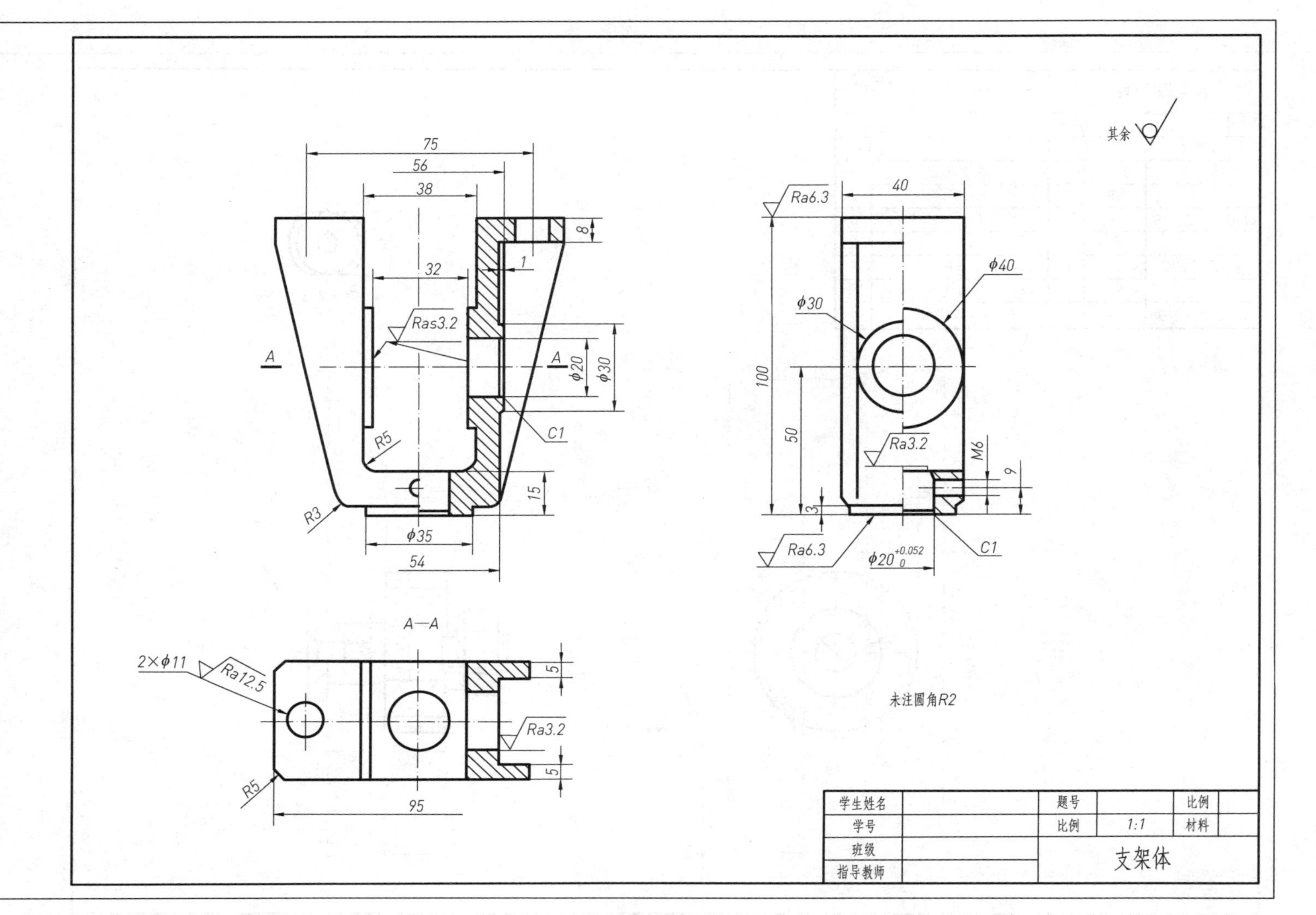

其余
75
56
38
8
32
1
Ras3.2
A
A
φ20
φ30
C1
R5
15
R3
φ35
54
Ra6.3
40
φ40
φ30
100
50
Ra3.2
M6
9
3
Ra6.3
φ20 +0.052 0
C1
A—A
2×φ11
Ra12.5
5
Ra3.2
5
R5
95
未注圆角R2
学生姓名
学号
班级
指导教师
题号
比例
1:1
比例
材料
支架体

附图 1

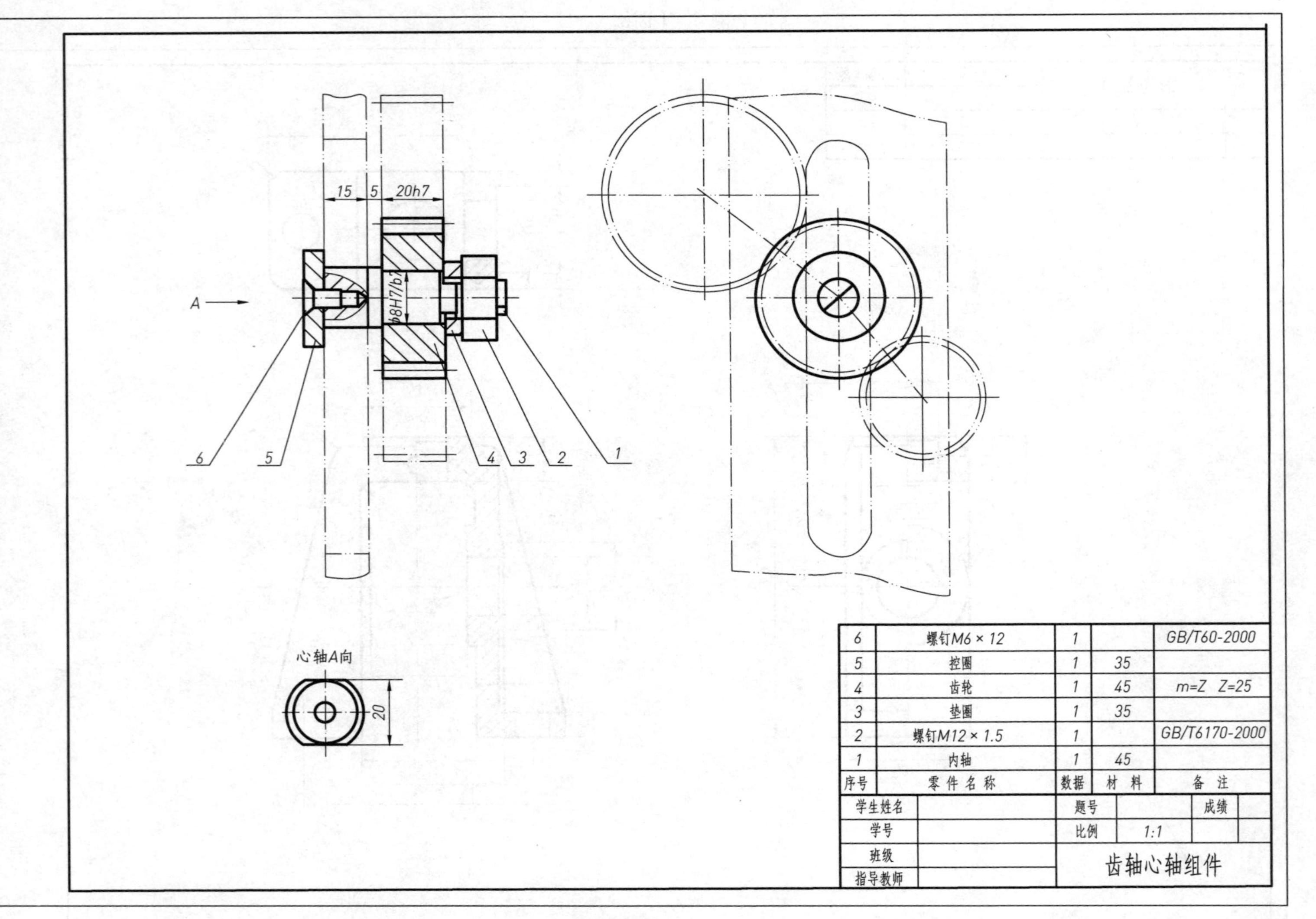
15
5
20h7
ϕ8H7/b7
A
6
5
4
3
2
1
心轴A向
20
6
螺钉M6×12
1
GB/T60-2000
5
挡圈
1
35
4
齿轮
1
45
m=Z Z=25
3
垫圈
1
35
2
螺钉M12×1.5
1
GB/T6170-2000
1
内轴
1
45
序号
零件名称
数据
材料
备注
学生姓名
题号
成绩
学号
比例
1:1
班级
指导教师
齿轴心轴组件

附图 2

七、将第三角投影视图改为第一角投影视图（5 分）

具体要求：

（1）打开 A7.dwg，文件中已提供了立体第三角画法的三视图。

（2）将立体第三角画法的三视图转换为第一角画法的三视图（主、俯、左视图）。

（3）完成后仍以 A7.dwg 为文件名保存在文件夹中。

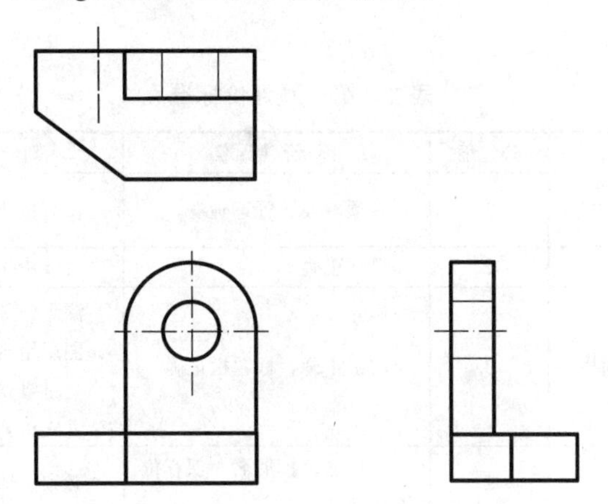

AutoCAD 计算机辅助设计绘图员（机械类）技能训练题评价标准

表 1　第一题评价标准

序　号	评　分　点	分　值	评 价 标 准	判分要求（分值作为参考）
1	图层、线型、颜色、线型比例	3	各项参数设置正确	没有按要求设置要扣分（每项扣 0.5）
2	图框	2	尺寸正确	每线错扣 0.5 分
3	文字样式、标题栏	3	文字正确、标题栏正确	漏画、多画线，每处扣 0.5 分 图层用错，每处扣 0.5 分 文字错误，每处扣 0.5 分 文字排列不规则，扣 1 分
4	保存文件	2	文件名、扩展名、保存位置正确	必须全部正确才得分

表 2　第二题评价标准

序　号	评　分　点	分　值	评 价 标 准	判分要求（分值作为参考）
1	绘图	10	正确使用已有参数（图层、线型、颜色、线型比例） 图形绘制准确	有错扣分： 没有按要求使用，每处扣 0.5 分 作图误差，每线扣 1 分 漏画、多画线，每处扣 1 分 图线接口错误，每处扣 0.5 分 小圆角漏画、错画，每处扣 0.5 分 中心线伸出不当，每处扣 0.5 分 残留污迹，每处扣 0.5 分等

表 3　第三题评价标准

序　号	评　分　点	分　值	评 价 标 准	判分要求（分值作为参考）
1	绘图	10	正确使用已有参数(图层、线型、颜色、线型比例) 图形绘制准确	有错扣分： 没有按要求使用，每处扣 0.5 分 视图投影偏移扣 2 分 视图方向错误扣 3 分 作图误差，每线扣 1 分 漏画、多画线，每处扣 1 分 图线接口错误，每处扣 0.5 分 小圆角漏画、错画，每处扣 0.5 分 中心线伸出不当，每处扣 0.5 分 残留污迹，每处扣 0.5 分等

表 4 第四题评价标准

序 号	评 分 点	分 值	评 价 标 准	判分要求（分值作为参考）
1	绘图	10	正确使用已有参数（图层、线型、颜色、线型比例） 图形绘制准确	有错扣分： 没有按要求使用，每处扣 0.5 分 作图误差，每线扣 1 分 漏画、多画线，每处扣 1 分 图线接口错误，每处扣 0.5 分 小圆角漏画、错画，扣 0.5 分 中心线伸出不当，每处扣 0.5 分 剖面线漏画，每处扣 1 分 剖面线间距过大或过小，每处扣 1 分 残留污迹，每处扣 0.5 分等

表 5 第五题评价标准

序 号	评 分 点	分 值	评 价 标 准	判分要求（分值作为参考）
1	绘图	45	正确使用已有参数（图层、线型、颜色、线型比例） 图形绘制准确 表面粗糙度代号正确 尺寸标注正确	有错扣分： 没有按要求使用，每处扣 0.5 分 视图投影偏移扣 2 分 视图方向错误扣 3 分 作图误差，每线扣 1 分 漏画、多画线，每处扣 1 分 图线接口错误，每处扣 0.5 分 小圆角漏画、错画，每处扣 0.5 分 中心线伸出不当，每处扣 0.5 分 剖面线漏画、错画，每处扣 1 分 剖面线间距过大或过小，每处扣 1 分 螺纹错误，每处扣 1 分 断面图错误，每处扣 2 分 文字错误，每字扣 0.5 分 文字排列不规则扣 1 分 剖视、向视符号错误，每处扣 0.5 分 属性块不正确扣 2 分 表面粗糙度代号尺寸不准确扣 1 分 表面粗糙度代号标注不准确，每处扣 0.5 分 尺寸变量错误，每处扣 2 分 错、漏 ϕ、R 等符号扣 1 分 错注、漏注尺寸，每处扣 1 分 残留污迹，每处扣 0.5 分

表 6 第六题评价标准

序 号	评 分 点	分 值	评 价 标 准	判分要求（分值作为参考）
1	绘图	10	正确使用已有参数（图层、线型、颜色、线型比例） 图形绘制准确 尺寸标注正确	有错扣分： 没有按要求使用，每处扣 0.5 分 视图投影偏移扣 2 分 视图方向错误扣 3 分 作图误差，每线扣 1 分 漏画、多画线，每处扣 1 分

续表

序　号	评　分　点	分　值	评 价 标 准	判分要求（分值作为参考）
1	绘图	10	正确使用已有参数（图层、线型、颜色、线型比例） 图形绘制准确 尺寸标注正确	图线接口错误，每处扣 0.5 分 小圆角漏画、错画，每处扣 0.5 分 中心线伸出不当，每处扣 0.5 分 剖面线漏画、错画，每处扣 1 分 剖面线间距过大或过小，每处扣 1 分 螺纹错误，每处扣 1 分 文字错误，每字扣 0.5 分 文字排列不规则扣 1 分 剖视、向视符号错误，扣 0.5 分 尺寸变量错误，每处扣 2 分 错、漏 ϕ、R 等符号扣 1 分 错注、漏注尺寸，每处扣 1 分 残留污迹，每处扣 0.5 分等

表 7　第七题评价标准

序　号	评　分　点	分　值	评 价 标 准	判分要求（分值作为参考）
1	绘图	5	正确使用已有参数（图层、线型、颜色、线型比例） 图形绘制准确	有错扣分： 没有按要求使用，每处扣 0.5 分 视图投影偏移扣 2 分 视图方向错误扣 3 分 作图误差，每线扣 1 分 漏画、多画线，每处扣 1 分 图线接口错误，每处扣 0.5 分 小圆角漏画、错画，每处扣 0.5 分 中心线伸出不当，每处扣 0.5 分 残留污迹，每处扣 0.5 分

第一题　图形基本设置训练题详解

训练题第一题内容如下。

打开图形文件 A1.dwg，在其中完成下列工作：

（1）按以下规定设置图层及线型，并设定线型比例，绘图时不考虑图线宽度。

图层名称	颜色	（颜色号）	线型
01	白	（7）	实线 Continuous（粗实线用）
02	绿	（3）	实线 Continuous（细实线用）
04	黄	（2）	虚线 ACAD_ISO02W100（细虚线用）
05	红	（1）	点画线 ACAD_ISO04W100（细点画线用）
07	粉红	（6）	双点画线 ACAD_ISO05W100（细双点画线用）
08	绿	（3）	实线 Continuous（尺寸标注、公差标注、指引线、表面结构代号用）
09	绿	（3）	实线 Continuous（装配图序列号用）
10	绿	（3）	实线 Continuous（剖面符号用）
11	绿	（3）	实线 Continuous（细实线文本用）

（2）按 1∶1 比例设置 A3 图幅（横装）一张，留装订边，画出图框线（图纸边界线已画出）。

（3）按国家标准规定设置有关的文字样式（样式名为“机械样式”，包含“gbeitc.shx”和“gbcbig.shx”字体），然后画出并填写如图 1-1 所示的标题栏，不标注尺寸。

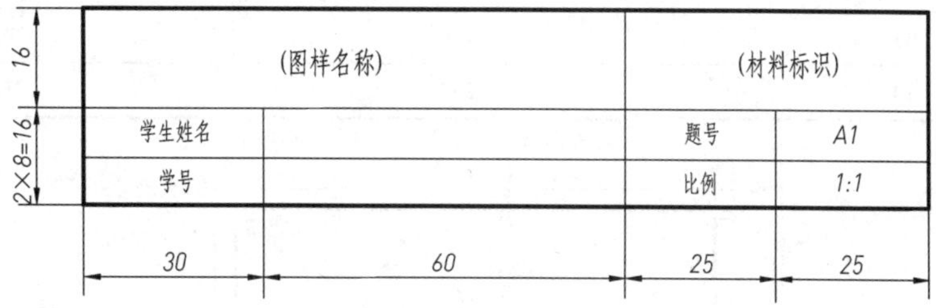

(图样名称)		(材料标识)	
学生姓名		题号	A1
学号		比例	1:1

图 1-1　标题栏格式

（4）完成以上各项内容后，以原文件名保存。

1.1　分析

本题涉及工程制图的主要知识点有图样幅面和格式、图框格式、标题栏格式和尺寸等内容；涉及绘图软件的主要知识点有设置图样幅面、添加新图层、更改图层的颜色、加载线型、更改图层的线型，文字样式的设定、输入文字和修改文字，绘制直线（LINE）、绘制矩形（RECTANG）、确定基点坐标（ID）、偏移（OFFSET）、修剪（TRIM）等命令的使用，利用相对坐标以及对象捕捉来绘制图形等内容。

1.1.1 图样幅面和图框格式（GB/T 14689—2008）

在技术制图国家标准中规定：绘制技术图样时，应优先采用图 1-2 和表 1-1 中所规定的基本幅面。图样上必须用粗实线画出图框，格式分为留装订边和不留装订边两种，但同一产品的图样只能采用一种格式。其中留装订边的图样的图框格式如图 1-3 所示。

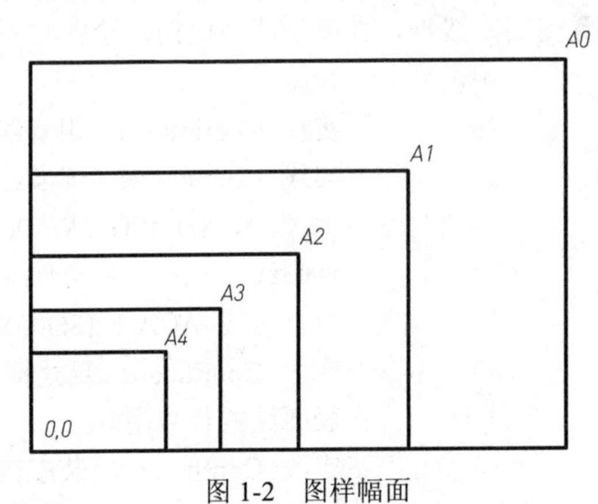

图 1-2 图样幅面

表 1-1 图样幅面尺寸

规 格	X	Y
A0	1189	841
A1	841	594
A2	594	420
A3	420	297
A4	297	210

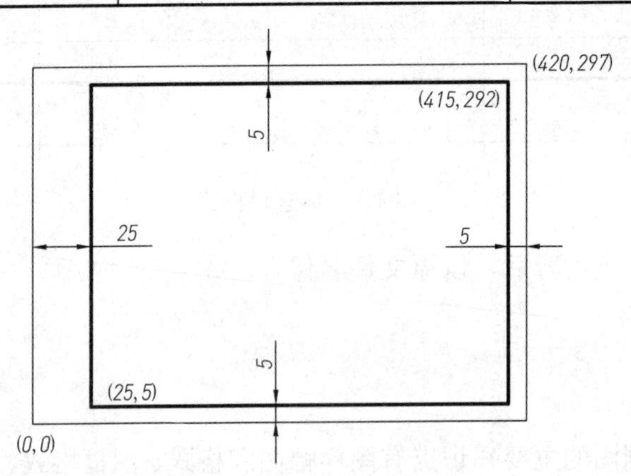

图 1-3 留装订边的图样的图框格式

1.1.2 图层

在 CAD 绘图中，为了清楚地表达图中的图形实体，可以根据需要以不同的形式（如线型、颜色等）表现出来，因此，在同一张图上，会有不同颜色或不同线型的直线、圆、圆弧等图形元素。线型、颜色等非几何信息称为图形元素的属性信息。在一张图上，具有相同的属性的图形元素是很多的，线型与颜色见表 1-2。

表 1-2 线型与颜色

线 型		颜 色
粗实线		白色
细实线		绿色
波浪线		
双折线		
虚线		黄色
细点画线		红色
粗点画线		棕色
双点画线		粉红色

引入图层，指定每一图层的线型、颜色和状态，把有相同线型、颜色和状态的图形元素组织在相同的图层上。这样，在绘制一个图形元素时，只需要确定它的几何数据和所在图层。

菜单命令：格式→图层

命令：LAYER↙

打开“图层特性管理器”对话框，进行图层设置，如图 1-4 所示。

图 1-4 图层设置

CAD 工程图的图层管理见表 1-3。

表 1-3　CAD 工程图的图层管理

层　号	描　述	图　例
01	粗实线 剖切面的粗剖切线	
02	细实线 细波浪线 细折断线	
03	粗虚线	
04	细虚线	
05	细点画线 剖切面的剖切线	
06	粗点画线	
07	细双点画线	
08	尺寸线，投影连线，尺寸终端与符号细实线	
09	参考圆，包括引出线和终端（如箭头）	
10	剖面符号	
11	文本，细实线	ABCD
12	尺寸值和公差	482±1
13	文本，粗实线	KLMN
14，15，16	用户选用	

1.1.3　文字样式

CAD 工程图中所用的字体应按 GB/T 14691 要求，并做到字体端正、笔画清楚、排列整齐、间隔均匀。

CAD 工程图的字体与图纸幅面之间的大小关系见表 1-4。

表 1-4　CAD 工程图的字体与图纸幅面之间的大小关系

<table>
<tr><th rowspan="2">字　体</th><th colspan="5">图纸幅面及字体大小</th></tr>
<tr><th>A0</th><th>A1</th><th>A2</th><th>A3</th><th>A4</th></tr>
<tr><td>字母、数字</td><td colspan="5">3.5mm</td></tr>
<tr><td>汉字</td><td colspan="5">5mm</td></tr>
</table>

菜单命令：格式→文字样式

命令：STYLE↙

打开“文字样式”对话框，进行文字样式设置，如图 1-5 所示。

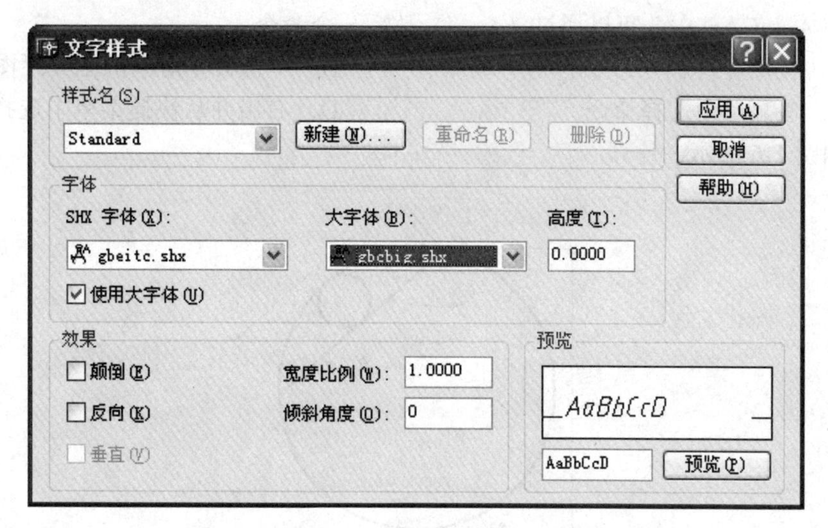

图 1-5　文字样式设置

1.2　注意事项

（1）根据要求设置图层、线型、颜色，应注意图形中的粗实线要绘制在“01”图层上，细实线、文字要绘制在“02”图层上。

（2）应严格按照题目给定的图框和标题栏尺寸绘制图形。这就需要学员熟练掌握绝对坐标输入法、相对坐标输入法、极坐标输入法，熟练掌握确定相对基准点的方法，熟练掌握目标点捕捉的方法，熟练掌握跟踪的方法。

1.3　练习题

1．在 AutoCAD 中，CAD 标准文件名后缀为（　　）。

A．dwg　　B．dxf

C．dwt　　D．dws

2．在 AutoCAD 中，可以给图层定义的特性不包括（　　）。

A．颜色　　B．线宽

C．打印/不打印　　D．透明/不透明

3．AutoCAD 默认打开的工具栏有（　　）。

A．“标准”工具栏　　B．“绘图”工具栏

C．“修改”工具栏　　D．“对象特征”工具栏

E．以上全是

4．AutoCAD 不能用来进行（　　）。

A．文字处理　　B．服装设计

C．电路设计　　D．零件设计

5．在 AutoCAD 中，可以通过（　　）激活一个命令。

A．在命令行输入命令名　　B．单击命令对应的工具栏图标

C．在菜单中选择命令　　D．右击并从快捷菜单中选择命令

6．如图 1-6 所示，计算：

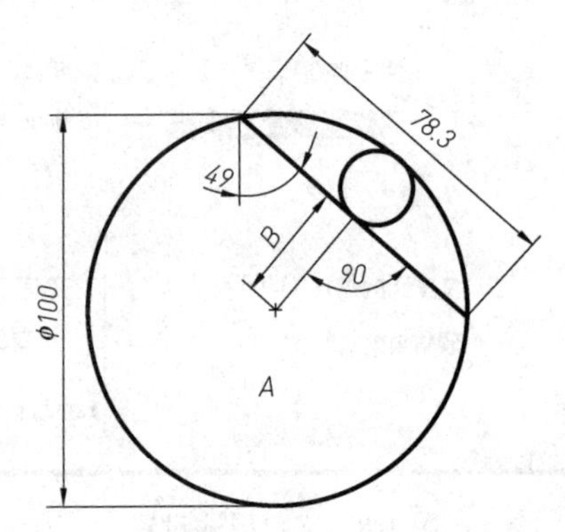

图 1-6　题 6 图

小圆半径值为（　　）。

A．9.449　　B．9.539　　C．9.123

区域 *A* 所围成的面积为（　　）。

A．6822.213　　B．6.822.903　　C．6822.421

B 为（　　）。

A．31.131　　B．31.136　　D．31.101

第二题　二维草图训练题详解

训练题第二题内容如下。

用比例 1∶1 画出图 2-1 所示图形，不标注尺寸。

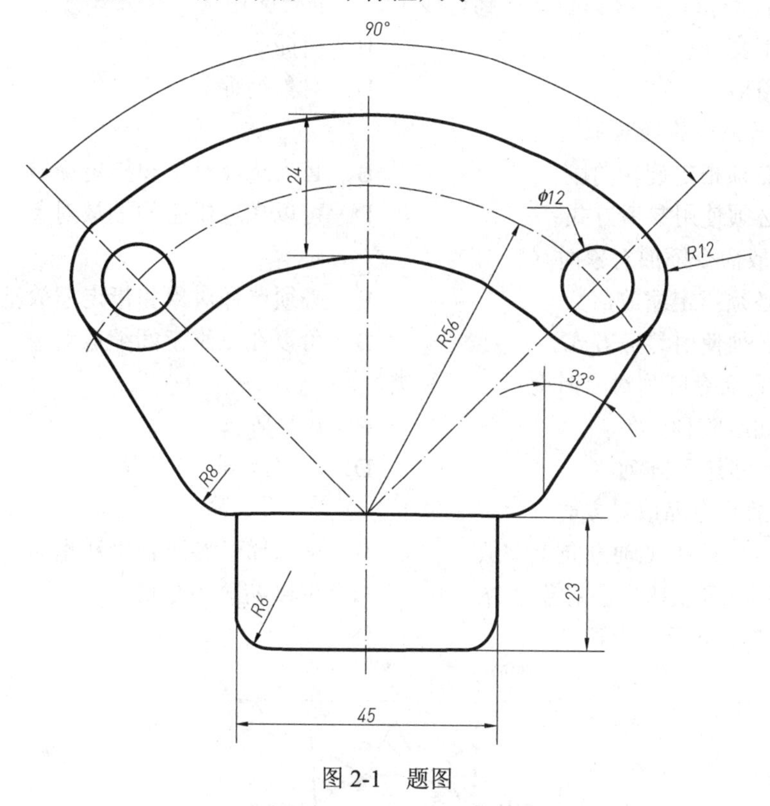

图 2-1　题图

2.1　分析

本题涉及工程制图的主要知识点有圆弧连接等内容；涉及 AutoCAD 的主要知识点有圆弧（ARC）、圆（CIRCLE）、倒角（CHAMFER）、圆角（FILLET）、镜像（MIRROR）、修剪（TRIM）等命令的综合使用。

2.2　注意事项

（1）应注意图形中的粗实线要绘制在“01”图层上，中心线要绘制在“05”图层上。

（2）对于直线与圆弧、圆弧与圆弧连接的切点，应运用目标捕捉的方法获取，不应以目测的方式确定。

2.3 练习题

一、选择题

1．应用倒角命令进行倒角操作时（　　）。

A．不能对多段线对象进行倒角　　B．可以对样条曲线对象进行倒角

C．不能对文字对象进行倒角　　D．不能对三维实体对象进行倒角

2．移动圆对象，使其圆心移动到直线中点，需要应用（　　）。

A．正交　　B．捕捉

C．栅格　　D．对象捕捉

3．用旋转命令旋转对象时（　　）。

A．必须指定旋转角度　　B．必须选择对象和指定旋转基点

C．必须使用参考方式　　D．可以在三维空间缩放对象

4．用缩放命令缩放对象时（　　）。

A．必须指定缩放倍数　　B．必须选择对象和指定缩放基点

C．必须使用参考方式　　D．可以在三维空间缩放对象

5．用阵列命令阵列对象时有（　　）类型。

A．曲线阵列　　B．矩形阵列

C．正多边形阵列　　D．环形阵列

6．用缩放命令缩放对象时（　　）。

A．可以只在 X 轴方向上缩放　　B．可以通过参照长度和指定的新长度确定

C．基点可以选择在对象之外　　D．可以缩放小数倍

7．如图 2-2 所示，计算：

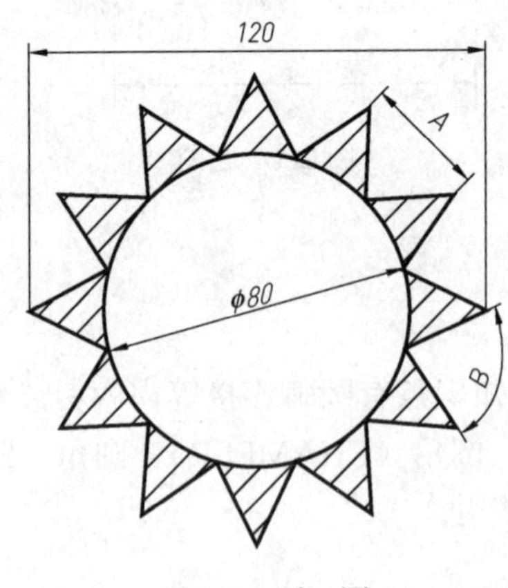

图 2-2　题 7 图

A 为（　　）。

A．31.098　　B．31.058　　C．31.068

B 为（　　）。

A．81.711　　B．82.711　　C．83.711

8．如图 2-3 所示，计算：

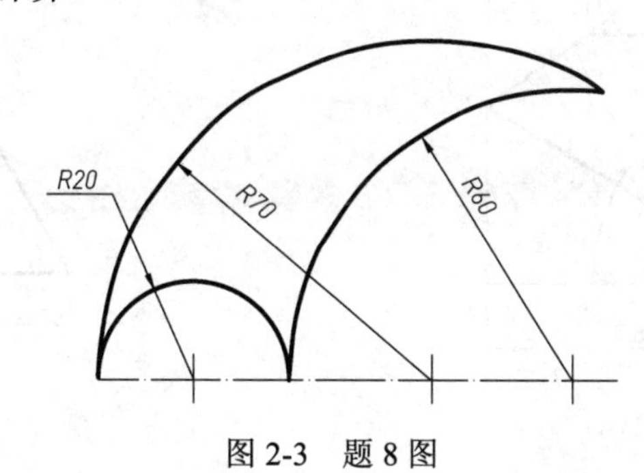

图 2-3　题 8 图

*R*60 的弧长为（　　）。

A．100.928　　　　B．100.958　　　　C．100.912

*R*70 弧的包含角为（　　）。

A．121.781°　　　　B．121.588°　　　　C．121.599°

二、填空题

1．用 LINE 命令绘制水平线或垂直线时，可按________键或单击状态栏上的正交按钮打开正交模式。

2．POINT 命令可以生成________或________。点的样式和大小可由________下拉菜单中的______命令改变点的样式。

3．POLYGON 命令用于绘制从________到________边的正多边形。

三、操作题

1．直线绘图练习。

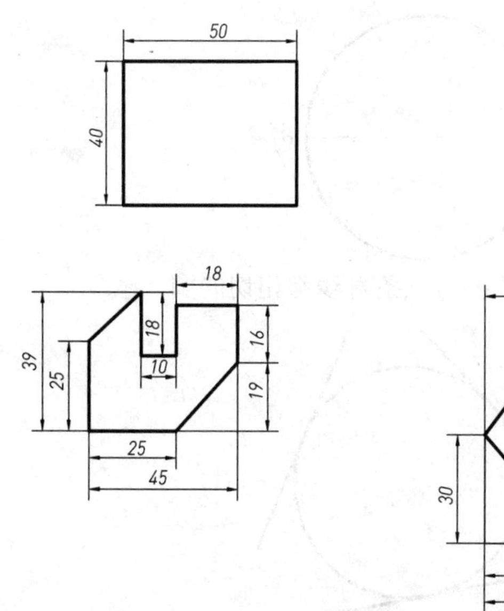

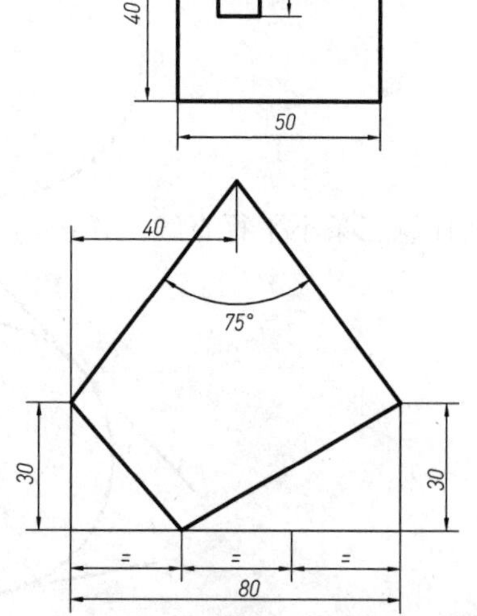

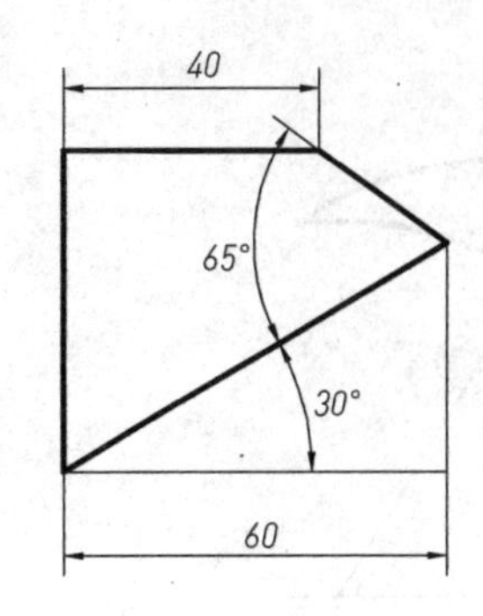

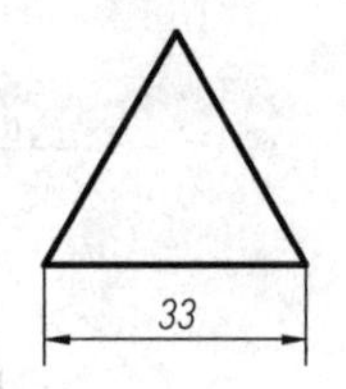

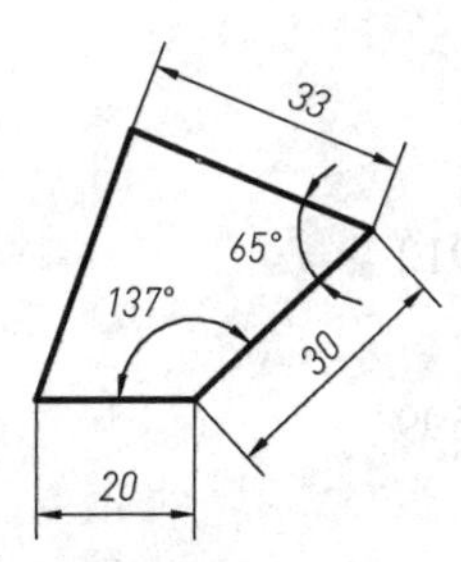

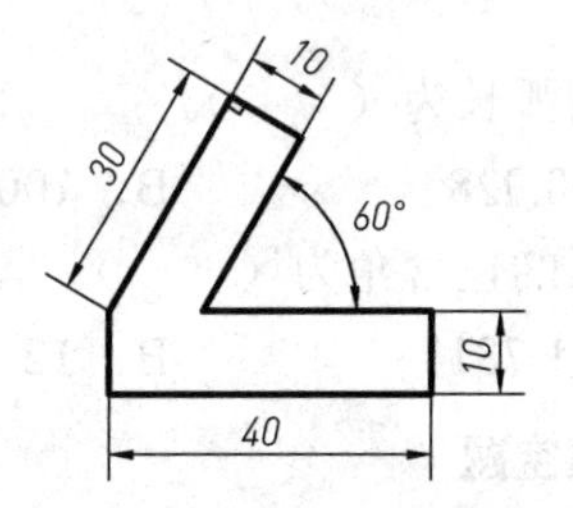

2．圆形绘图练习。

（1）以（60，100）为圆心，$R=80$ 画圆。

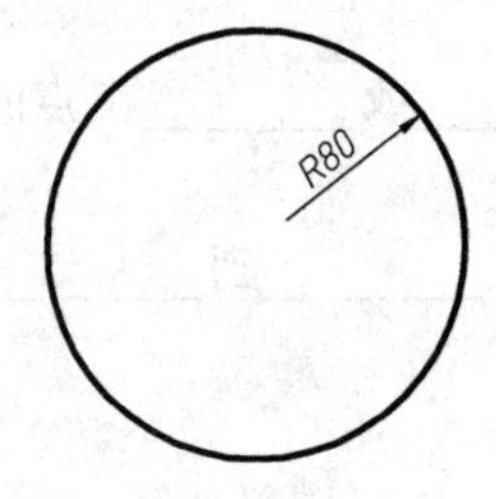

（2）已知直线 $AB=50$，以 AB 两端点画圆。

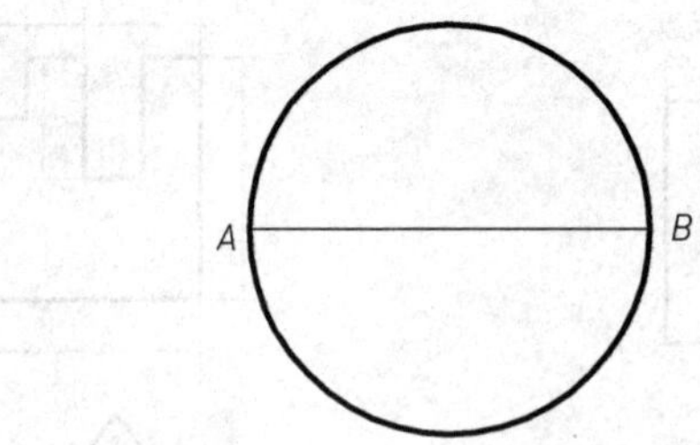

（3）已知任意三条不平行直线，作出与三条直线都相切的圆。

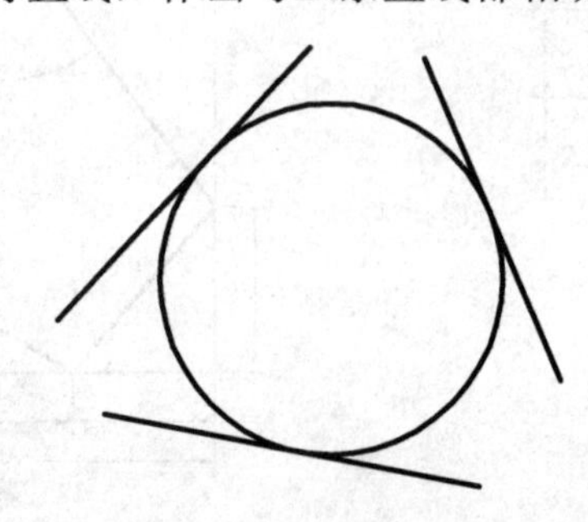

（4）已知任意三个不同心的圆，作出与三个圆都相切的圆。

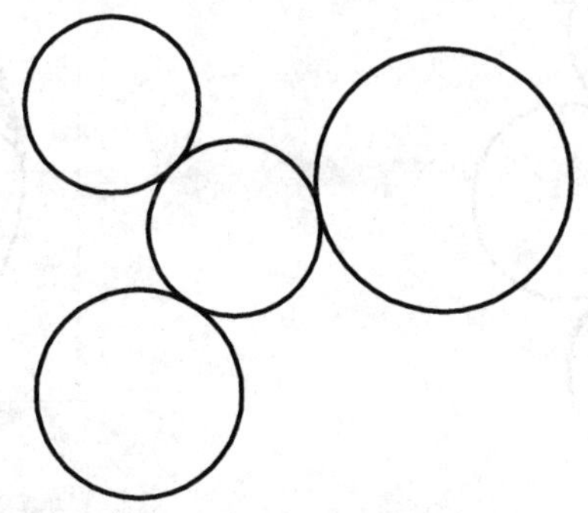

（5）已知圆 1、2，半径如图所示，作圆 3 和圆 4。

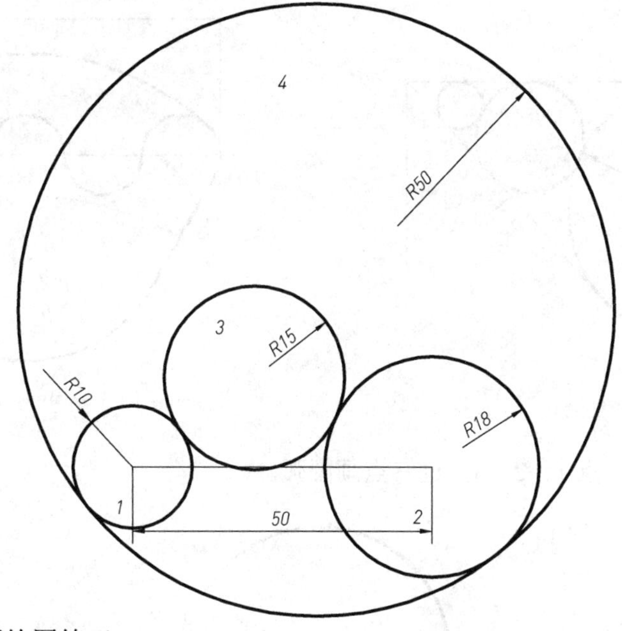

（6）进行以下绘图练习。

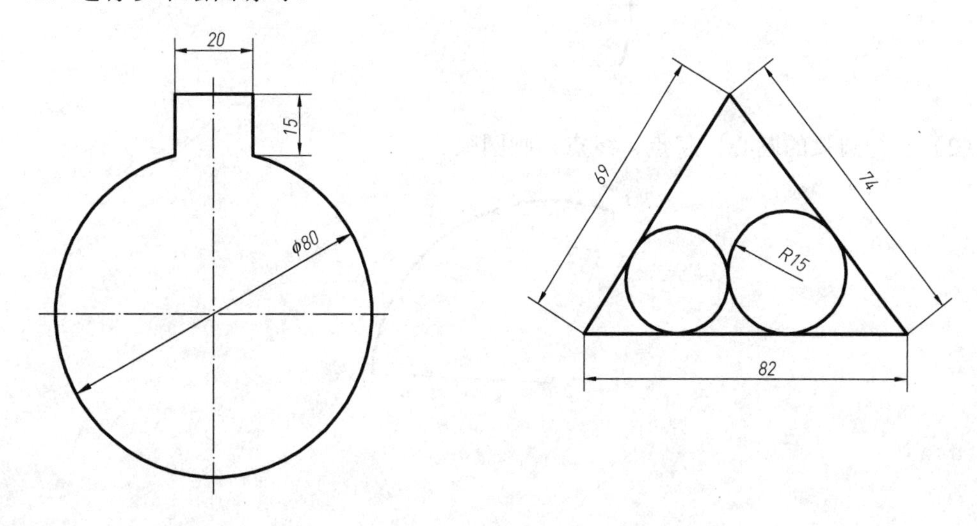

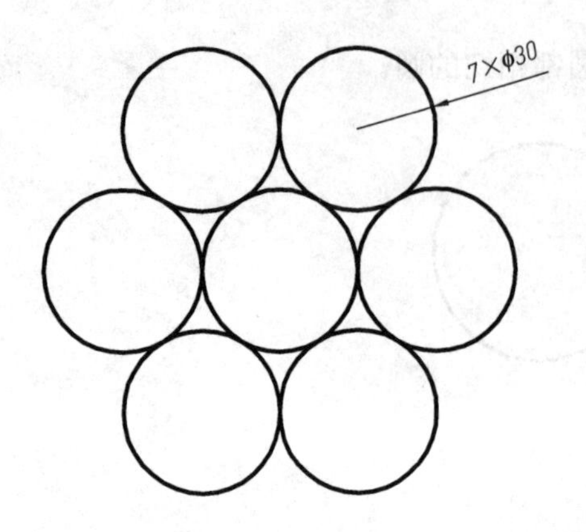

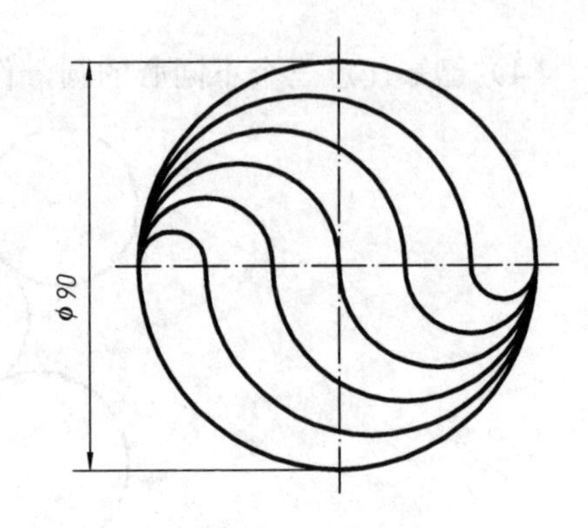

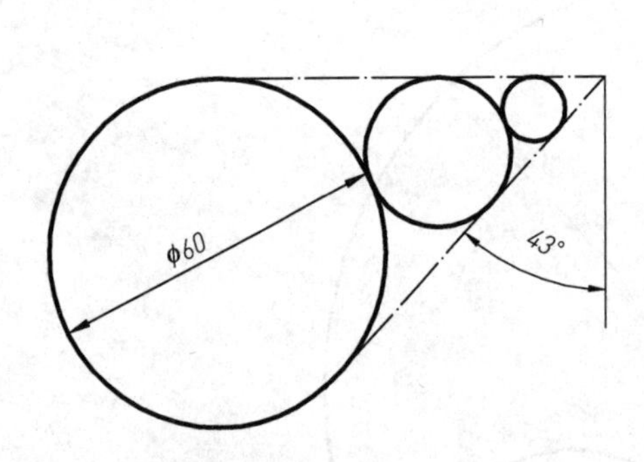

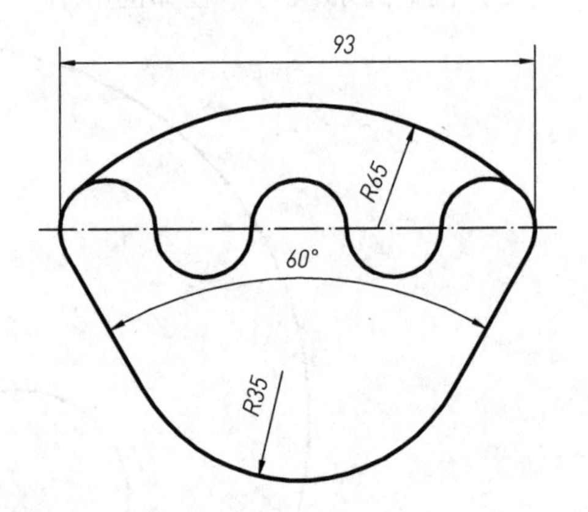

3．圆弧绘图练习。

（1）已知任意三点 1、2、3，过三点画圆弧。

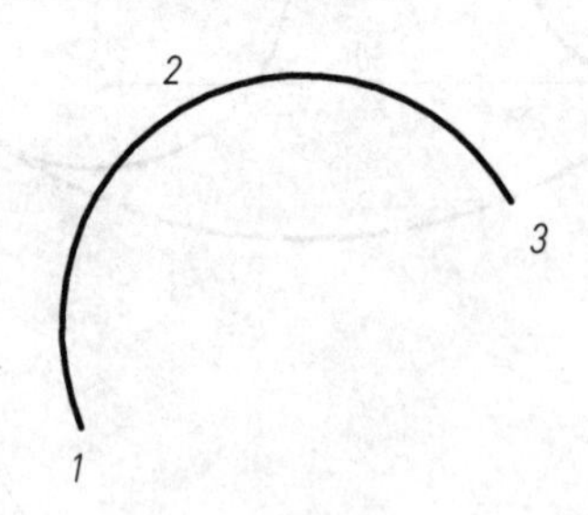

（2）已知圆弧的圆心、起点、终点，画圆弧。

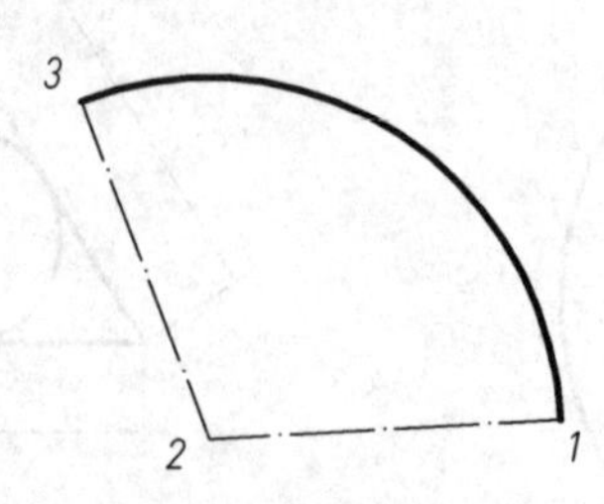

（3）已知圆弧的圆心、起点、角度，画圆弧。

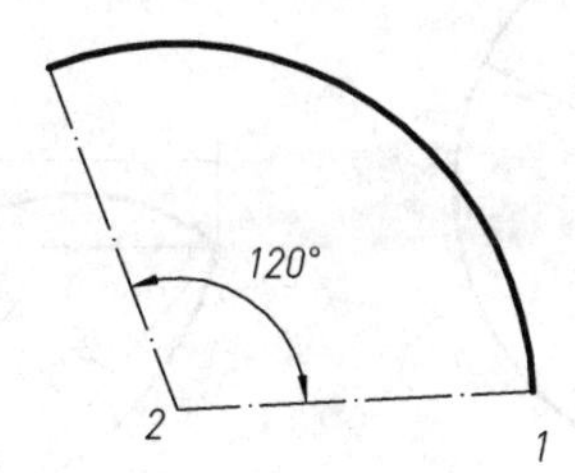

（4）已知圆弧的圆心、起点、弦长，画圆弧。

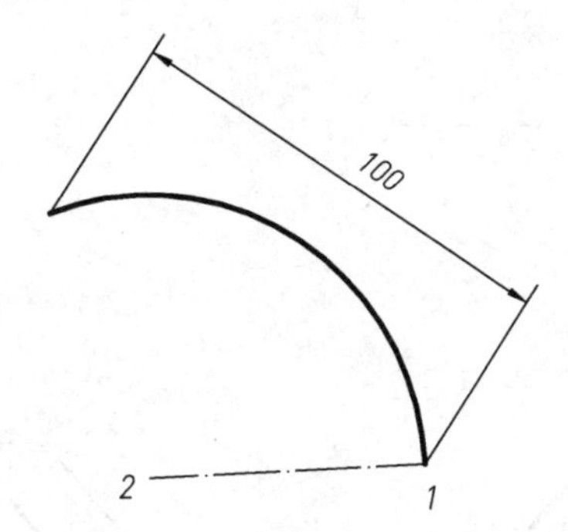

（5）已知圆弧的起点、端点、半径，画圆弧。

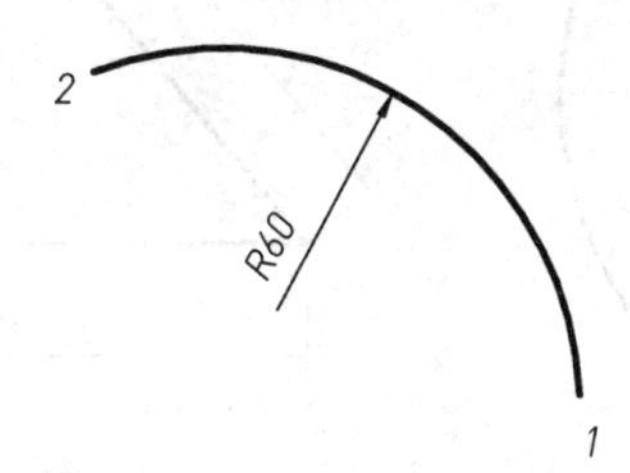

（6）进行以下绘图练习。

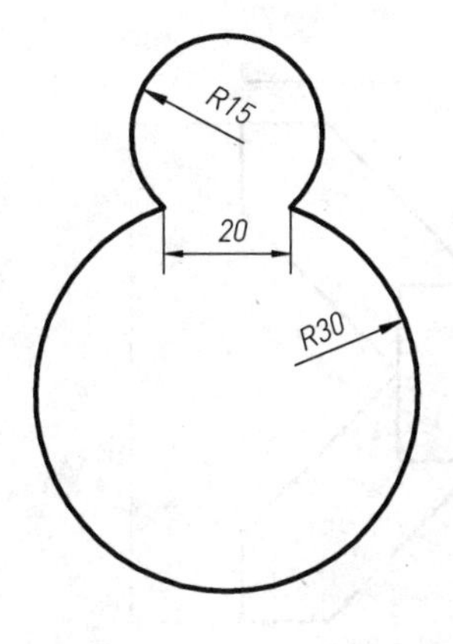

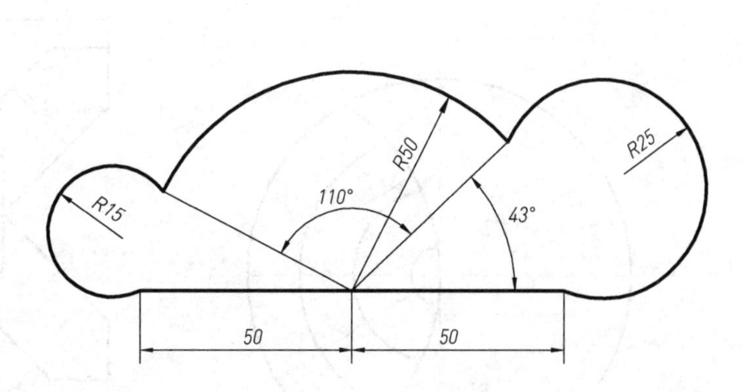

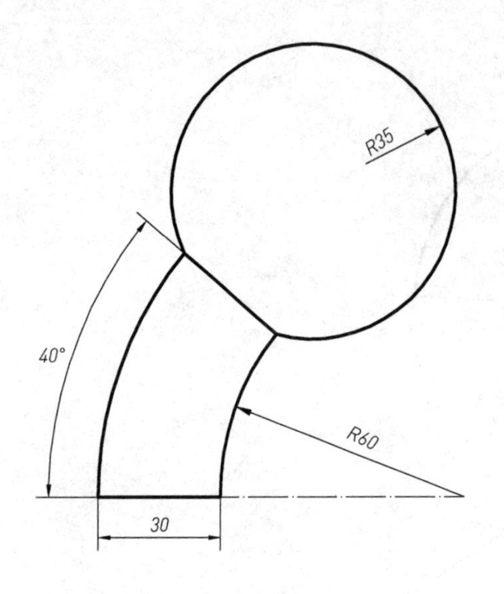
R35
40°
R60
30

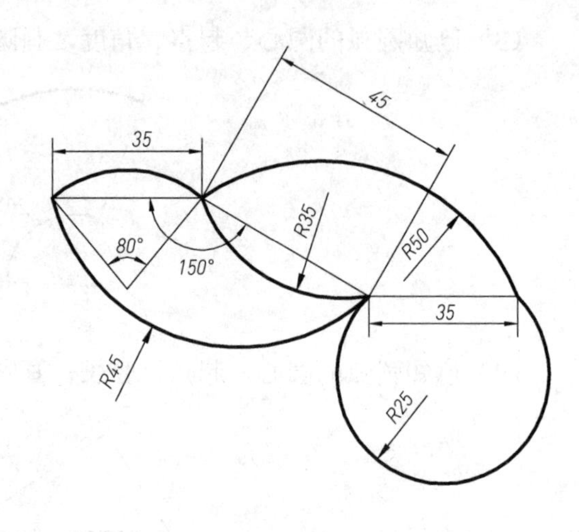
45
35
80°
150°
R35
R50
35
R45
R25

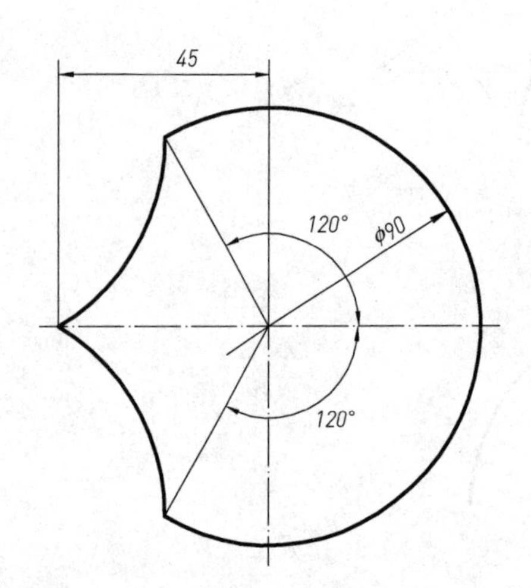
45
120°
ϕ90
120°

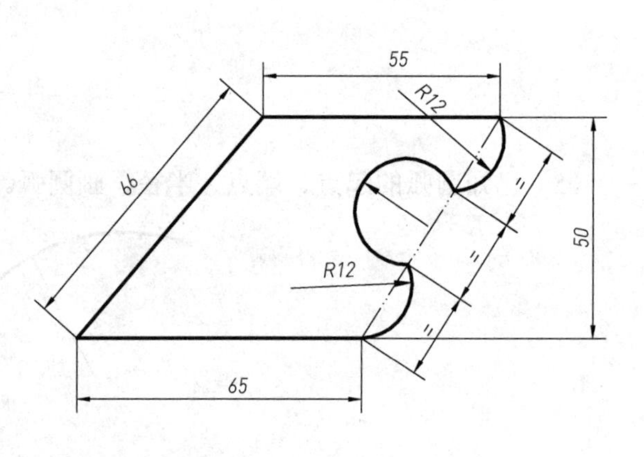
55
R12
66
50
R12
65

4．偏移、修剪练习。

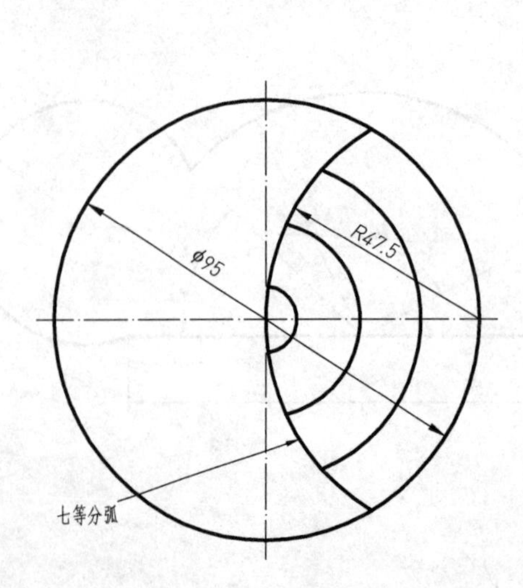
ϕ95
R47.5
七等分弧

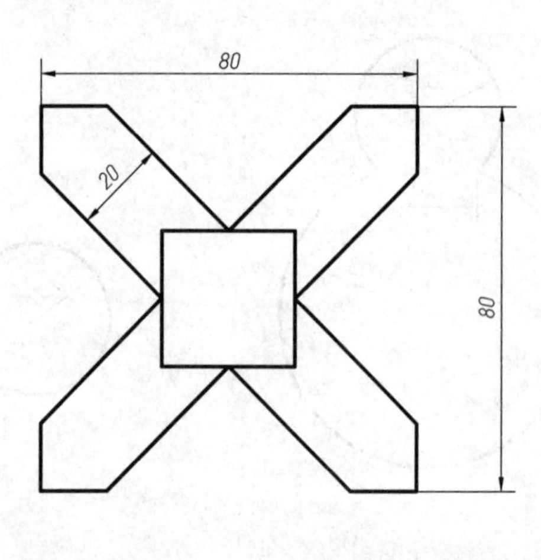
80
20
80

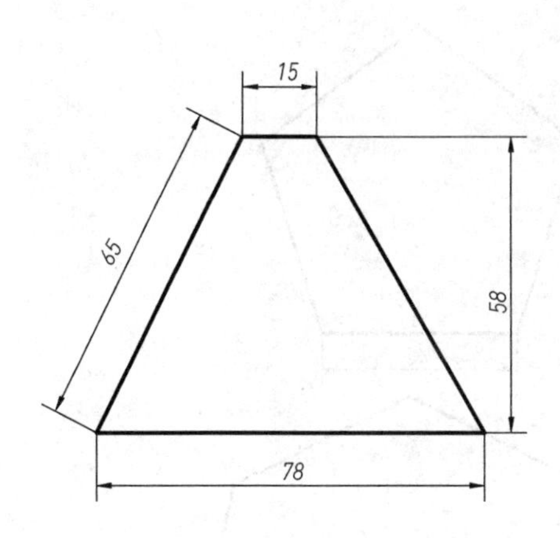

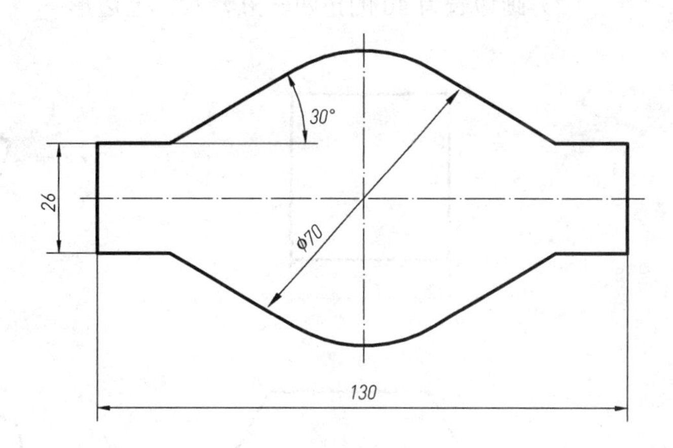

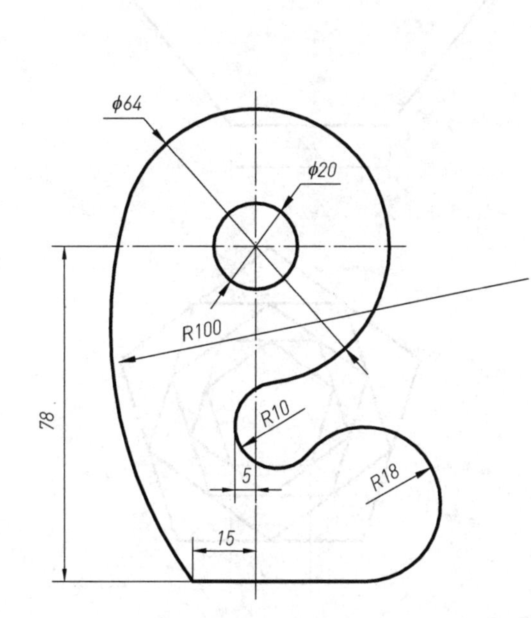

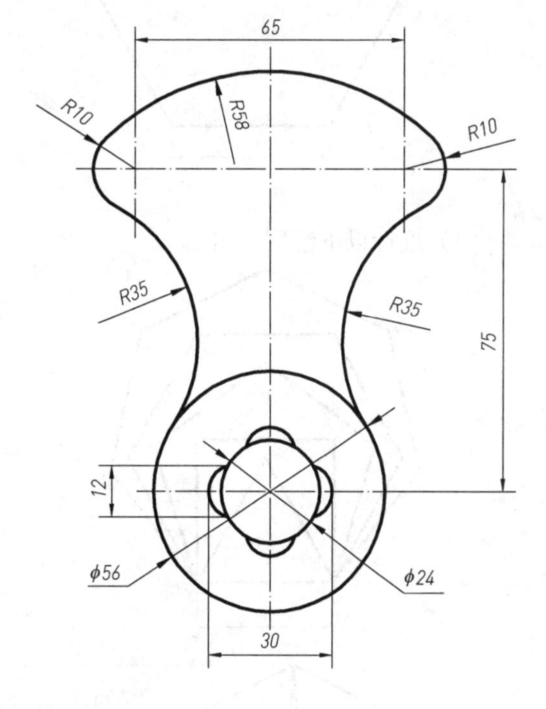

5．正多边形绘图练习。

（1）已知圆 $R=50$，分别画它的内切和外接五边形。

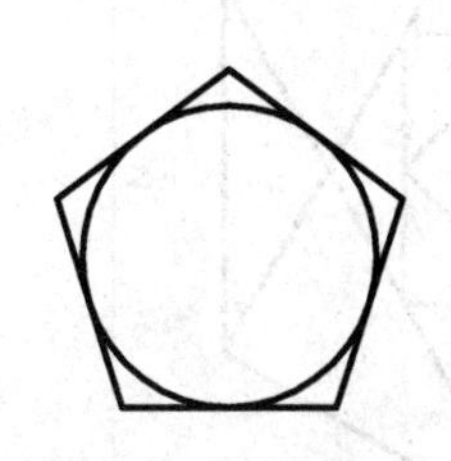

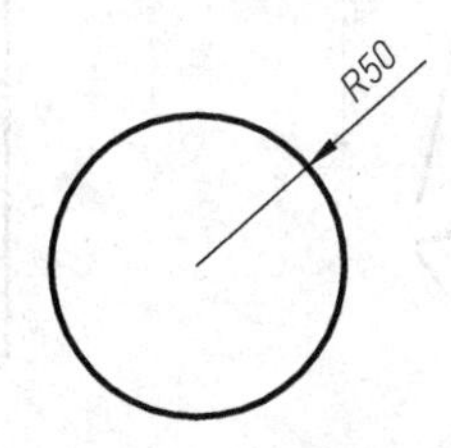

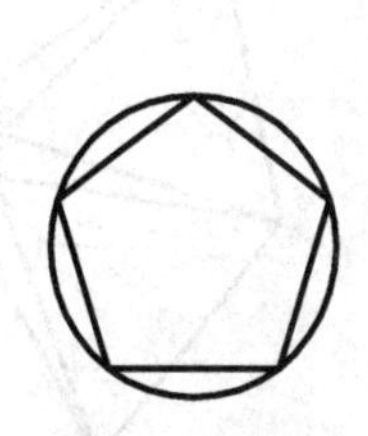

（2）画边长为 40 的正四、五、六、七边形。

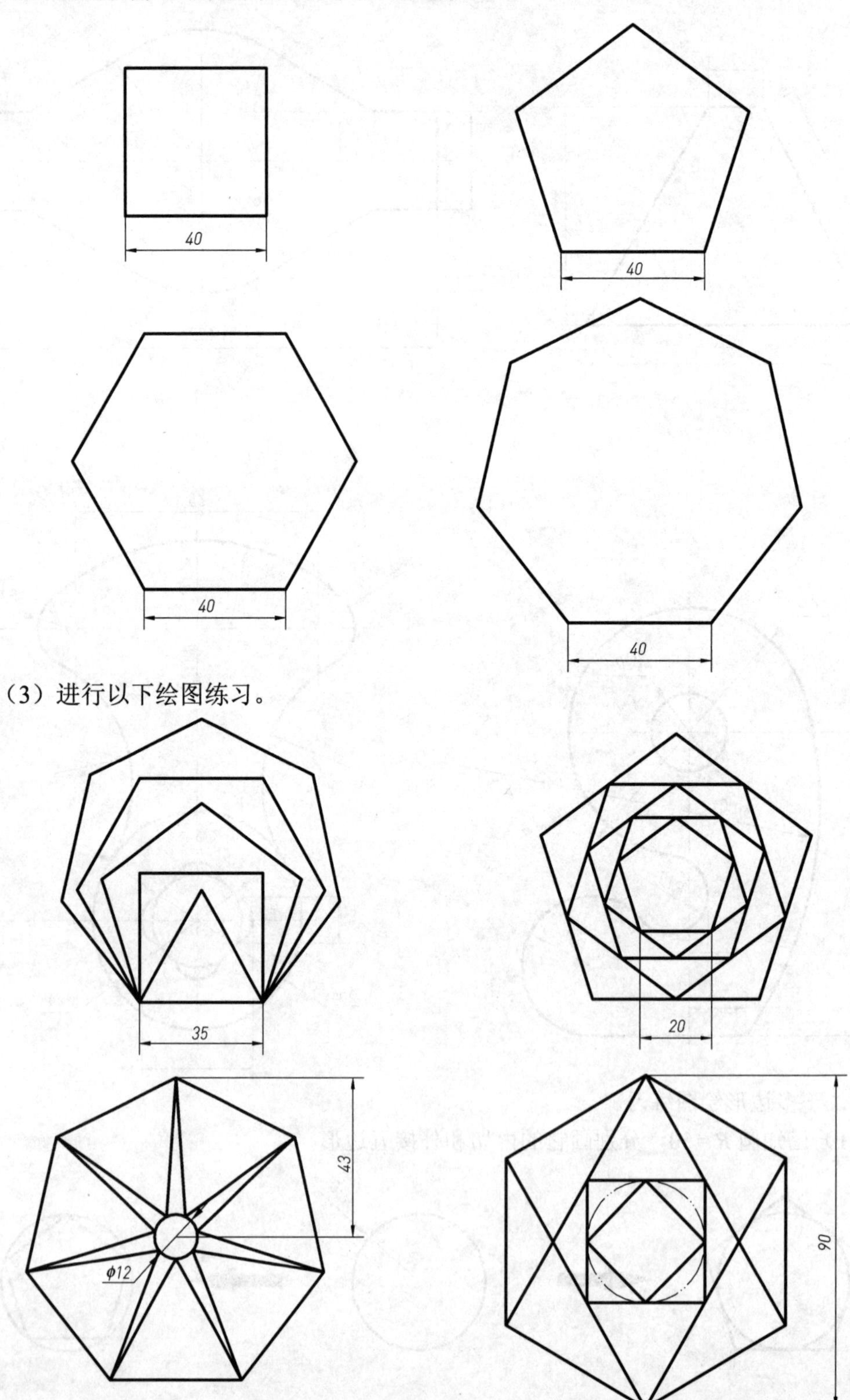

（3）进行以下绘图练习。

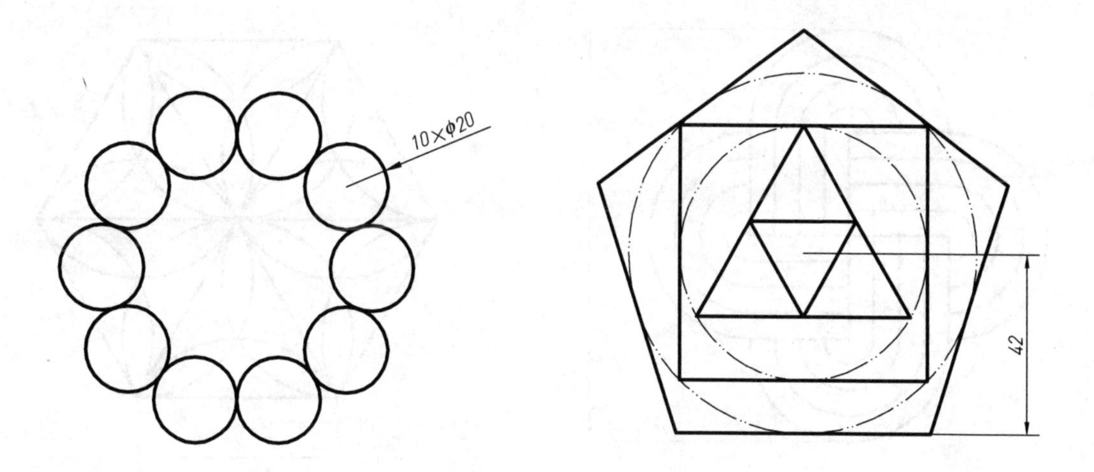

6．阵列练习。

分别用矩形和环形阵列作出以下图形。

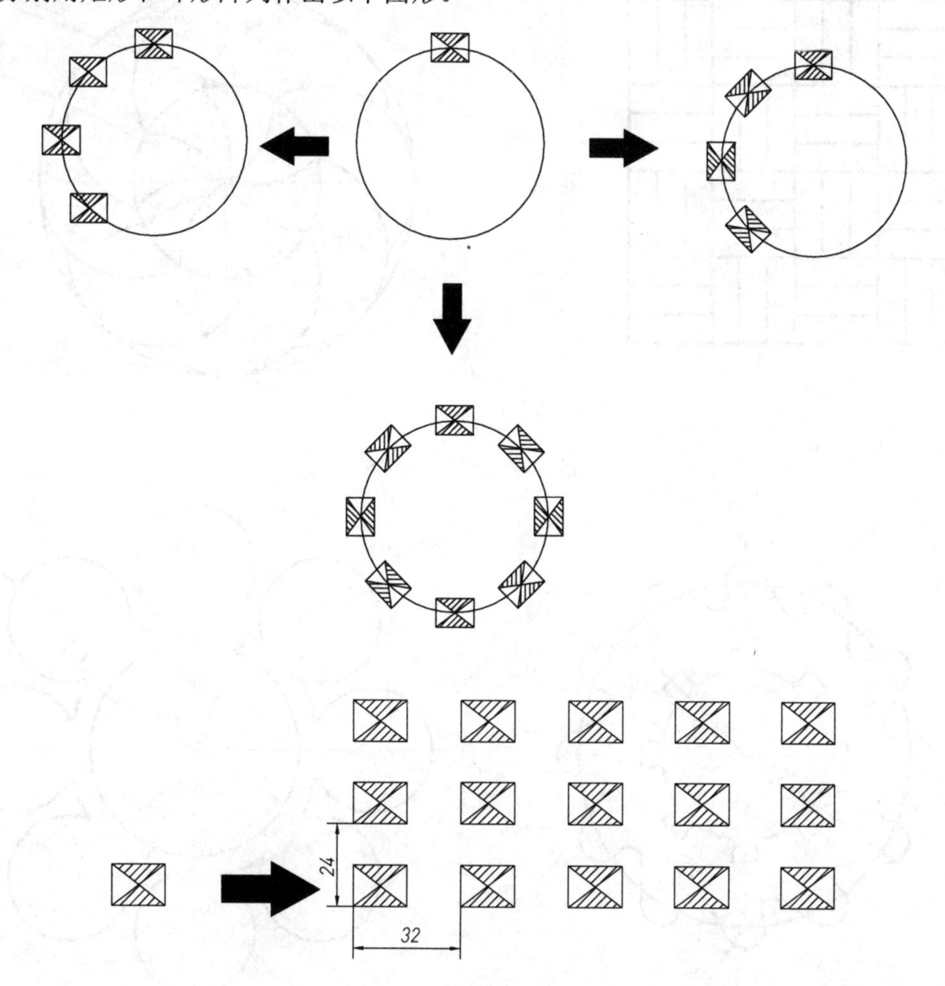

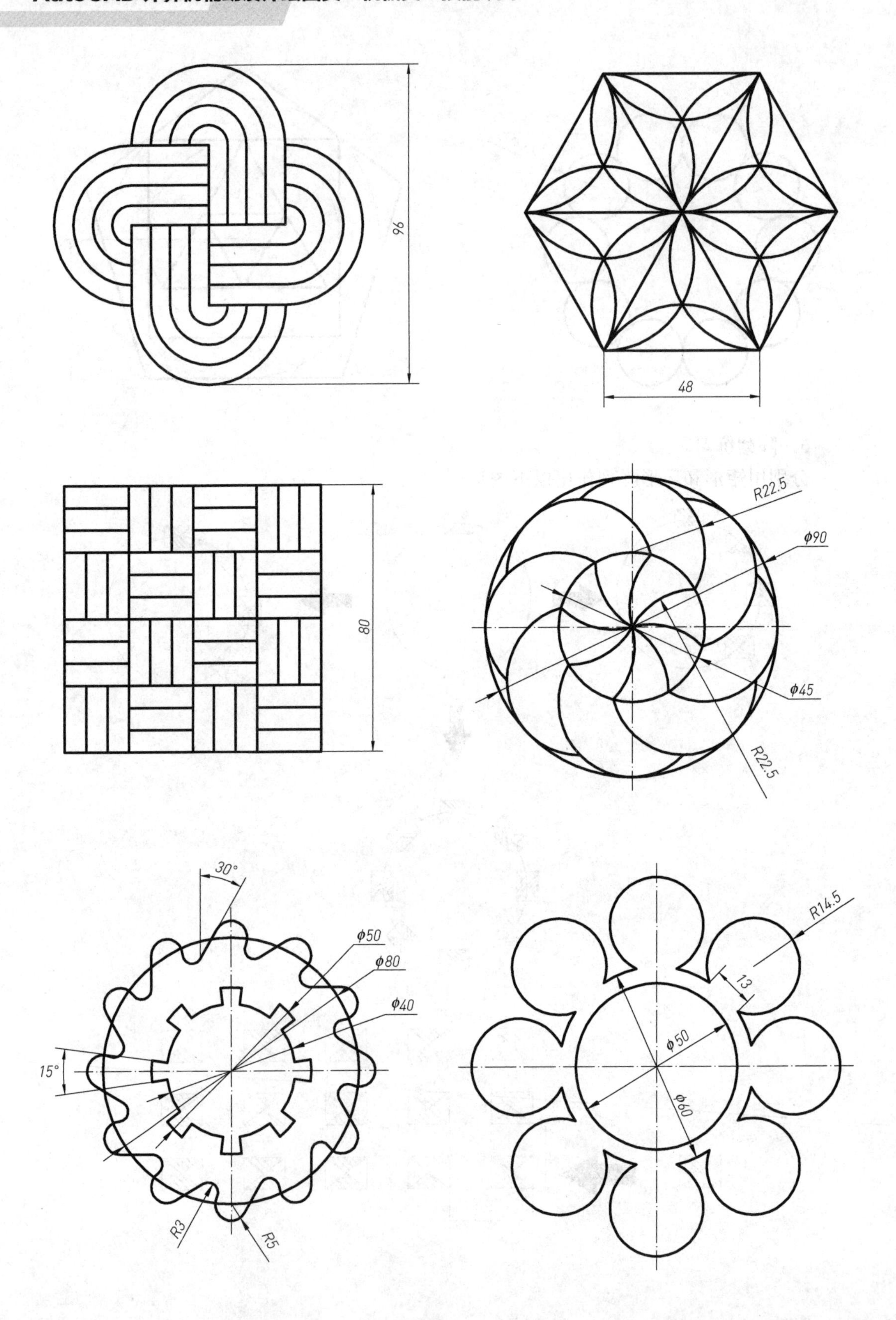
96
48
80
R22.5
φ90
φ45
R22.5
30°
φ50
φ80
φ40
15°
R3
R5
R14.5
13
φ50
φ60

7．旋转、镜像练习。

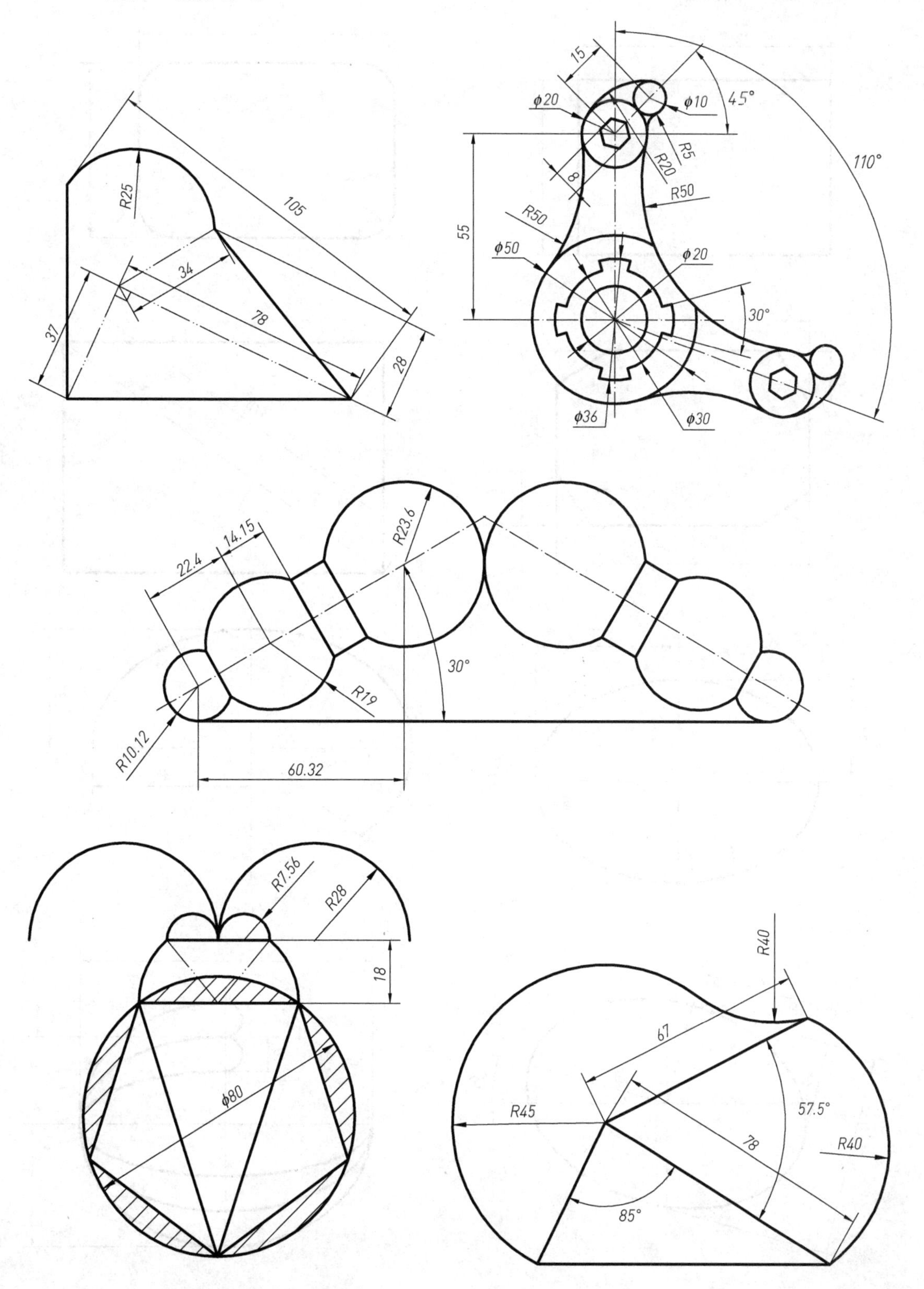
R25
105
34
78
37
28
15
φ20
φ10
45°
R5
R20
110°
8
R50
55
R50
φ50
φ20
30°
φ36
φ30
R23.6
14.15
22.4
30°
R19
R10.12
60.32
R7.56
R28
18
φ80
R40
67
R45
57.5°
78
R40
85°

8．矩形、椭圆练习。

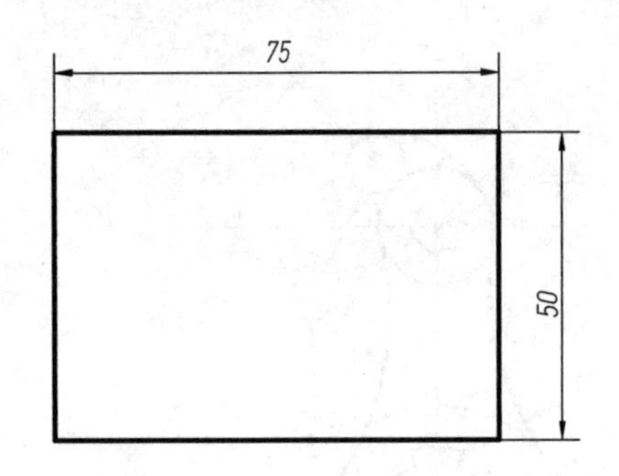

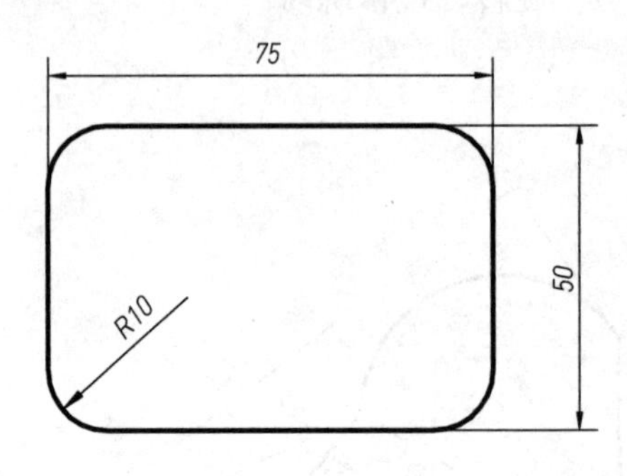

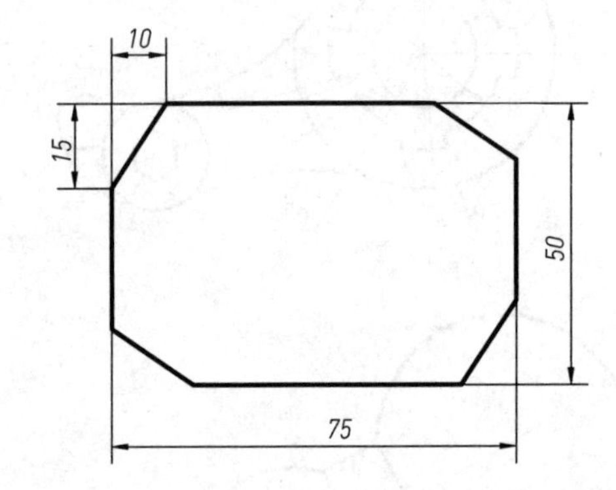

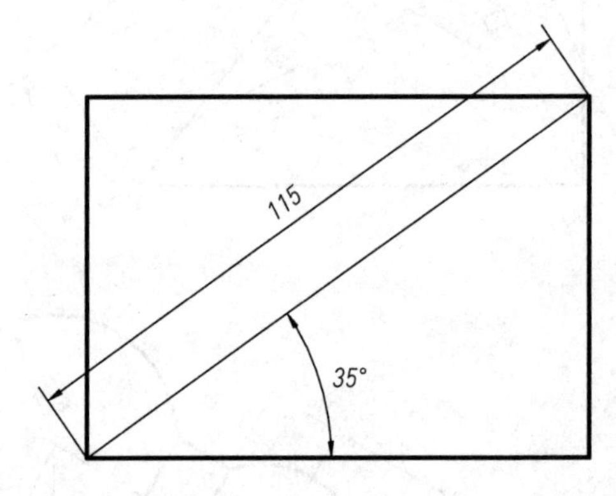

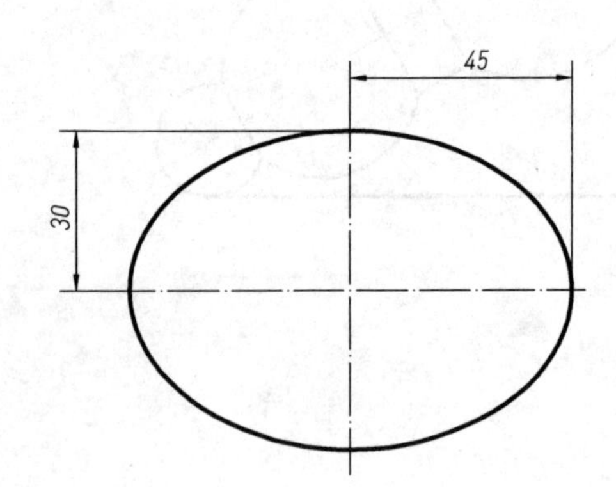

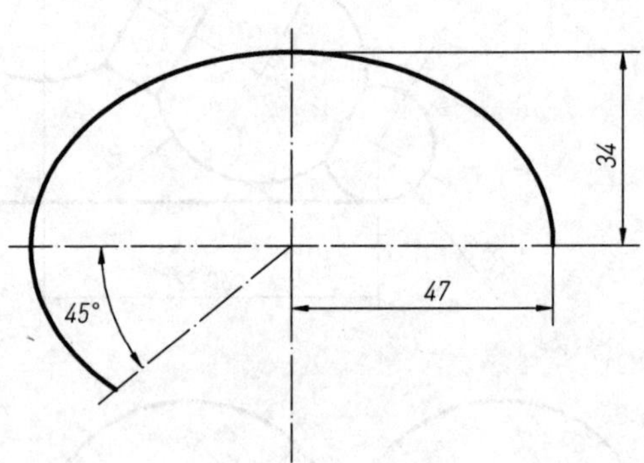

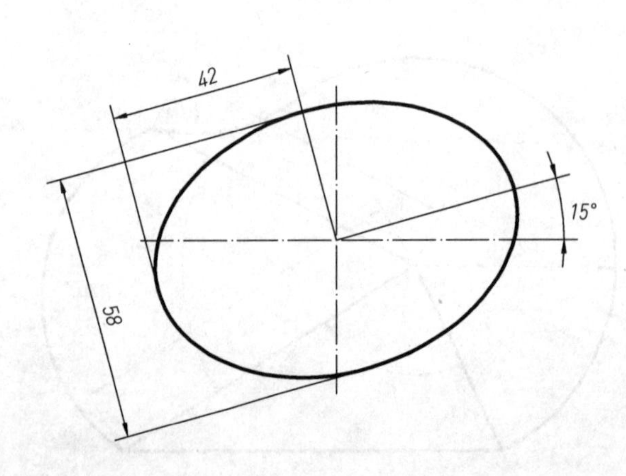

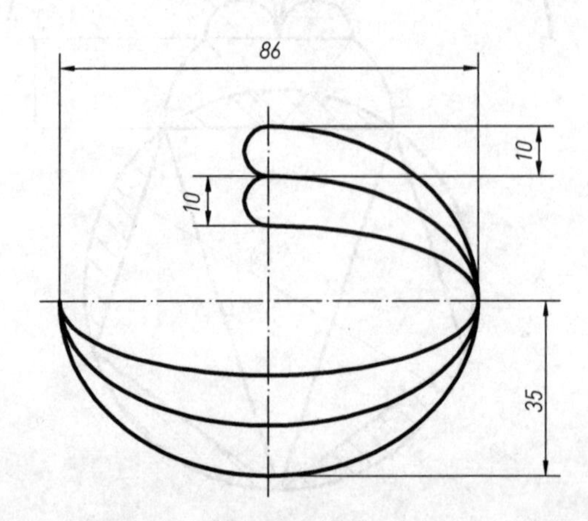

9．比例缩放练习。

（1）按下图所示将同心圆 1 放大 2 倍，将同心圆 2 缩小 0.75 倍。

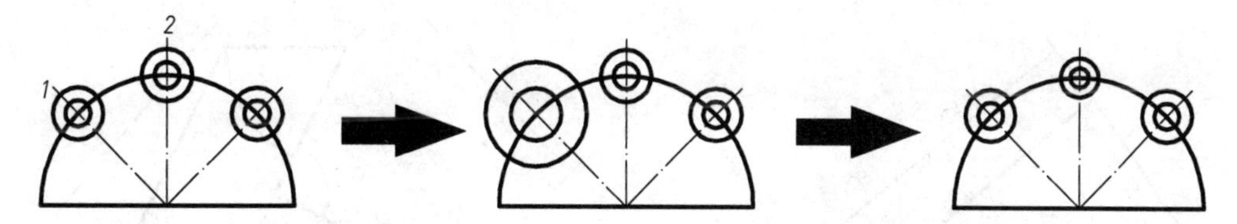

（2）将图中虚线部分放大。

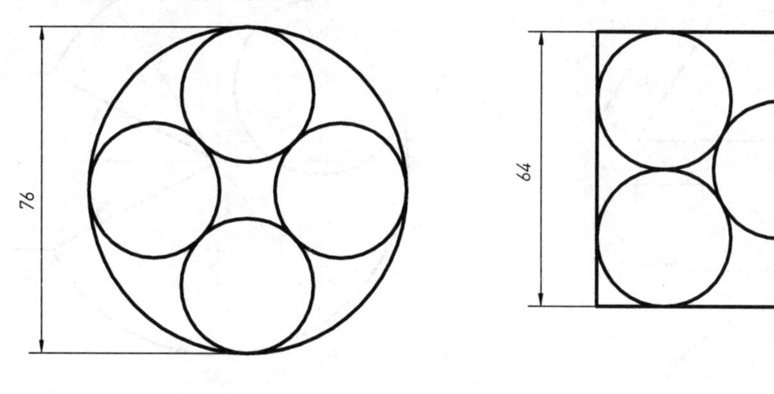

（3）进行以下绘图练习。

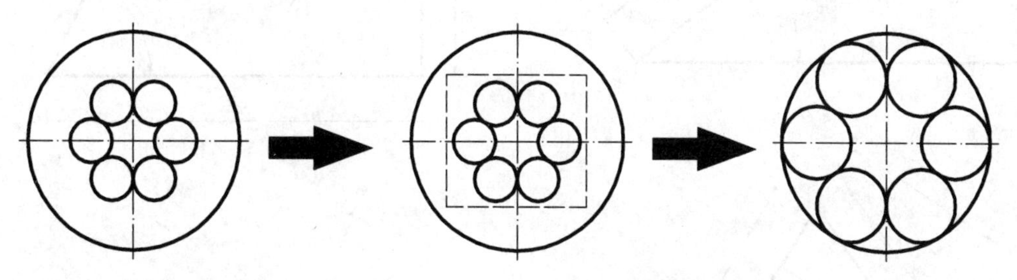

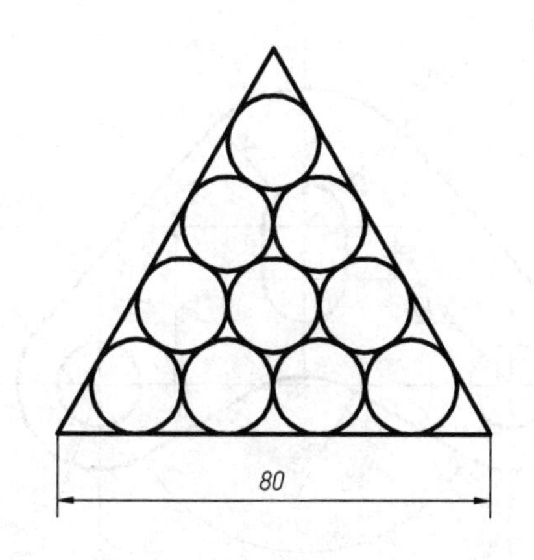

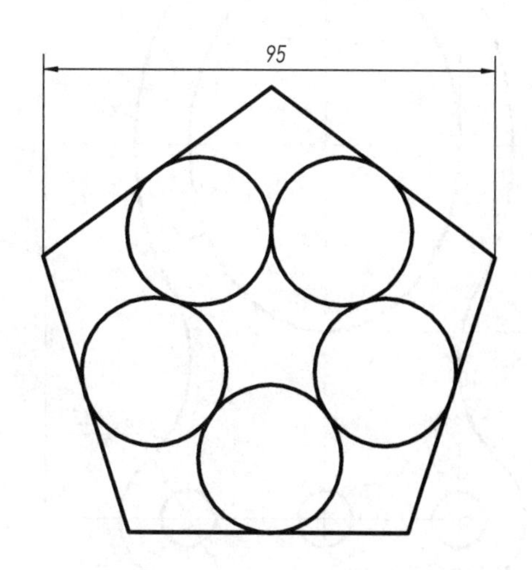

10．精选基础题。

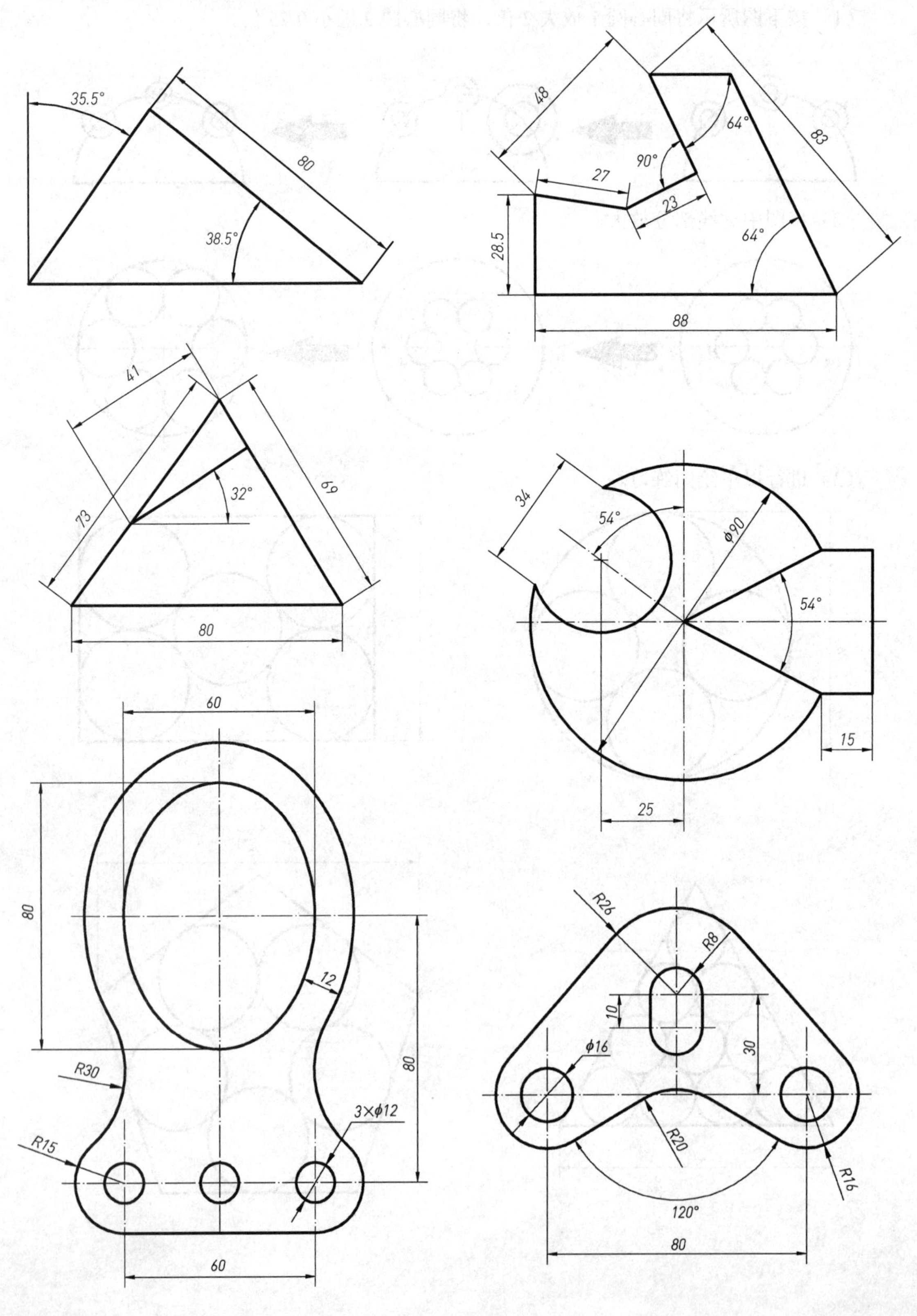
35.5°
80
38.5°
48
83
64°
90°
27
23
28.5
64°
88
41
69
32°
73
80
34
54°
φ90
54°
15
25
60
80
12
80
R30
3×φ12
R15
60
R26
R8
10
30
φ16
R20
R16
120°
80

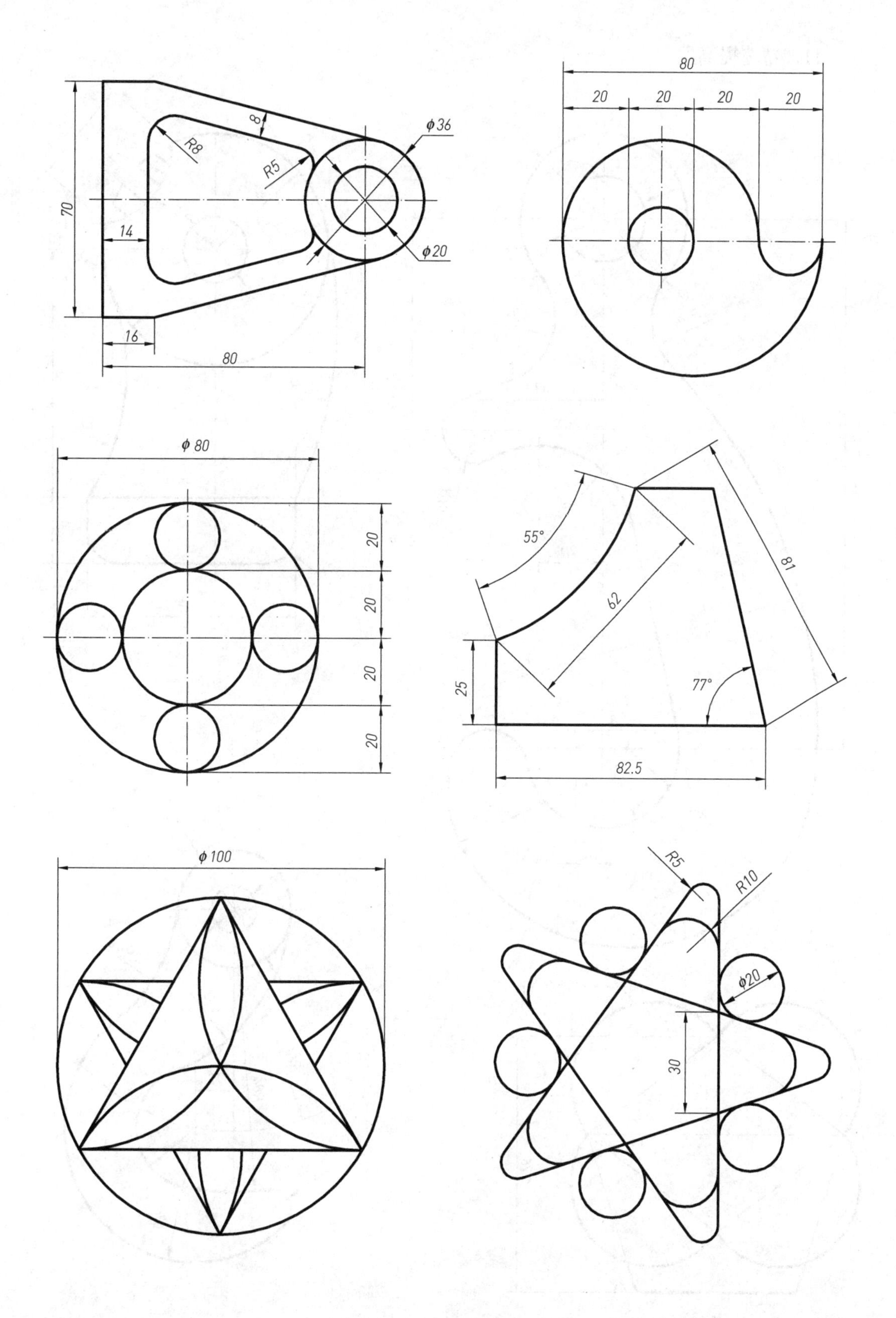
70
80
20
20
20
20
8
R8
φ36
R5
14
φ20
16
80
φ80
20
20
20
20
55°
81
62
25
77°
82.5
φ100
R5
R10
φ20
30

11．精选提高题。

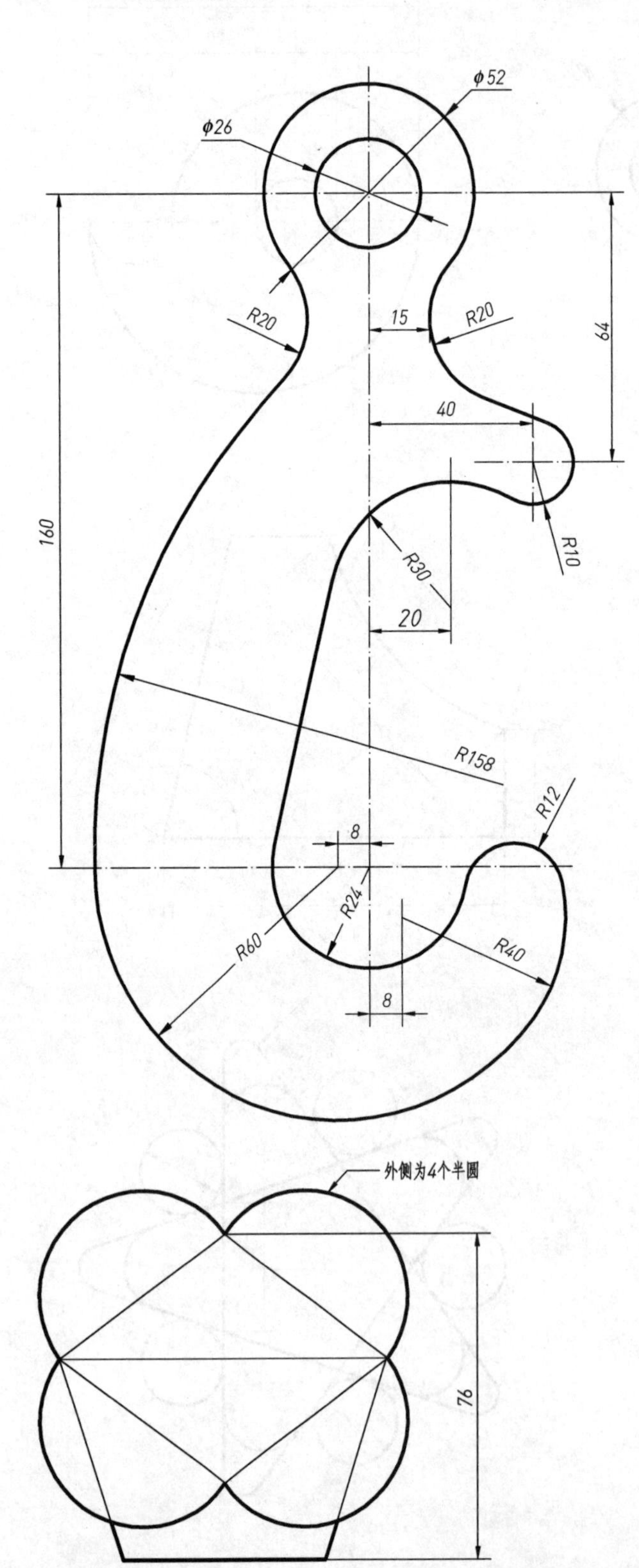
φ52
φ26
R20
15
R20
64
40
160
R10
R30
20
R158
R12
8
R24
R60
R40
8
外侧为4个半圆
76

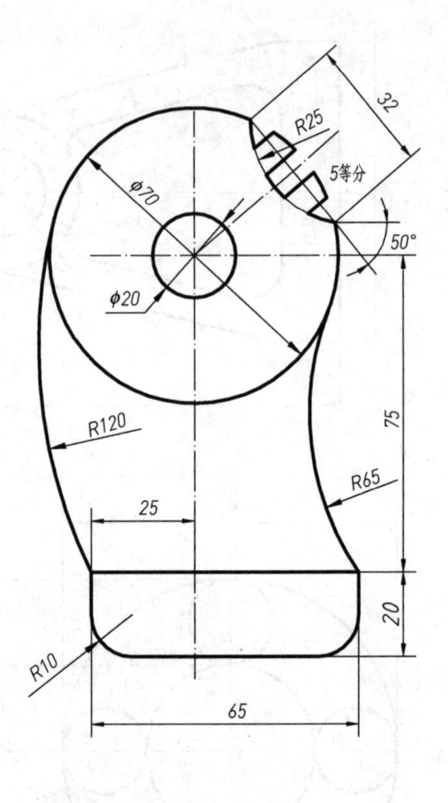
32
R25
5等分
φ70
50°
φ20
R120
75
R65
25
20
R10
65

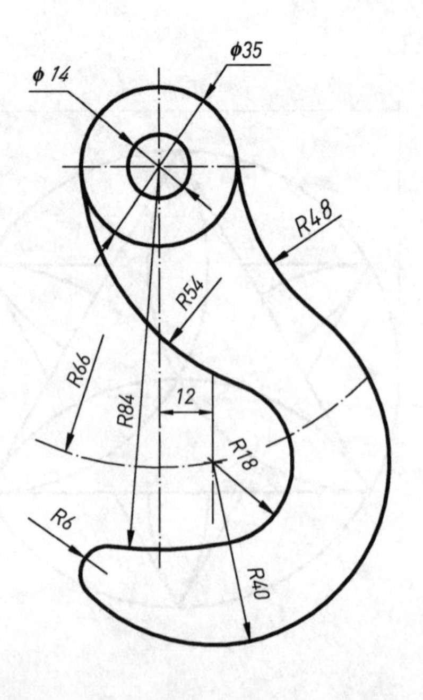
φ35
φ 14
R48
R54
R66
R84
12
R18
R6
R40

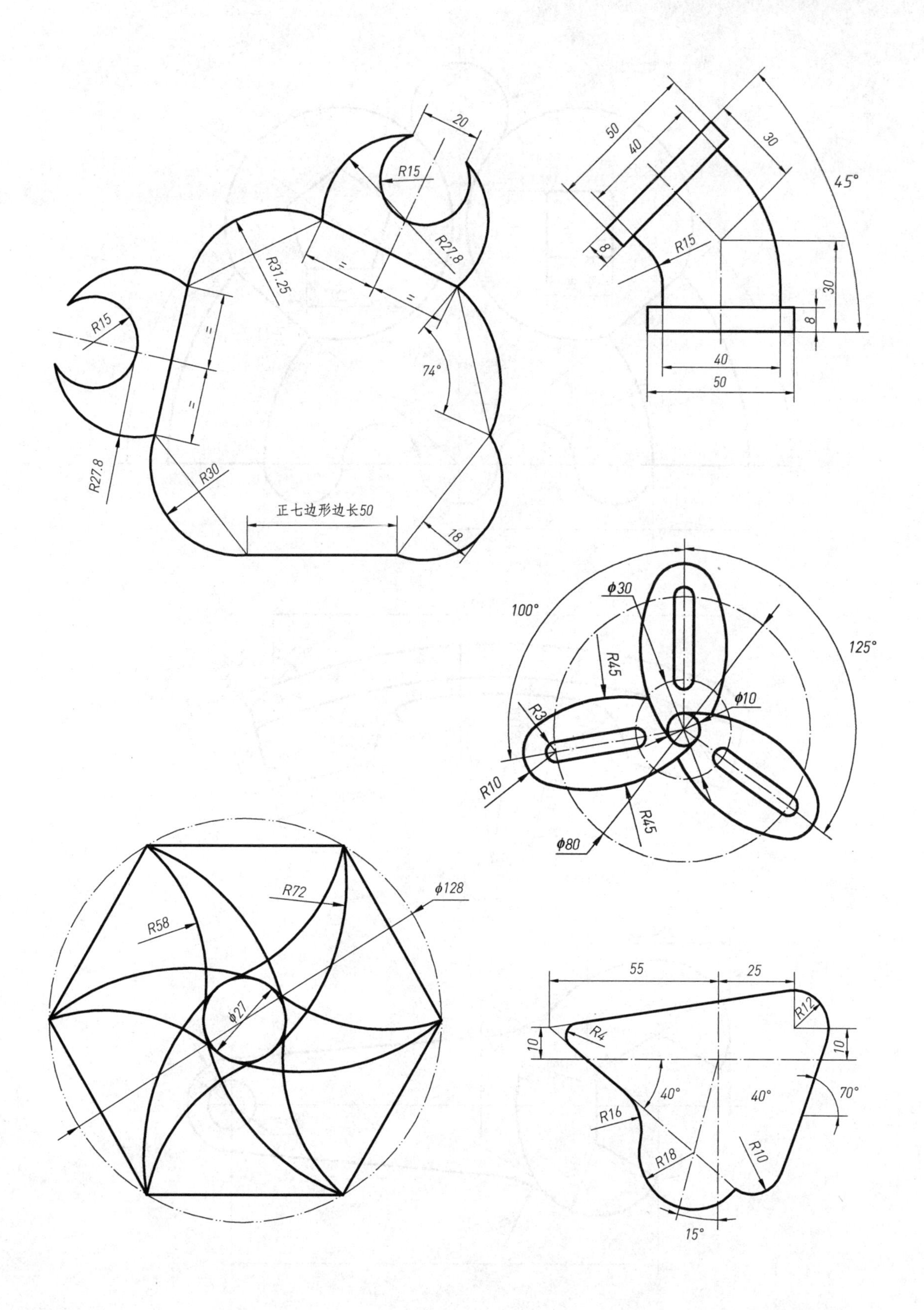

20
R15
R27.8
R31.25
=
=
R15
=
=
74°
R27.8
R30
正七边形边长50
18
50
40
30
45°
8
R15
30
8
40
50
ϕ30
100°
125°
R45
ϕ10
R3
R10
R45
ϕ80
R72
ϕ128
R58
ϕ27
55
25
R12
R4
10
10
40°
40°
70°
R16
R10
R18
15°

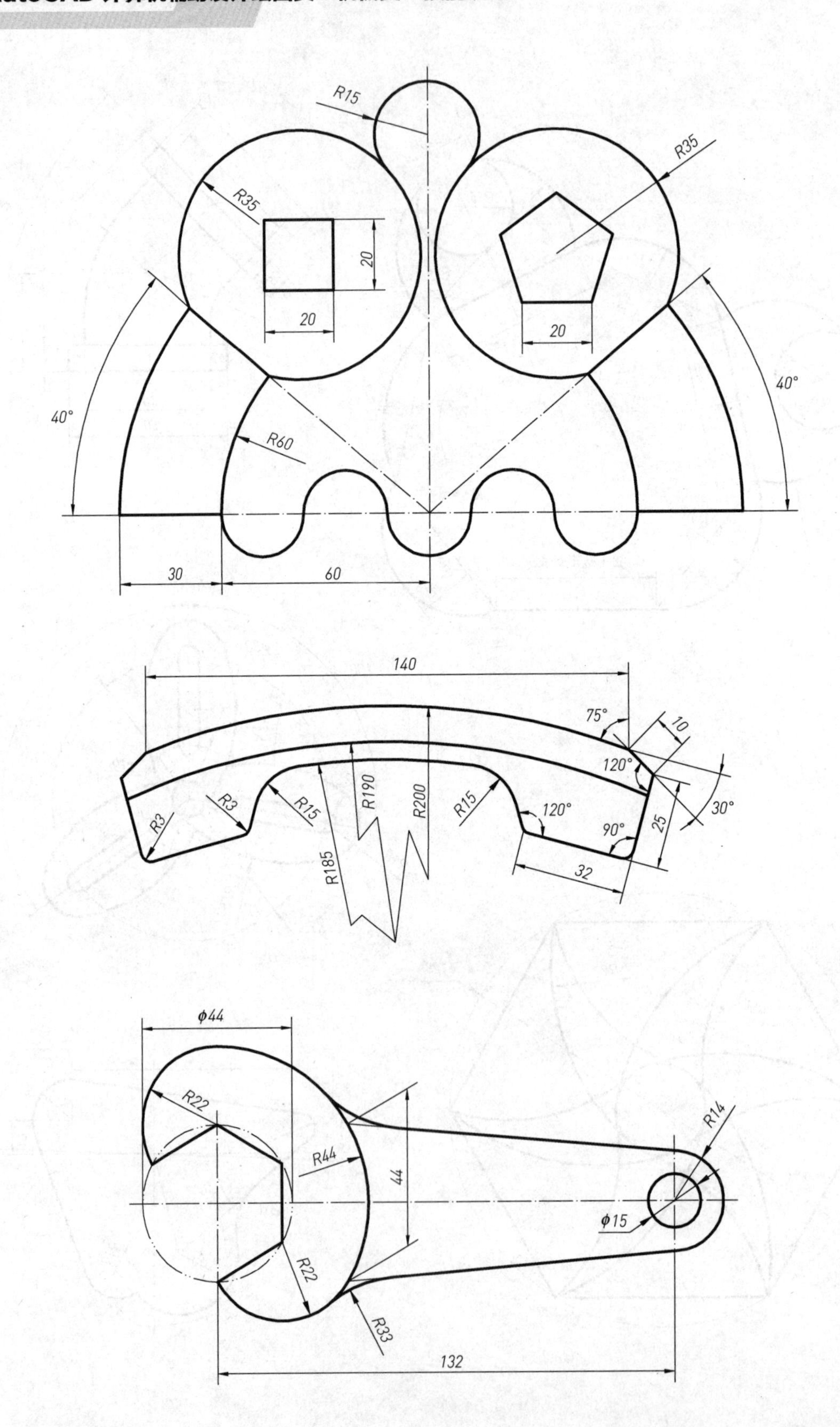
R15
R35
R35
20
20
20
40°
40°
R60
30
60
140
75°
10
120°
30°
R3
R3
R15
R190
R200
R15
120°
90°
25
R185
32
φ44
R22
R44
44
R14
φ15
R22
R33
132

12．精选能力挑战题。

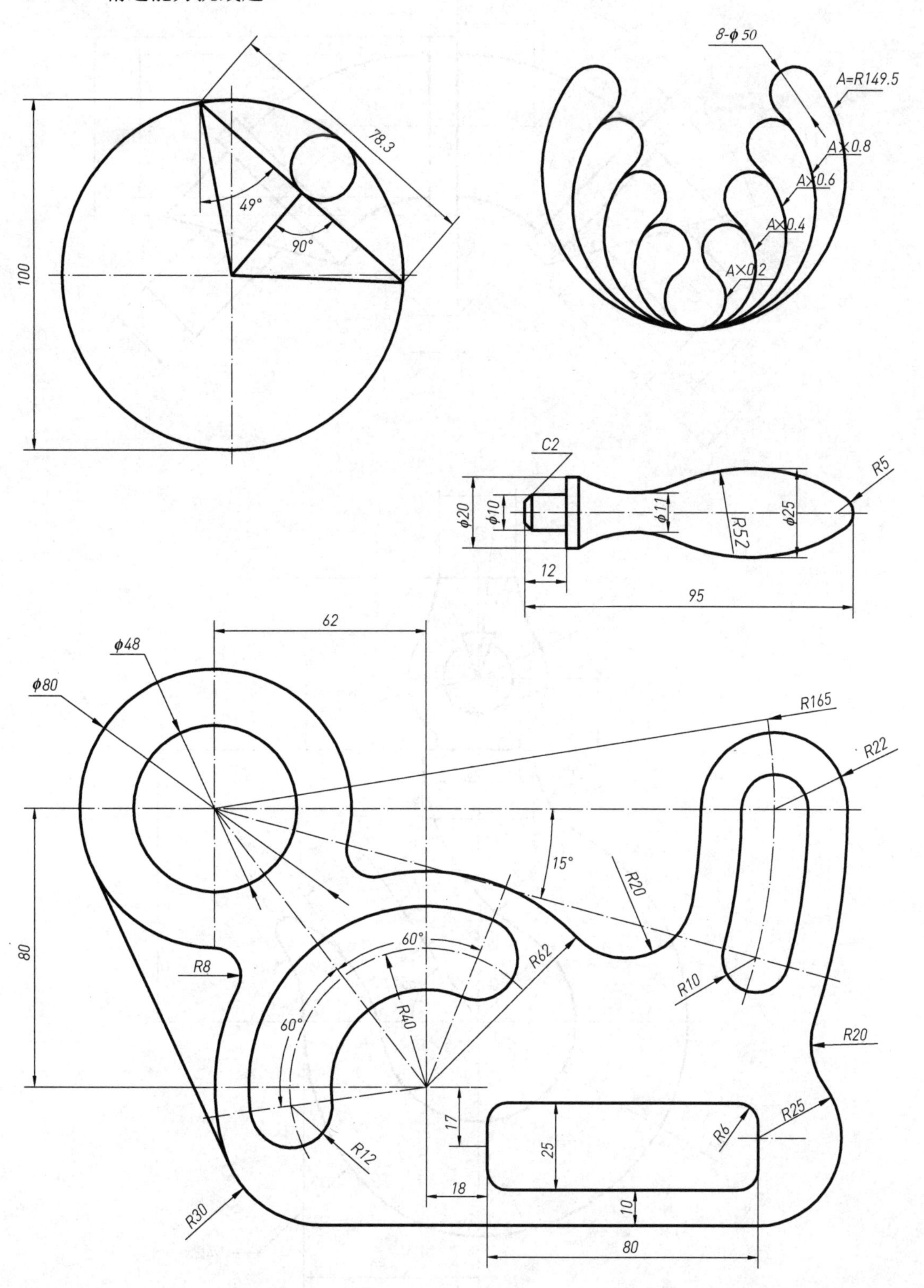

78.3
100
49°
90°
8-ϕ50
A=R149.5
A×0.8
A×0.6
A×0.4
A×0.2
C2
ϕ20
ϕ10
ϕ11
R52
ϕ25
R5
12
95
62
ϕ48
ϕ80
R165
R22
15°
R20
80
R8
60°
R62
R40
60°
R10
R20
R12
17
25
R6
R25
18
R30
10
80

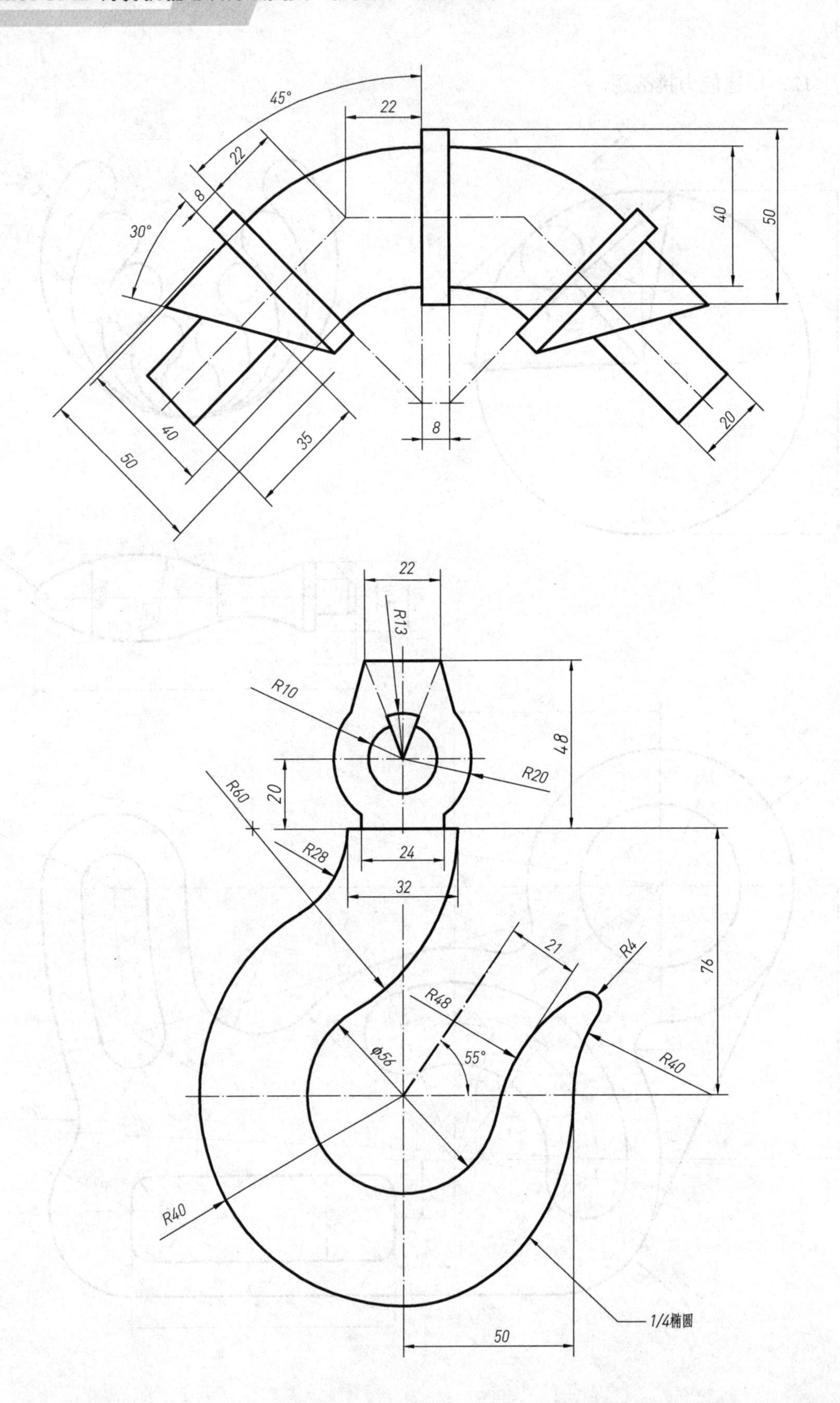

45°
22
22
8
30°
40
50
40
50
35
8
20
22
R13
R10
48
R20
20
R60
R28
24
32
21
R4
R48
76
55°
Φ56
R40
R40
1/4椭圆
50

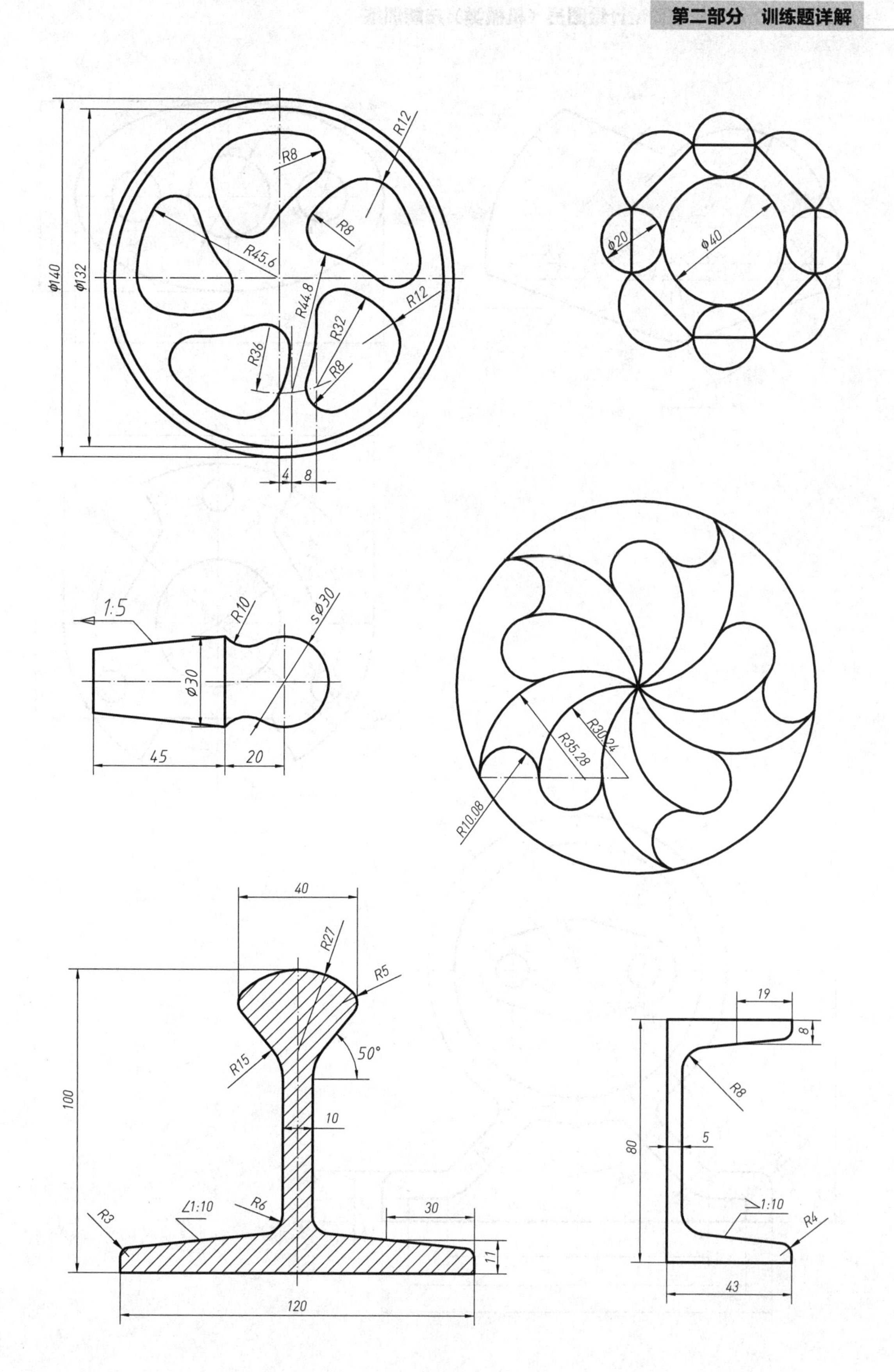

R8
R12
R8
R45.6
φ140
φ132
R44.8
R12
R32
R36
R8
4
8
φ20
φ40
1:5
R10
Sφ30
φ30
45
20
R30.24
R35.28
R10.08
40
R27
R5
50°
R15
100
10
∠1:10
R6
R3
30
11
120
19
8
R8
5
80
1:10
R4
43

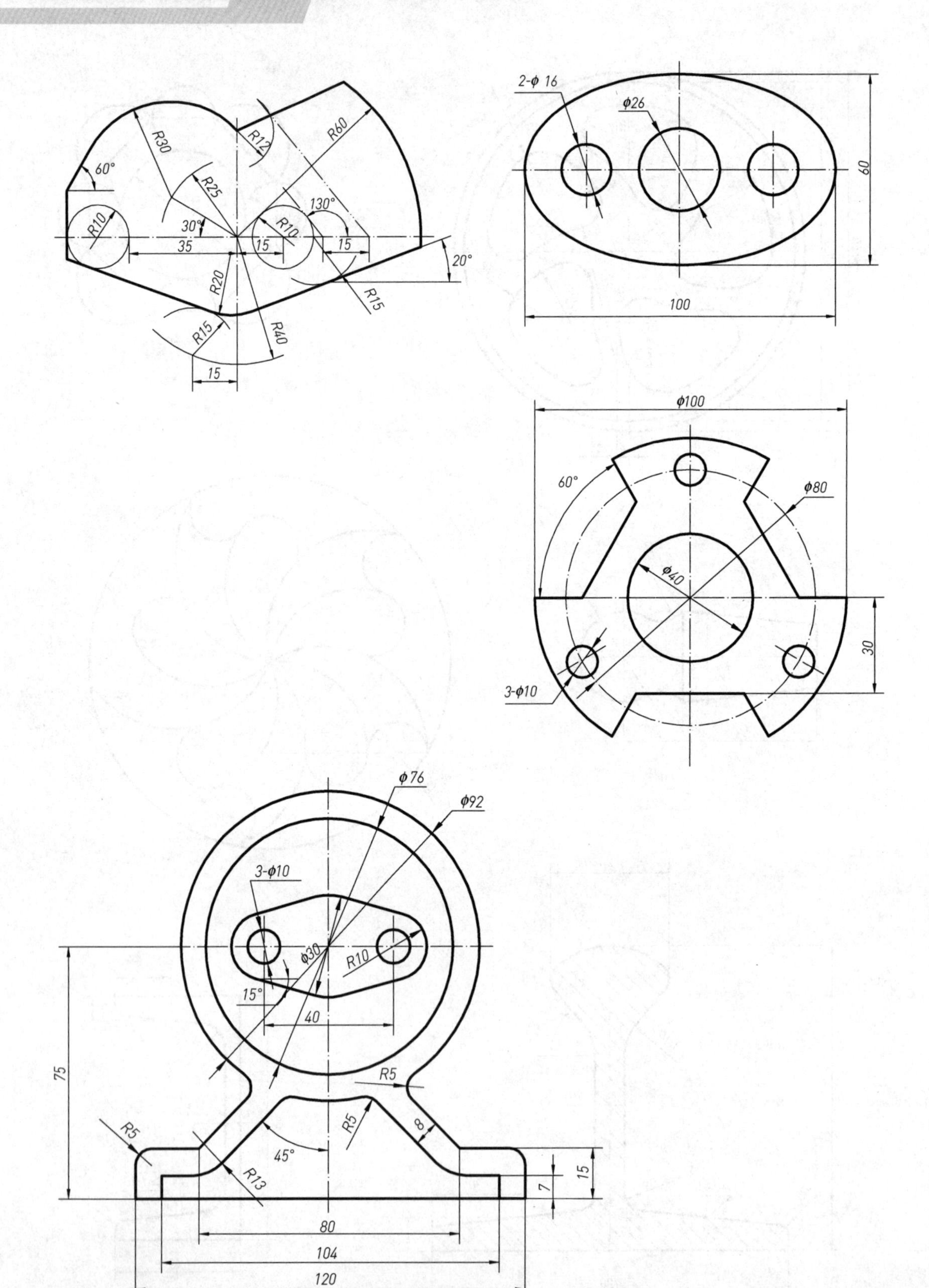

60°
R30
R12
R60
R25
R10
30°
R10
130°
35
15
15
20°
R20
R15
R15
R40
15
2-ϕ 16
ϕ26
60
100
ϕ100
60°
ϕ80
ϕ40
30
3-ϕ10
ϕ76
ϕ92
3-ϕ10
ϕ30
R10
15°
40
75
R5
R5
R5
8
45°
R13
7
15
80
104
120

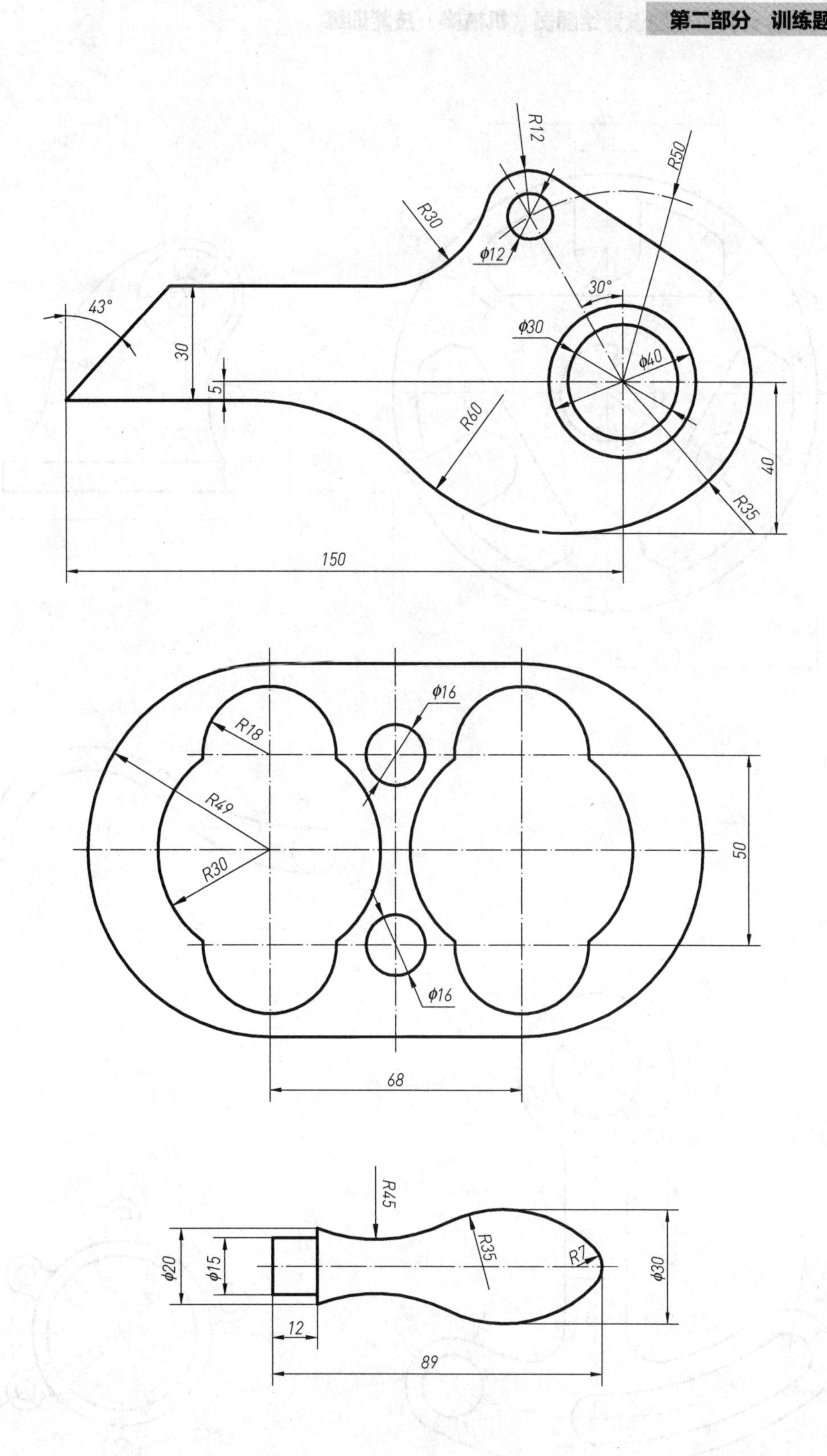
R12
R50
R30
φ12
30°
43°
φ30
φ40
30
5
R60
40
R35
150
φ16
R18
R49
50
R30
φ16
68
R45
R35
R7
φ20
φ15
φ30
12
89

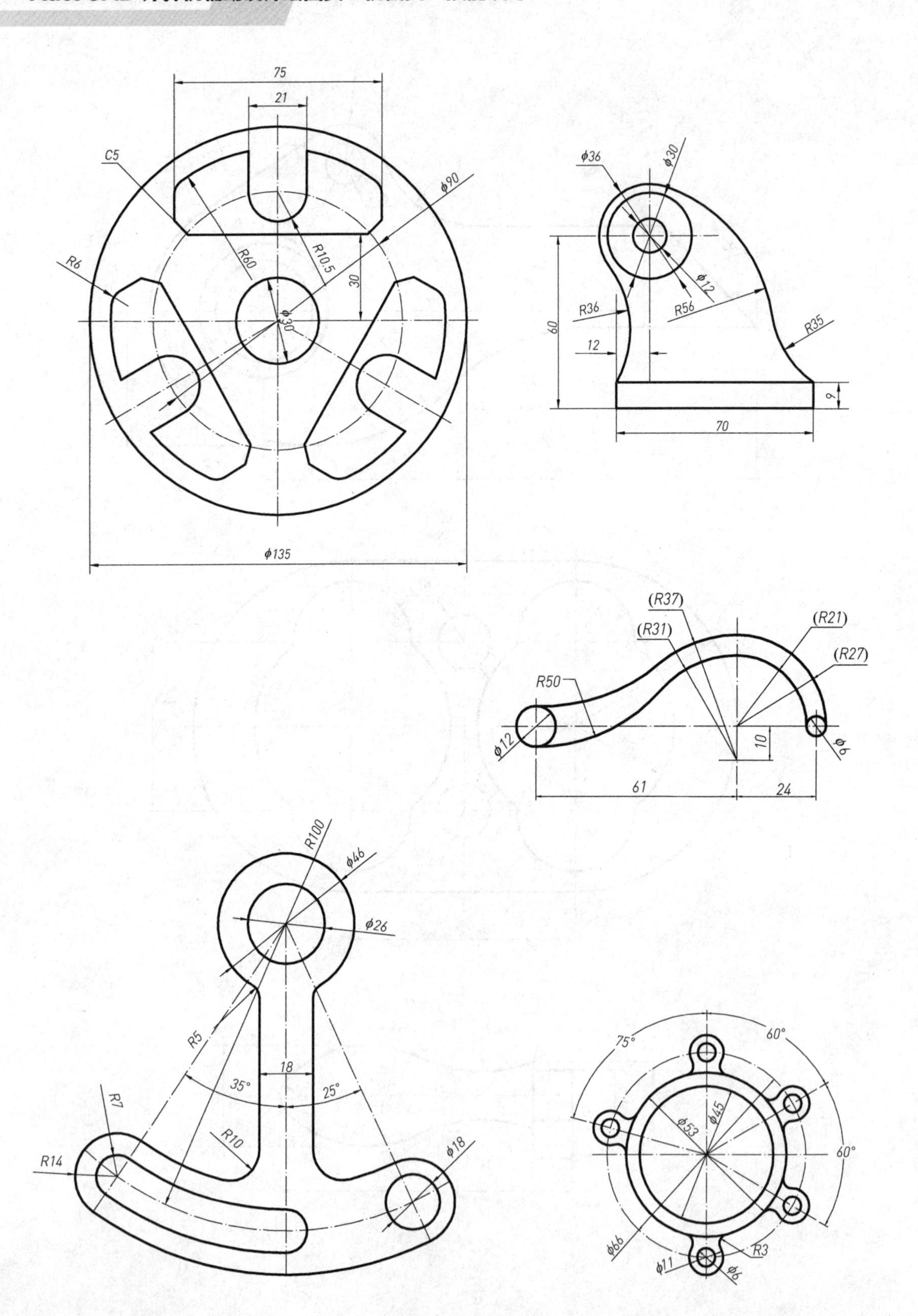
75
21
C5
φ90
R60
R10.5
30
R6
φ30
φ135
φ36
φ30
φ12
R36
R56
R35
60
12
9
70
(R37)
(R31)
(R21)
(R27)
R50
φ12
10
φ6
61
24
R100
φ46
φ26
R5
18
35°
25°
R7
R10
φ18
R14
75°
60°
φ45
φ53
60°
φ66
R3
φ11
φ6

第三题 组合体训练题详解

训练题第三题内容如下。

根据立体已知的两个投影画出第三个投影，如图 3-1 所示。

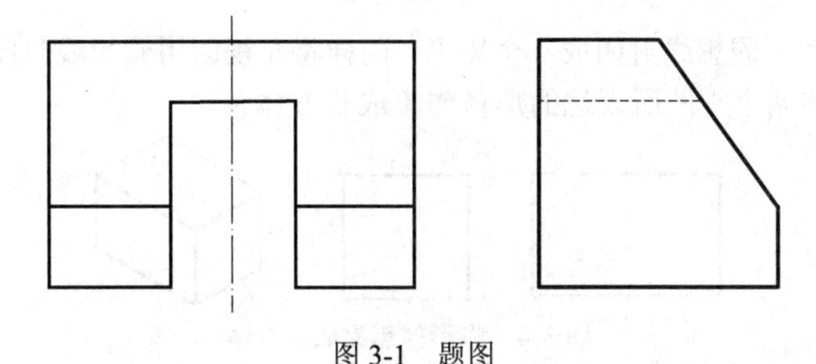

图 3-1 题图

3.1 分析

本题主要包含以下几个知识点：基本体与组合体、组合体的构成方式、读组合体投影图的方法、画组合体投影图。

3.1.1 组合体的基本概念

基本体通过叠加、切割等组合方式组合在一起，构成的形体称为组合体，如图 3-2 所示。

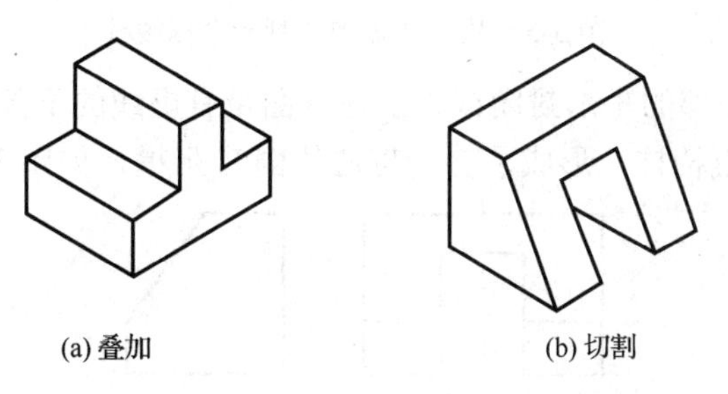

(a) 叠加　　(b) 切割

图 3-2 基本体的组合方式

3.1.2 组合体的读图方法

组合体的读图方法一般分为两种：形体分析法、线面分析法。

1. 形体分析法

假想把组合体分解成若干基本体，分析它们的组合方式，然后把分解的各基本体看成相互联系的整体，进行综合整理，这种方式称为形体分析法。

先观察两个视图，从主视图入手，结合左视图，分析物体由哪种方式组成。如图 3-3 所示，该形体主要是由长方体切割而成的组合体。

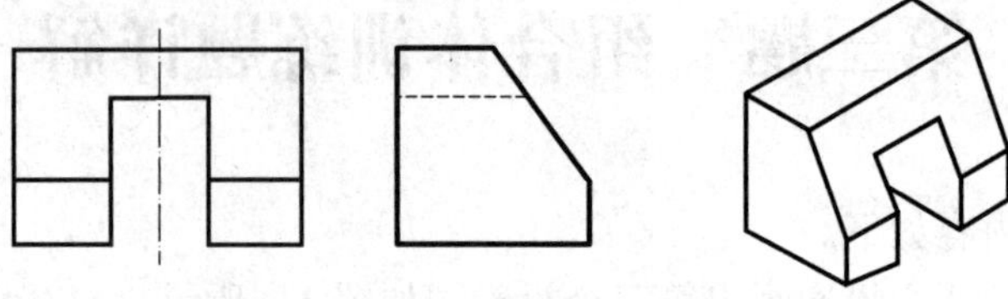

图 3-3　组合体由长方体切割形成

（1）将主视图用假想线封闭成一个矩形，同样将左视图用假想线封闭成一个矩形，如图 3-4 所示，可将两个视图所表达的形体想象成长方体。

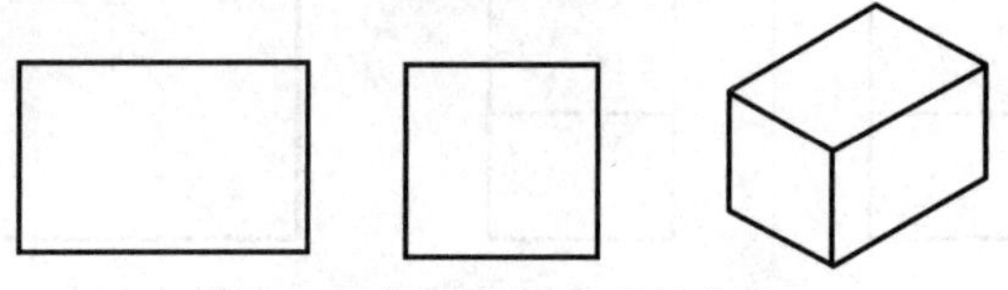

图 3-4　将形体想象成长方体

（2）从主视图中上部矩形封闭框以及左视图中右部的三角形封闭框可知，从长方体中切割了一个三棱柱，如图 3-5 所示。

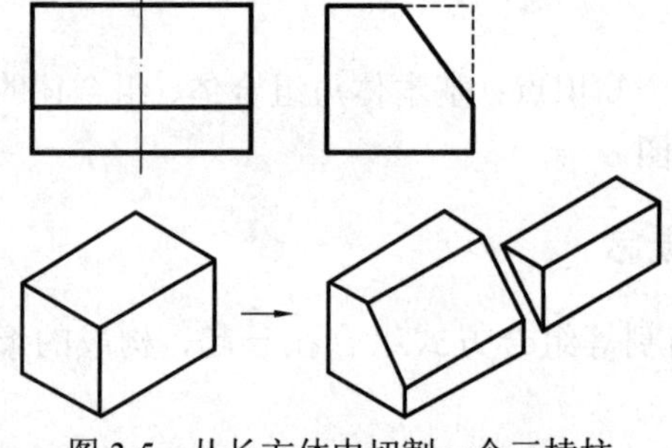

图 3-5　从长方体中切割一个三棱柱

（3）再由主视图中部的矩形封闭框以及左视图带有虚线的下部矩形封闭框可知，继续从形体中切割了一个五棱柱，形成了前后贯通的倒 U 形槽，如图 3-6 所示。

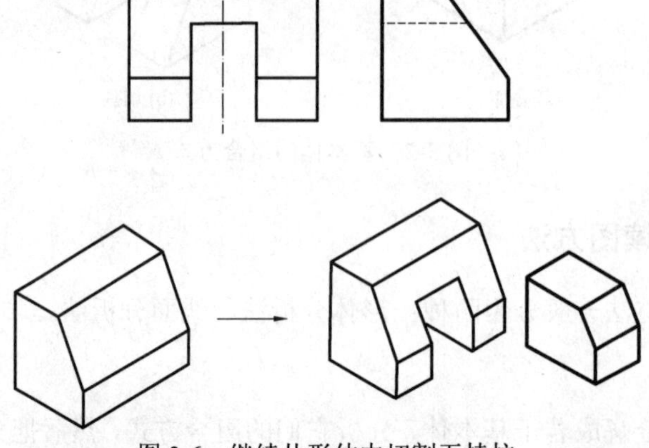

图 3-6　继续从形体中切割五棱柱

2. 线面分析法

物体的某些形状，除用形体分析法外，有时还须进行线、面分析，才能进一步了解清楚。特别是对于切割方式形成的组合体，更需要利用线面分析法帮助读图。因此，线面分析法是读图和画图时不可缺少的方法。

（1）分析视图。对图 3-1 所给视图进行分析，仍可将其视为由长方体切割而成，如图 3-7 所示。

（2）分析视图中的线和面。由平面 P 在主视图中的投影 P' 和左视图中的投影 P''（粗斜线）可知，它是一个侧垂面，它切割长方体，将长方体前上角切去，形成五棱柱，如图 3-7 所示。

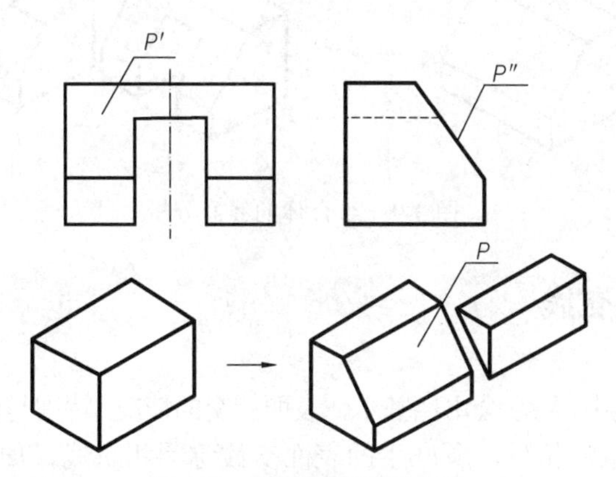

图 3-7　侧垂面切割长方体

（3）主视图中的线段 $e'f'$，可能表示侧垂线的正面投影，也可能表示水平面的正面投影，如图 3-8（a）所示。联系左视图中的虚线可知，它是一个水平面 Q，是通过五棱柱切割掉一个小五棱柱而形成的，如图 3-8（b）所示，当把它作为侧垂线对待时，它是侧垂面 P 与水平面 Q 的交线。

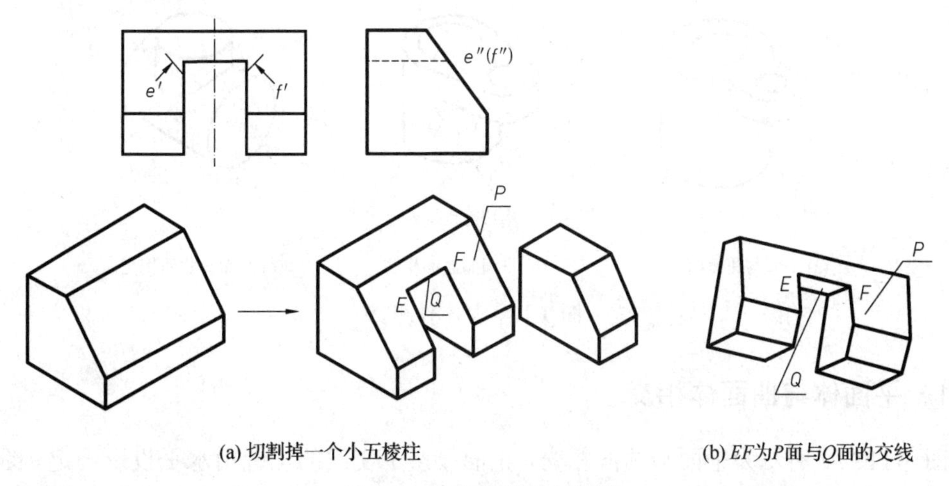

(a) 切割掉一个小五棱柱　　　(b) EF为P面与Q面的交线

图 3-8　组合体的线面分析

（4）主视图下方左、右两个矩形 r'、s'，由其在左视图中的对应投影（竖直粗线）可知是两个正平面，如图 3-9 所示。

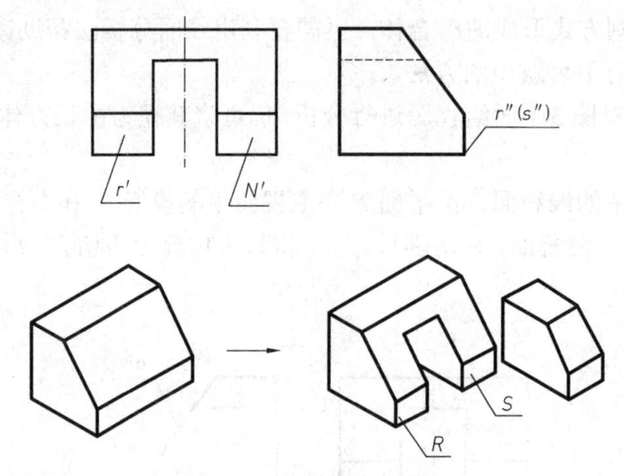

图 3-9　组合体的线面分析

3.2　形体表面的交线

在形体的视图表达中，经常会出现基本体表面相交的情况，特别是曲面与曲面相交的情况。

基本体表面相交也称相贯，所产生的表面交线称为相贯线，如图 3-10 所示。参与相贯的基本体的形状和位置的变化将影响相贯线的形状，但无论如何变化，相贯线都具有以下特点。

（1）由于形体具有一定的范围，所以相贯线都是空间封闭的曲线或折线。

（2）相贯线是相交基本体表面的共有线，也是它们的分界线。因此，相贯线上的点是基本体表面的共有点。

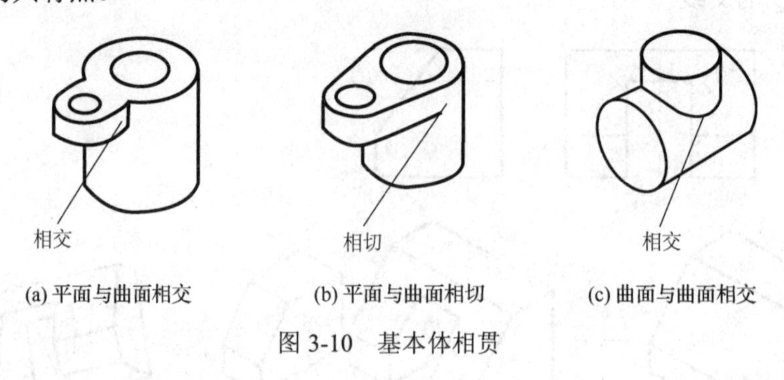

图 3-10　基本体相贯

3.2.1　平面体与曲面体相交

图 3-11（a）所示为平面与曲面相交，正面投影中交线的位置由水平投影确定。图 3-11（b）所示为平面与曲面相切，由水平面投影中切点的位置确定正面投影及侧面投影的位置。相切处切线的投影不画。

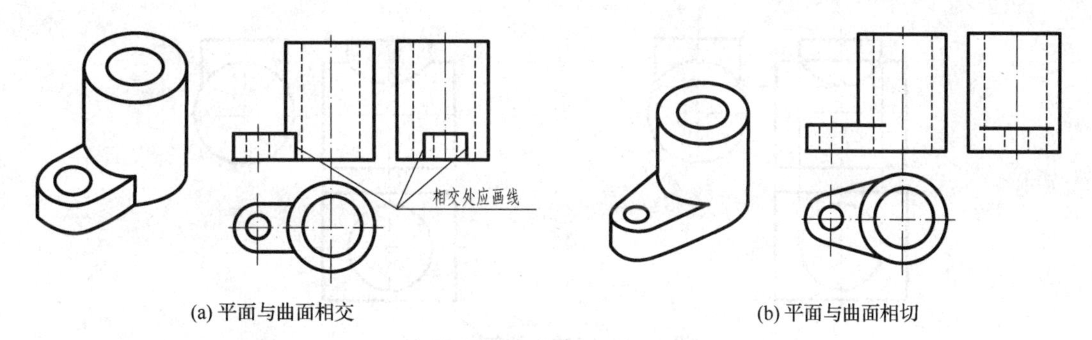

(a) 平面与曲面相交　　(b) 平面与曲面相切

图 3-11　平面与曲面相交和相切的画法

3.2.2　曲面体相贯

1. 表面取点法

例如，求两圆柱的相贯线，如图 3-12（a）所示。

作图步骤如下。

（1）求特殊点：如图 3-12（b）所示，最高点的正面投影 1′、2′ 是正面投影中两圆柱轮廓素线的交点，由 1′、2′ 可求出水平投影 1、2 和侧面投影 1″、2″；侧面投影中，垂直圆柱的轮廓素线与水平圆柱表面投影的交点 3″、4″是相贯线上最低点的侧面投影，由 3″、4″可求出正面投影 3′、4′ 和水平投影 3、4。对于简单形体相交，求相贯线时可省略一般点。

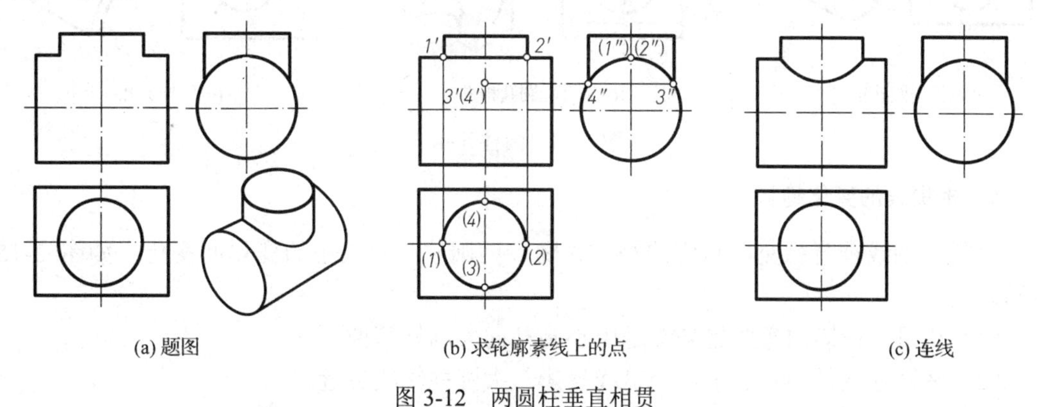

(a) 题图　　(b) 求轮廓素线上的点　　(c) 连线

图 3-12　两圆柱垂直相贯

（2）顺序、光滑连接正面投影中相贯线上各点，便完成了相贯线的正面投影，如图 3-12（c）所示。

2. 简化画法

从相贯线的形成、相贯线的性质以及相贯线画法的论述中可知，两相交体的形状、大小及相对位置确定后，相贯线的形状是完全正确的。为了简化作图，国家标准规定了相贯线的简化画法。即在不引起误解时，图形中的相贯线可以简化。例如，用圆弧代替非圆曲线，如图 3-13 所示。

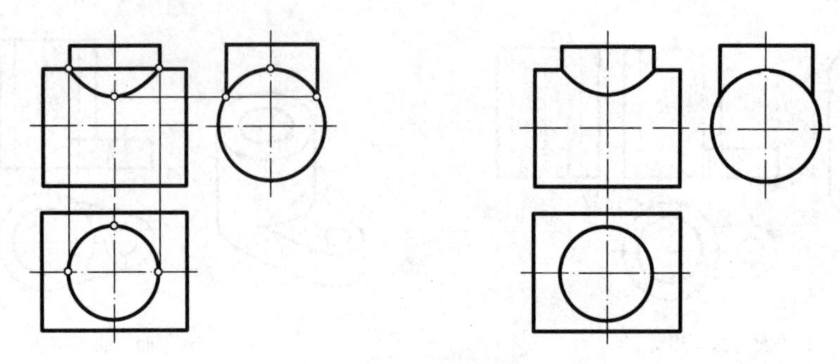

图 3-13　相贯线的简化画法

3．圆柱开孔

在圆柱上开孔，或两圆柱孔相交，其相贯线的作图方法与圆柱表面相贯线的作图方法完全一样。如图 3-14（a）所示为圆柱与圆孔相贯，图 3-14（b）所示为圆孔与圆孔相贯，图 3-14（c）所示为圆筒穿孔，内外圆柱面上都有相贯线。

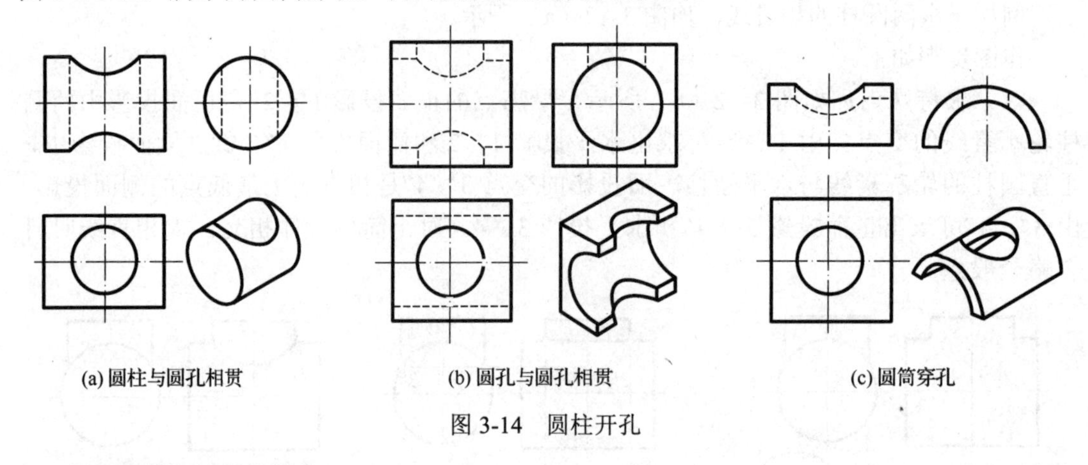

(a) 圆柱与圆孔相贯　(b) 圆孔与圆孔相贯　(c) 圆筒穿孔

图 3-14　圆柱开孔

4．相贯线的变化趋势

两圆柱轴线垂直相交，它们的相贯线随着两圆柱相对大小的变化而变化，如图 3-15 所示。

（1）相贯线投影的弯曲趋势都是由小圆柱向大圆柱弯曲。

（2）两圆柱直径相差越小，相贯线投影与大圆柱轴线越近。

（3）两圆柱直径相等时，相贯线为两个平面椭圆，其正面投影为相交的两直线。

3.3　注意事项

（1）形体分析法是读图的基本方法，对于由切割方式形成的组合体，还需要利用线面分析法帮助读图。一般情况下，两种方法混合使用，以形体分析法为主，线面分析法为辅。

（2）“长对正、高平齐、宽相等”是这类题目作图时的基本要求，一定要严格遵循。

（3）注意不可见的虚线部分，要根据图层、线型的要求，将其放置到规定的图层（图层名为“04”的图层）。

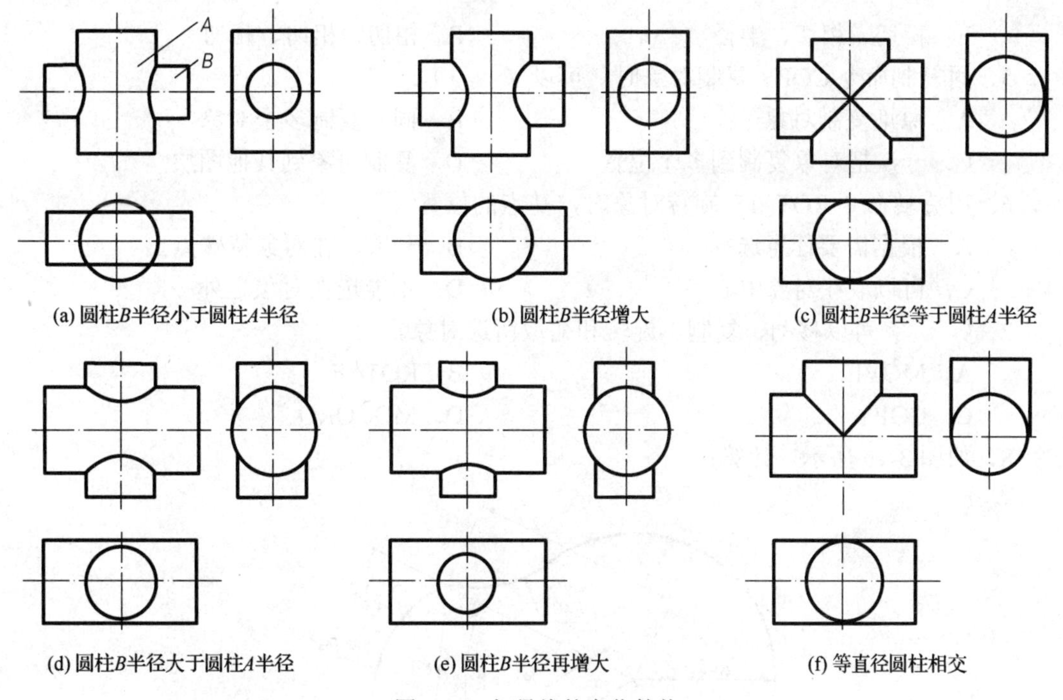

(a) 圆柱*B*半径小于圆柱*A*半径　(b) 圆柱*B*半径增大　(c) 圆柱*B*半径等于圆柱*A*半径

(d) 圆柱*B*半径大于圆柱*A*半径　(e) 圆柱*B*半径再增大　(f) 等直径圆柱相交

图 3-15　相贯线的变化趋势

（4）作图完毕后要认真检查，防止多线、漏线，并用“删除”命令去掉多余线条，以保证图形正确、清晰。

3.4　练习题

一、选择题

1．不能应用修剪命令 TRIM 进行修剪的对象是（　　）。

A．圆弧　　B．圆

C．直线　　D．文字

2．应用圆角命令 FILLET 对一条线段进行圆角操作时（　　）。

A．可以一次指定不同圆角半径

B．如果一条弧线段隔开两条相交的直线段，将删除该段而替代指定半径的圆角

C．指定两条线段的切点部分

D．圆角半径可以任意指定

3．多次复制对象的选项为（　　）。

A．m　　B．d

C．p　　D．c

4．下列画圆方式中，有一种方式只能从“绘图”菜单中选取，它是（　　）

A．圆心、半径　　B．圆心、直径

C．2 点　　D．3 点

E．相切、相切、半径　　F．相切、相切、相切

5．用复制命令 COPY 复制对象时，可以（　　）。

A．原地复制对象　　B．同时复制多个对象

C．一次把对象复制到多个位置　　D．复制对象到其他图层

6．用旋转命令 ROTATE 旋转对象时，基点的位置（　　）。

A．根据需要任意选择　　B．一般取在对象特殊点上

C．可以取在对象中心　　D．不能选在对象之外

7．（　　）可以移动、复制、旋转和缩放所选对象。

A．MOVE　　B．ROTAE

C．COPY　　D．MOCORO

8．如图 3-16 所示，计算：

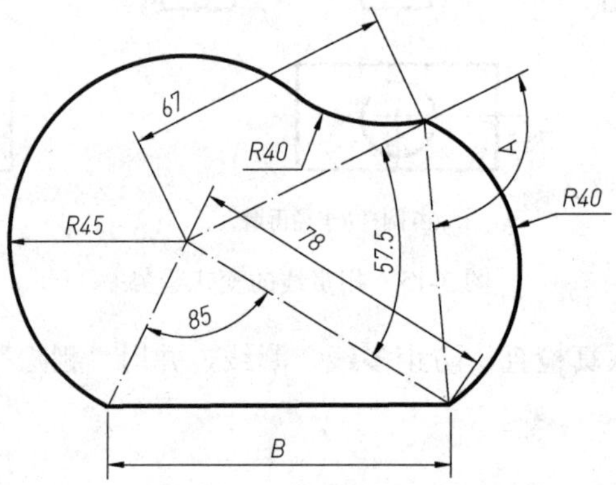

图 3-16　题 8 图

角度 *A* 为（　　）。

A．110.887°　　B．110.877°　　C．111.877°

距离 *B* 为（　　）。

A．86.588　　B．87.588　　C．86.586

二、填空题

1．MOVE 命令用于把单个________对象或多个对象从它们的当前位置移至新位置，这种移动并不改变对象的________和方位。

2．EXTEND 命令用于把直线、弧和多段线等的________延长到指定的边界。

3．AutoCAD 命令的调用方式有 3 种，分别是________、________及________。

三、问答题

组合体的读图方法有哪些？

四、操作题

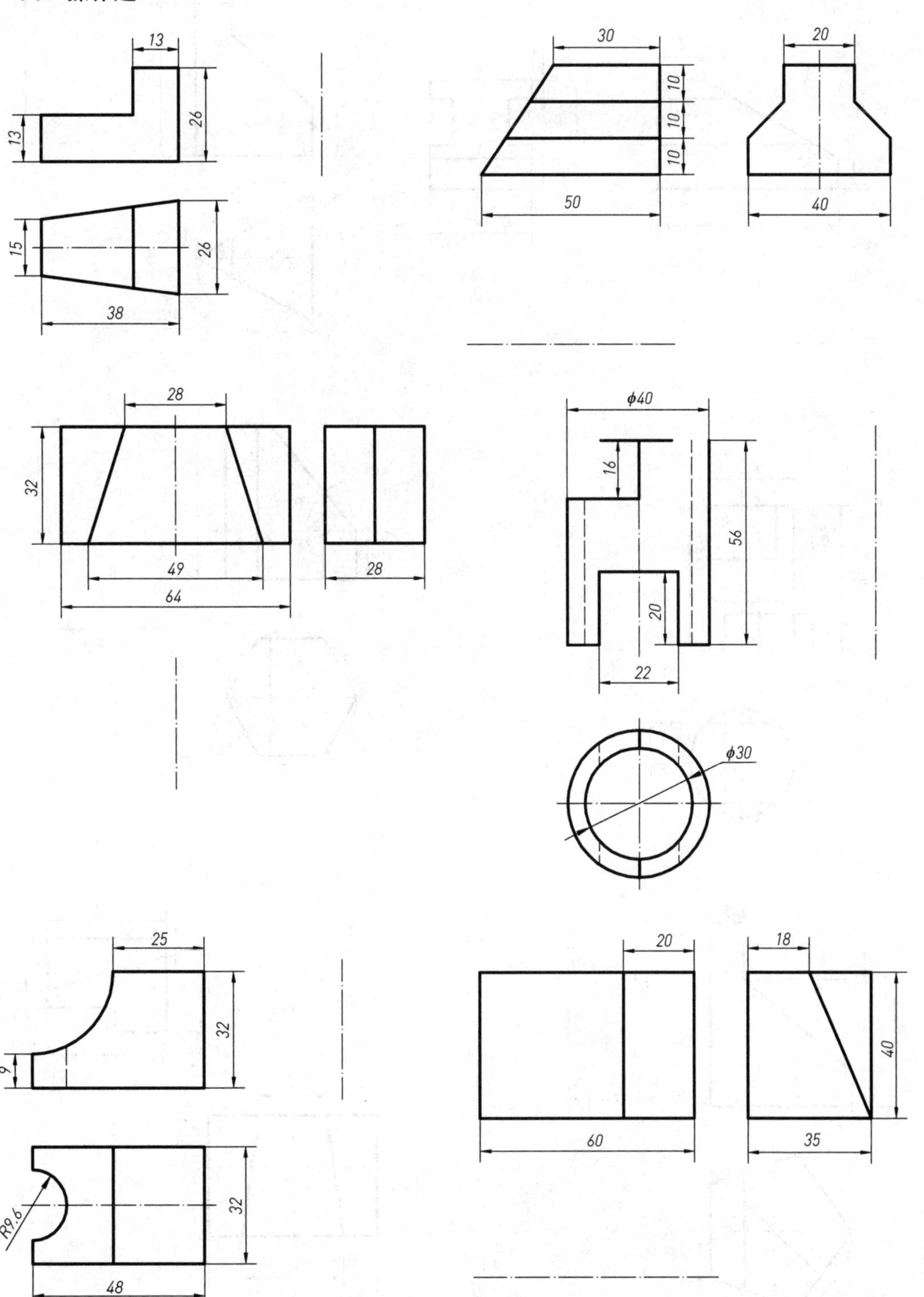
13
26
13
15
26
38
30
10
10
10
50
20
40
28
32
49
64
28
φ40
16
56
20
22
φ30
25
32
9
R9.6
32
48
20
60
18
40
35

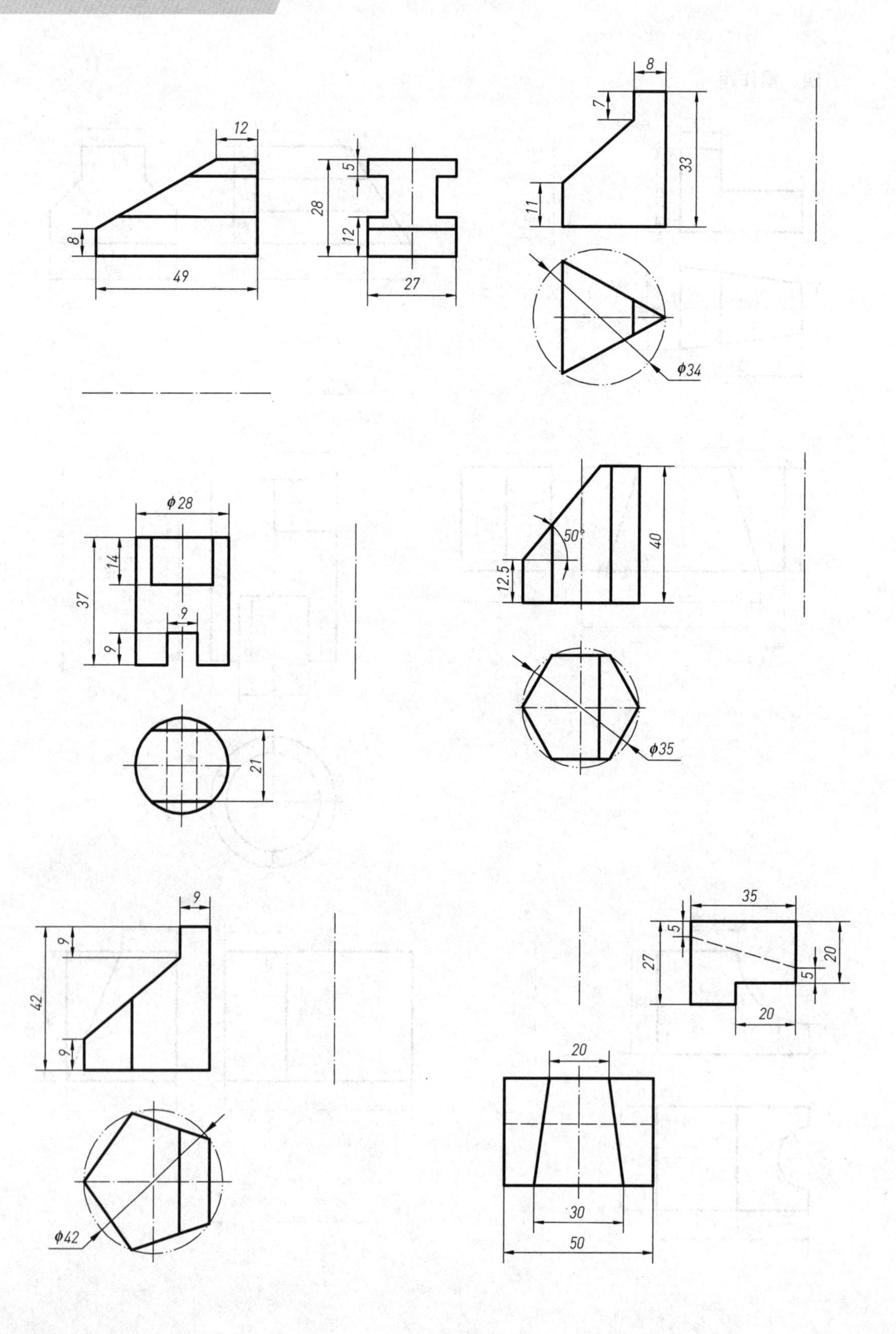
12
49
8
5
28
12
27
8
7
33
11
φ34
φ28
14
37
9
9
21
50°
40
12.5
φ35
9
9
42
9
φ42
35
5
27
20
5
20
20
30
50

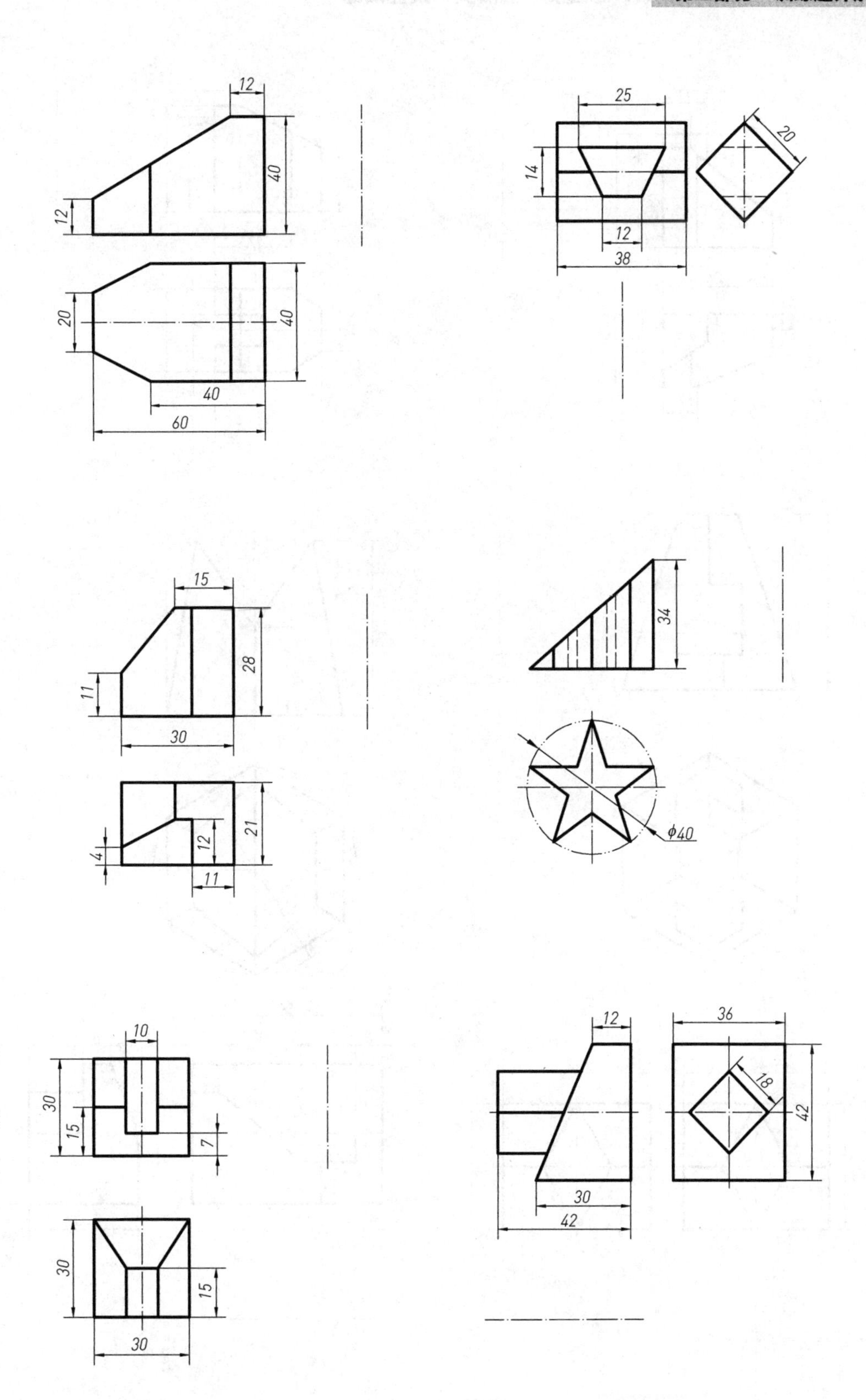
12
40
12
20
40
40
60
25
20
14
12
38
15
28
11
30
21
12
4
11
34
ϕ40
10
30
15
7
30
15
30
12
36
18
42
30
42

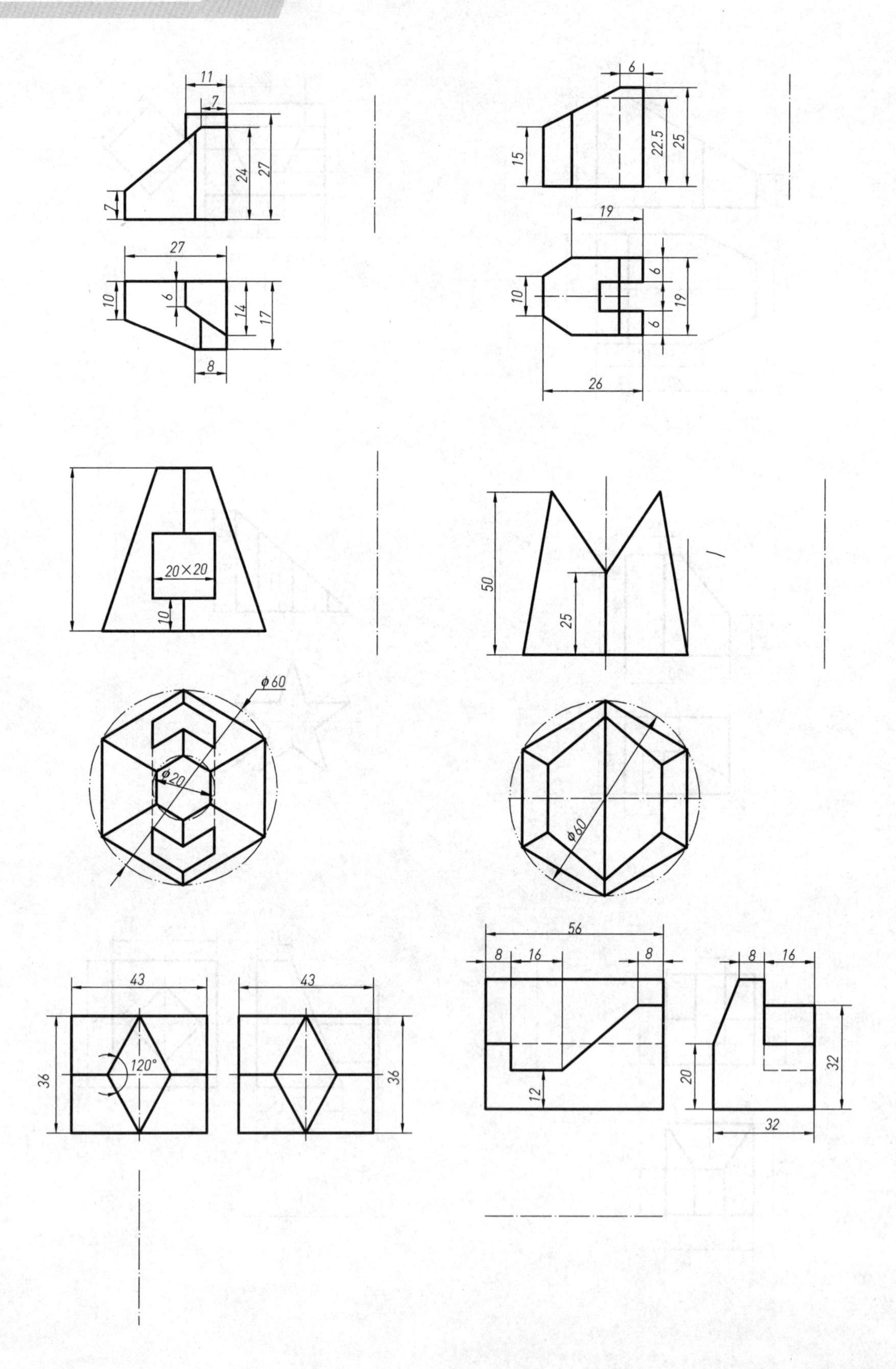
11
7
7
24
27
27
10
6
14
17
8
6
15
22.5
25
19
10
6
19
6
26
20×20
10
50
25
φ60
φ20
φ60
56
8
16
8
8
16
43
43
36
120°
36
12
20
32
32

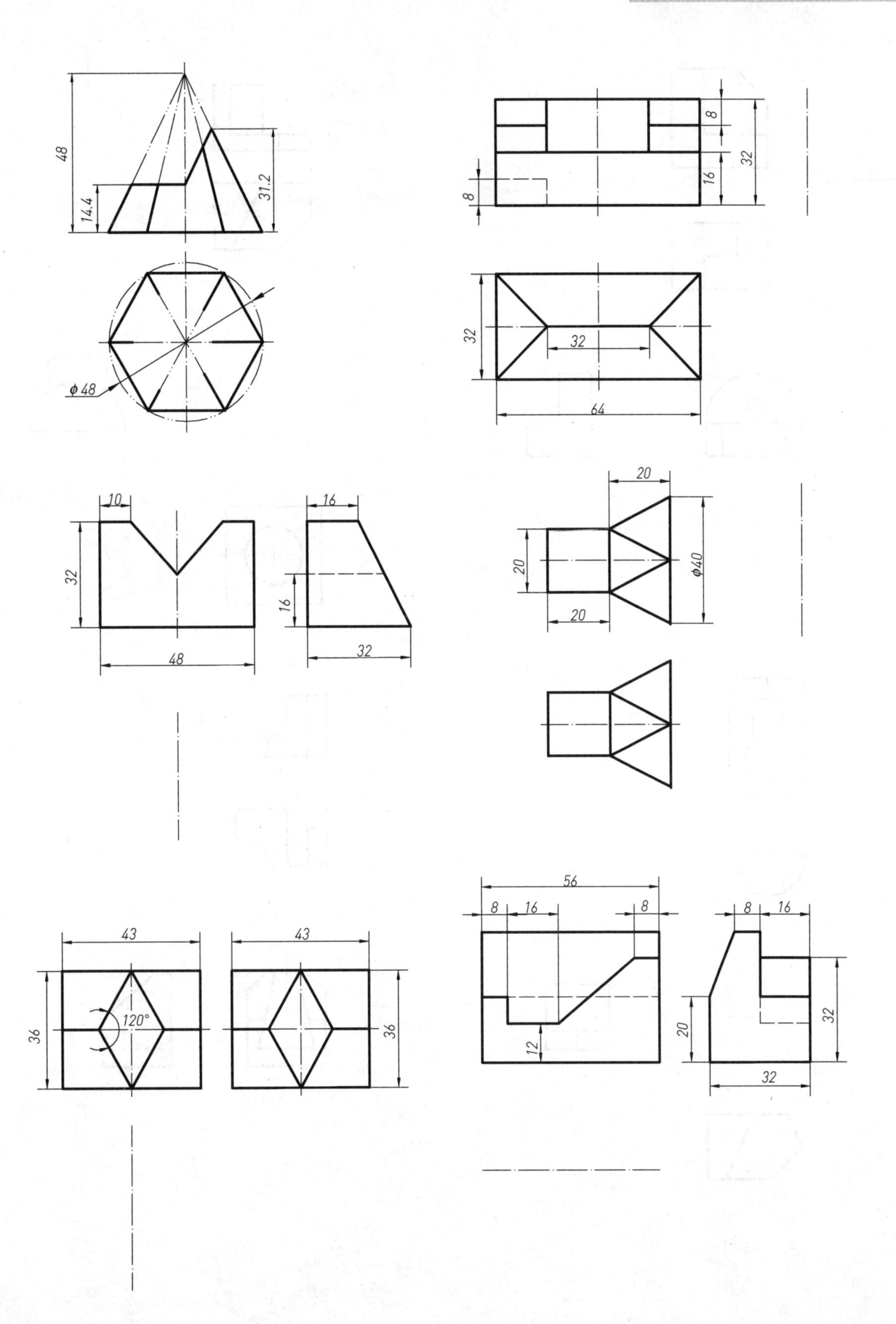
48
14.4
31.2
φ48
8
32
16
8
32
32
64
10
16
32
16
48
32
20
20
φ40
20
56
8
16
8
8
16
43
43
36
120°
36
20
12
32
32

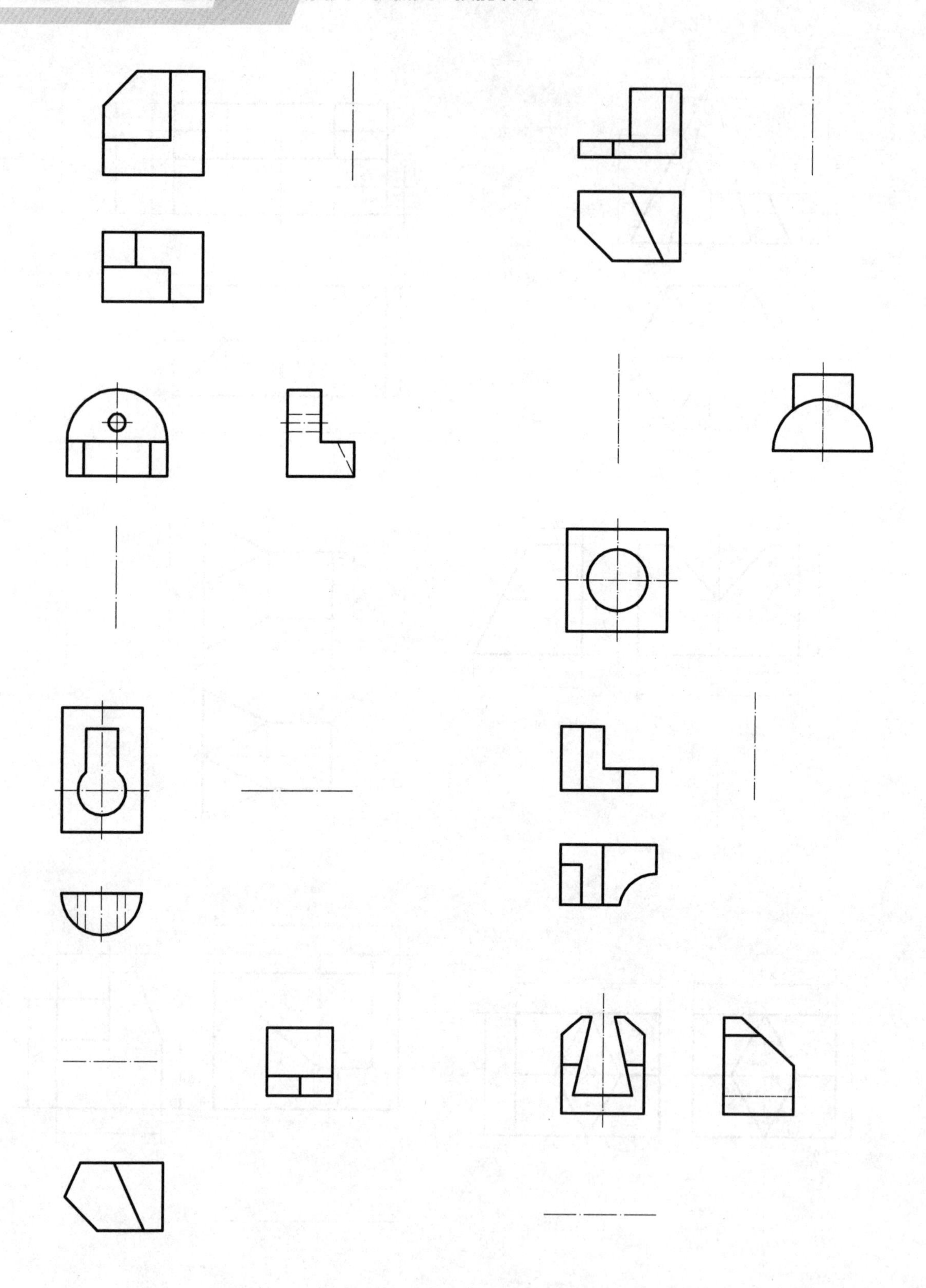

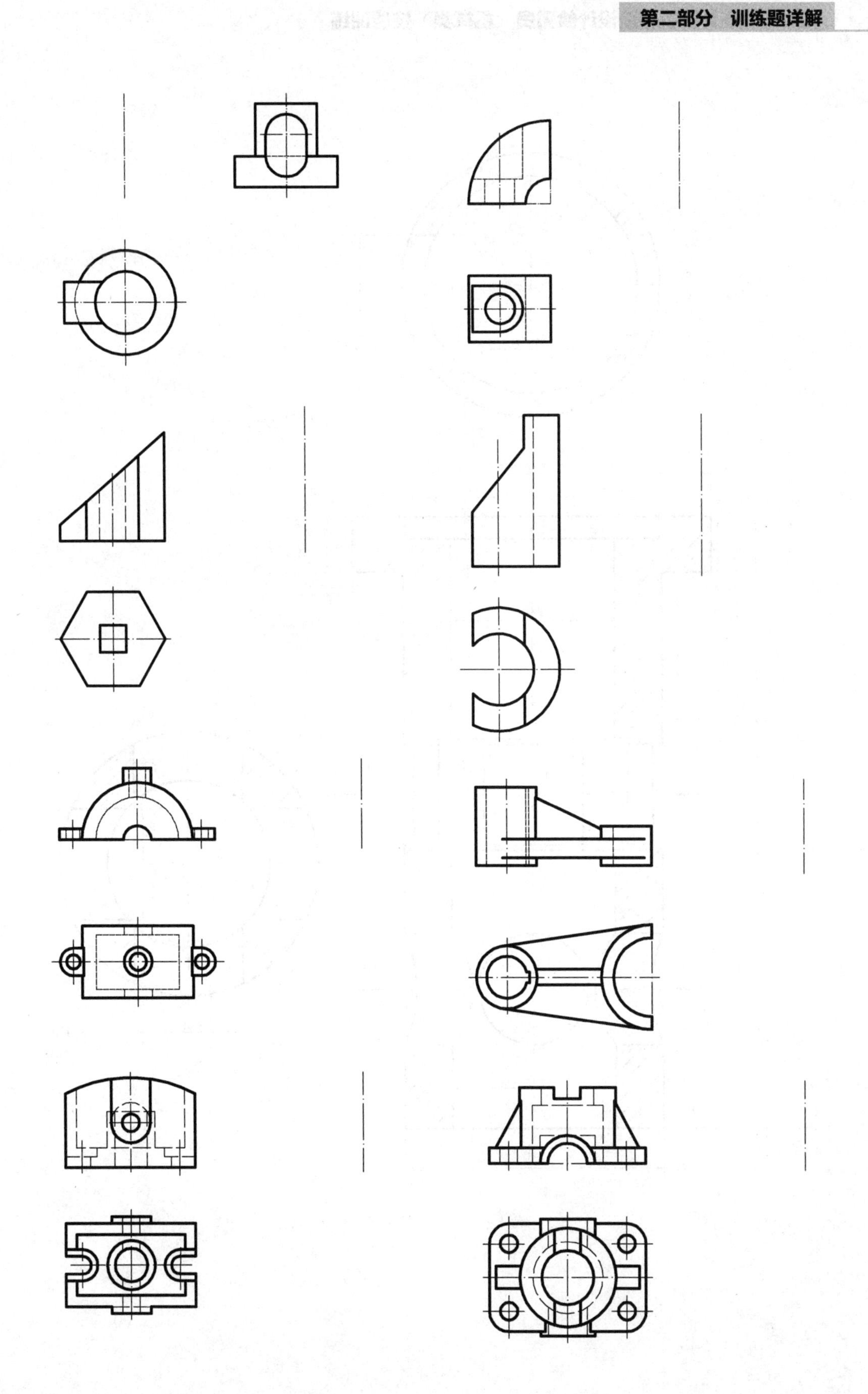

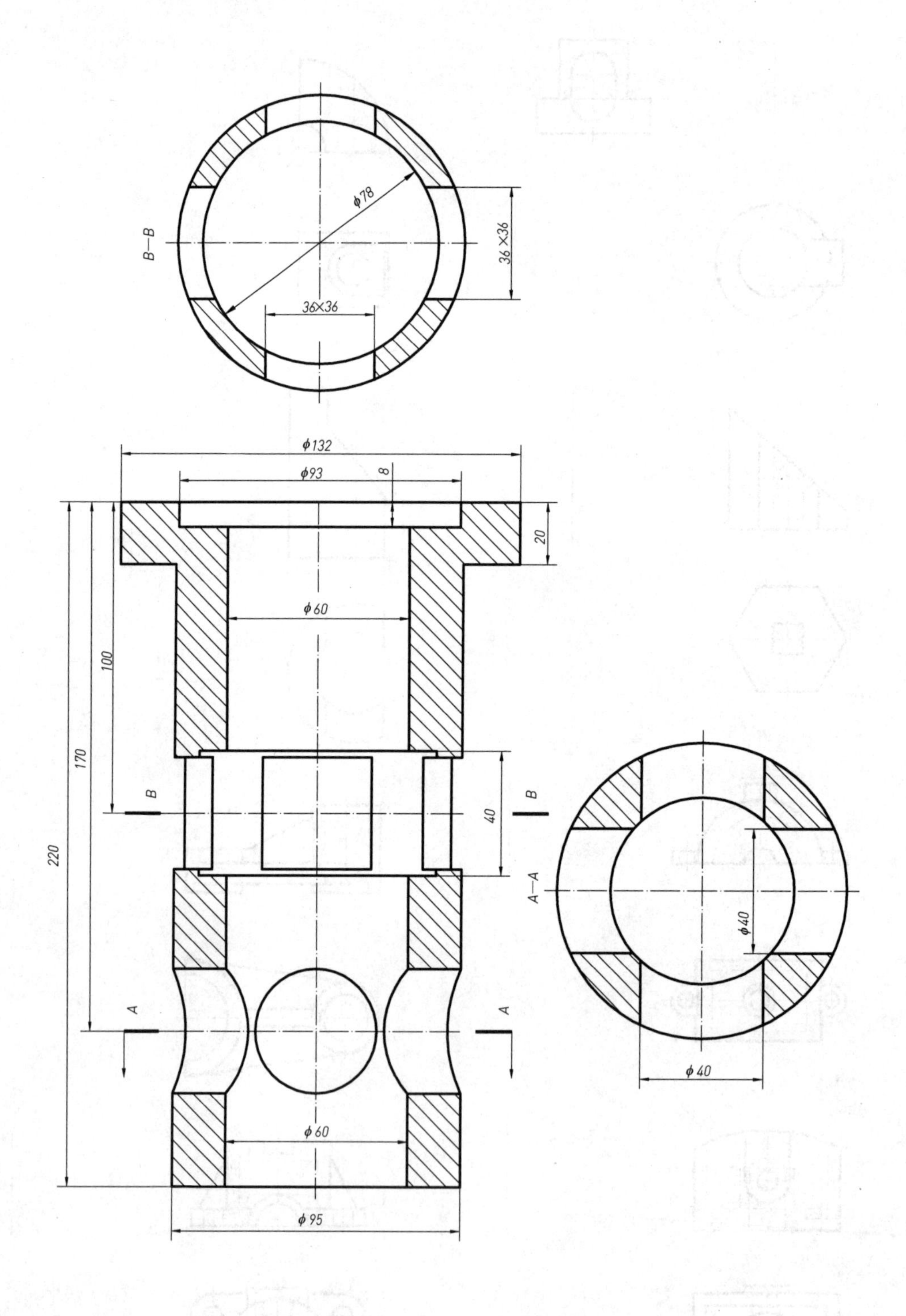
B—B
ϕ78
36×36
36×36
ϕ132
ϕ93
8
20
ϕ60
100
170
220
B
B
40
A—A
ϕ40
A
A
ϕ40
ϕ60
ϕ95

第四题　剖视图训练题详解

训练题第四题内容如下。

把图 4-1 所示主体的主视图画成全剖视图，左视图画成半剖视图。

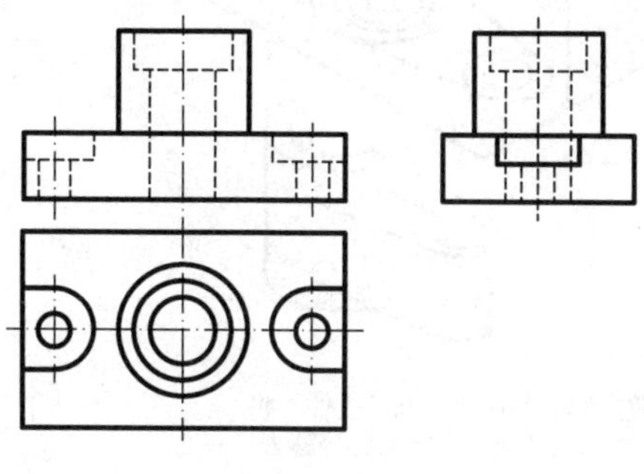

图 4-1　题图

4.1 分析

本题主要包含以下几个知识点：剖视图的概念、全剖视图的画法、半剖视图的画法、局部剖视图的画法，以及绘图软件中的图案填充、绘制波浪线等。

4.1.1　剖视图的概念

假想用剖切面剖开机件，将处在观察者和剖切面之间的部分移去，而将其余部分向投影面投射，所得到的图形称为剖视图，它着重表达形体的内部结构，如机件中的孔、洞、槽，如图 4-2 所示。剖视图简称剖视。

4.1.2　剖面符号的画法

一般金属材料剖面线是与水平面成 45° 的细实线。同一机件各视图中剖面线应画成方向相同、间隔相等的平行线，如图 4-2（c）所示。

当图形中的主要轮廓线与水平面成 45° 时，剖面线应画成与水平面成 30° 或 60° 的平行线，但倾斜方向应与原图剖面线方向一致，如图 4-3 所示。

4.1.3　画剖视图时应注意的问题

（1）剖切面一般应通过机件的对称面或轴线，如图 4-4 所示的剖切面与机件俯视图的对称线重合。

（2）由于剖切面是假想的，所以一个视图取剖视后，未取剖视的其他视图仍应完整画出，如图 4-4 所示的俯视图。

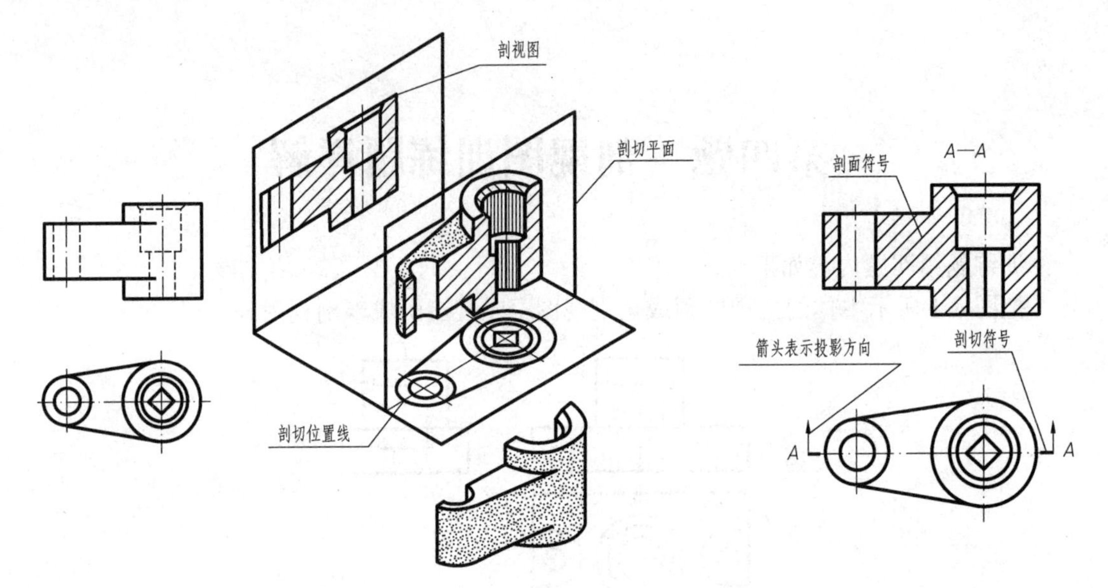

(a) 机件的视图　(b) 用假想的“剖切面”剖开机件，将观察者和“剖切面”之间的部分移去　(c)“剖切面”切割机件所得的断面图形成“剖面区域”。剖面区域中画剖面线，将余下部分向投影面投射即得到剖视图，如图中主视图

图 4-2　剖视图的概念

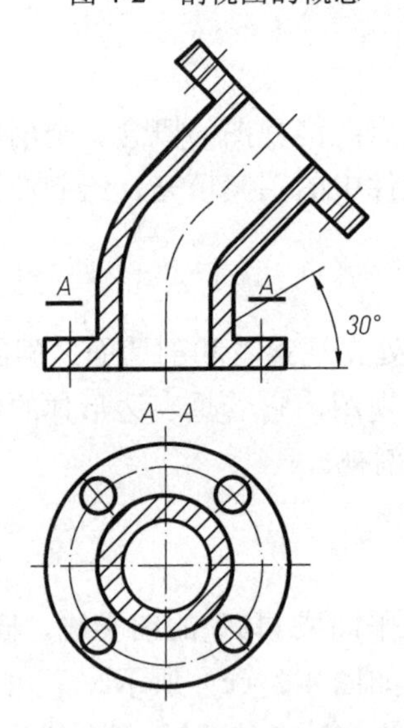

图 4-3　剖面线的画法

（3）为了使图形更加清晰，剖视图中应省略不必要的虚线，如图 4-4 所示。

但如果画出某一虚线有助于读图时，也可画出虚线，如图 4-5 所示。

（4）要仔细分析被剖切的孔、洞、槽的结构形状，以免错漏。如图 4-6 所示为四种不同结构的两级孔投影。

（5）不要漏线或多线。

① 不漏面或交线的投影。如图 4-7 所示，圆柱孔阶台面的投影不要漏画。

② 剖切是一种假想，其他视图仍应完整画出，并可取剖视。图 4-7 中的俯视图是错误的。

③ 不要多线。

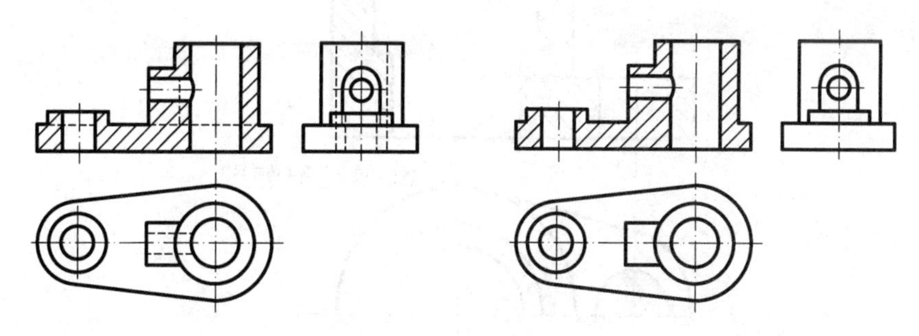

(a) 剖视图中有虚线　　(b) 剖视图中去掉虚线

图 4-4　剖视图一般不画虚线

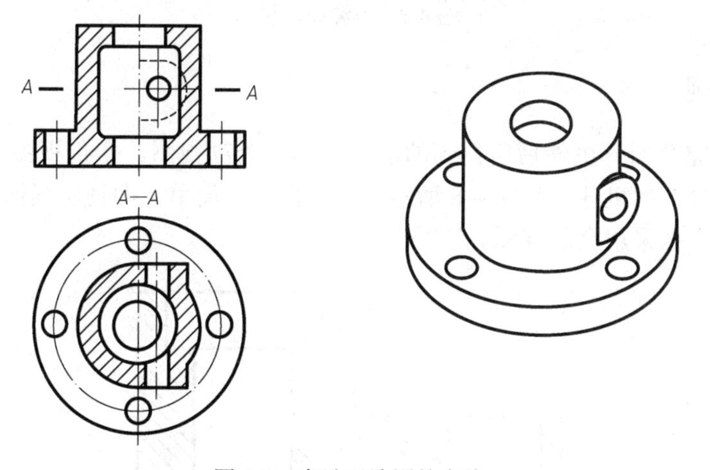

图 4-5　有助于读图的虚线

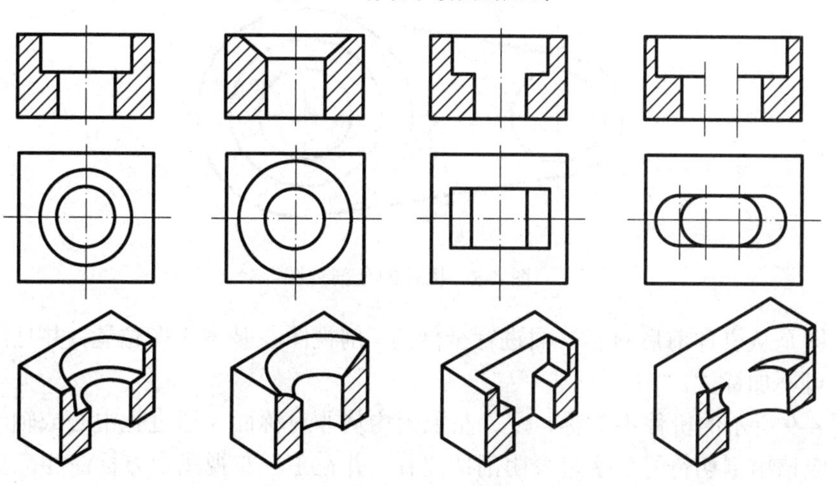

图 4-6　四种不同结构的两级孔投影

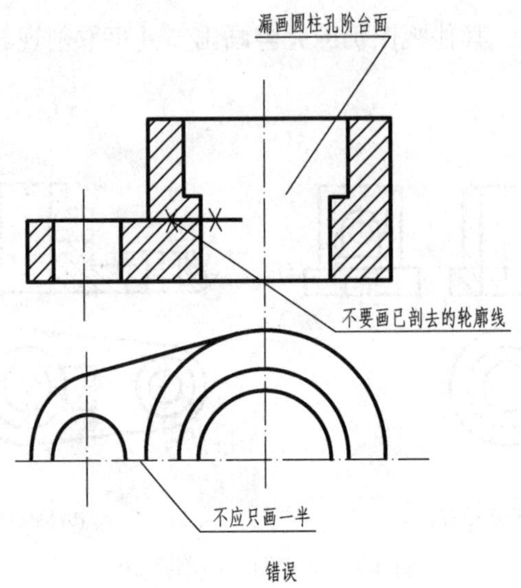

图 4-7　不漏面的投影

4.1.4　全剖视图

用剖切面完全剖开机件后所得到的剖视图称为全剖视图。全剖视图主要用于外形简单、内部结构复杂的机件，如图 4-8 所示。该机件外形简单，即使主视图外形全部剖去，仍可知其形状，故采用全剖视图。

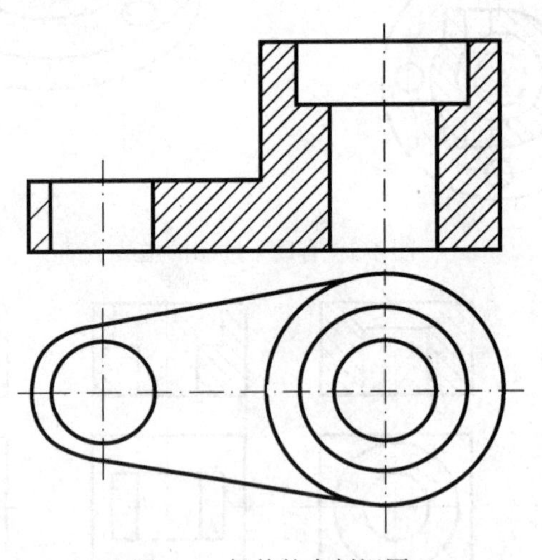

图 4-8　机件的全剖视图

主视图是从机件前后对称平面进行全剖的。剖视图在基本视图位置，并且没有其他图形隔开，可不加标注。

如图 4-9 所示的机件不对称，主、左视图均从非对称面（通过孔中心或轴线的面）进行剖切。应该用剖切符号、字母表明剖切位置，并在主、左视图上方标注相应剖视图的名称，如“*A*—*A*”“*B*—*B*”。

剖切位置与剖视图名称的标注方法如下。

（1）用宽 1～1.5 磅、长约 5～10mm、中间断开的短粗实线为剖切符号表示剖切平面位置。剖切符号尽可能不与图形的轮廓线相交。在两端用箭头表示投影方向，并在剖切符合的起、讫处用相同的字母标出名称（如 *A*），并在剖视图上方标出相应的字母（如“*A*—*A*”），如图 4-9 所示。

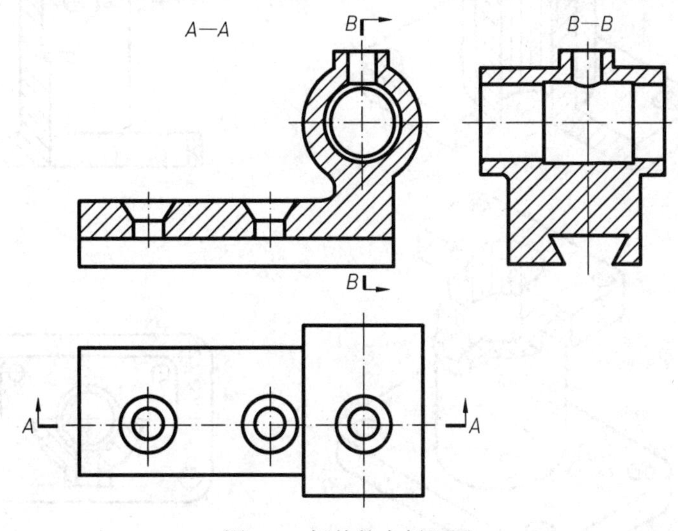

图 4-9　机件的全剖视图

（2）当剖切面通过机件的对称平面或基本对称的平面，且剖视图按投影关系配置，中间又没有其他图形隔开时，可以省略标注，如图 4-8 所示。

4.1.5　半剖视图

当机件具有对称平面时，向垂直于对称剖面的投影面上投影所得的图形可以对称中心线为界，一半画成剖视图，另一半画成视图，这样的表达方法称为半剖视图。这样可一方面表达机件的内部结构，另一方面表达机件的外部形状，如图 4-10 所示。

半剖视图的标注方法与全剖视图相同。剖视的剖切位置若为对称平面，不必标注，如图 4-10 所示的主、俯视图的剖视；剖视的剖切位置若不是对称平面（如俯视图的剖切平面 *A*），则须注明剖切符号和字母，并在剖视图上方注明“*X*—*X*”，如图 4-10 所示的“*A*—*A*”。

对主视图绘制半剖视图，一般将主视图的左半部分画成视图形式，右半部分画成剖视图形式；对左视图绘制半剖视图，一般将左视图的左半部分画成视图形式，右半部分画成剖视图形式；对俯视图绘制半剖视图，一般将俯视图的上半部分画成视图形式，下半部分画成剖视图形式。

当机件形状接近于对称，且其不对称部分已另有视图表达清楚时，也允许画成半剖视图，如图 4-11 所示。

画半剖视图时应注意：

（1）剖视图与视图的分界处为细点画线，切不可画成粗实线。

（2）半剖视图中，内部形状已表达清楚时，虚线不再画出。

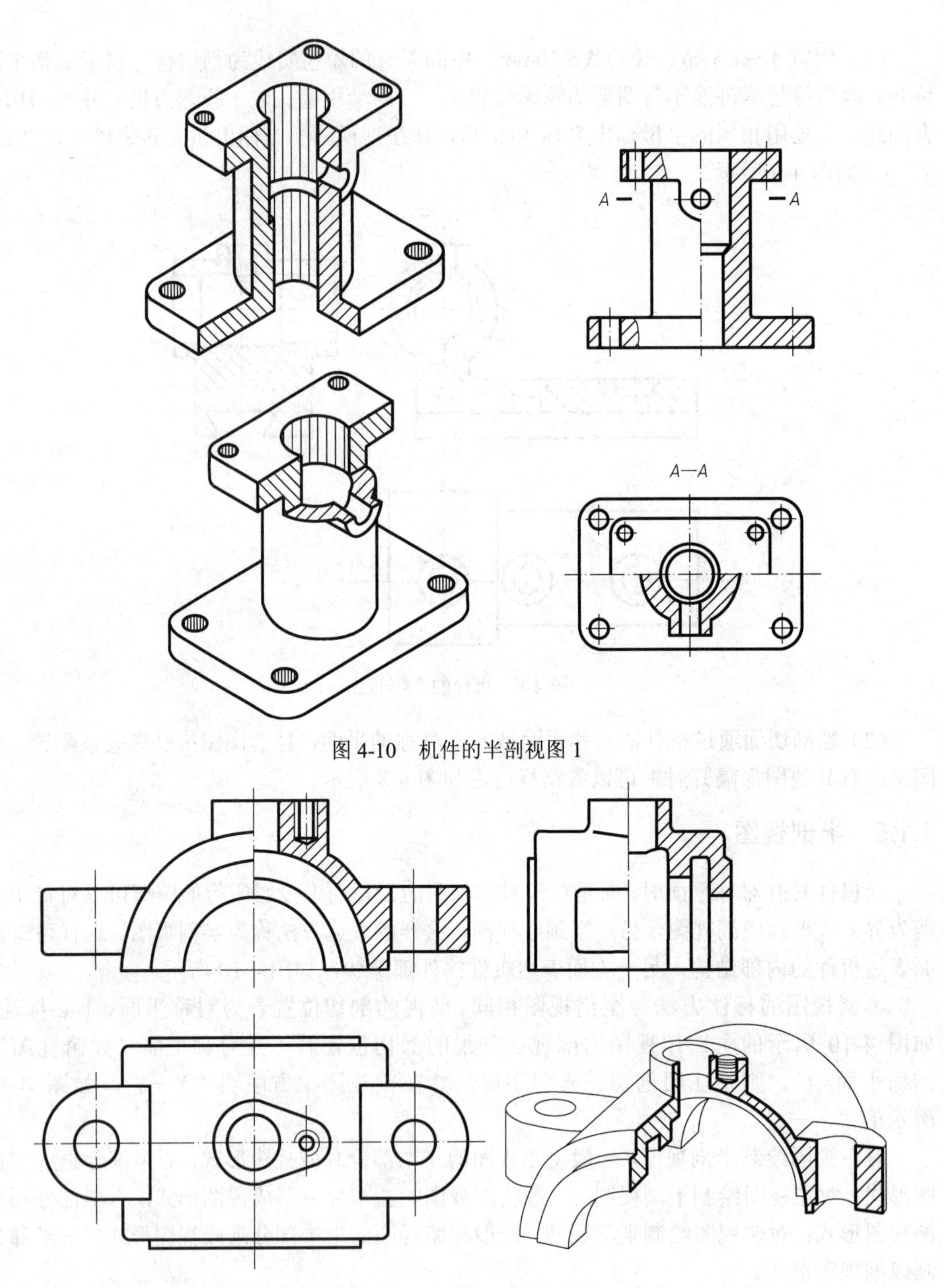

图 4-10　机件的半剖视图 1

图 4-11　机件的半剖视图 2

4.1.6　局部剖视图

用剖切面局部地剖开机件，所得的剖视图称为局部剖视图，如图 4-12 所示，主视图剖切一部分，表达内部结构；保留局部外形，表达凸缘形状及其位置。

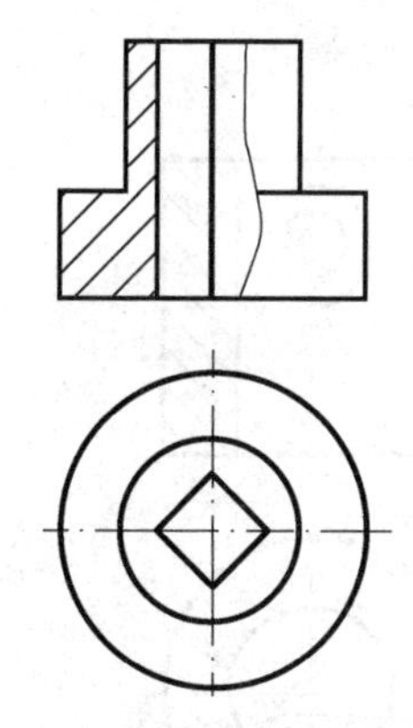

图 4-12　机件的局部剖视图 1

局部剖视图是一种比较灵活的表达方法，剖切范围根据实际需要决定，但使用时要考虑到看图方便，剖切不要过于零碎。它常用于下列两种情况。

（1）机件只有局部内形要表达，不必或不宜采用全剖视图（图 4-13）。

（2）不对称机件需要同时表达其内、外形状时，宜采用局部剖视图（图 4-13）。

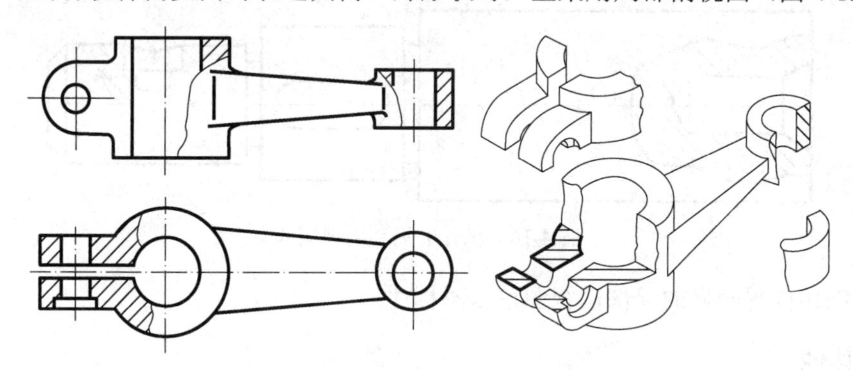

图 4-13　宜采用局部剖视图的机件

画局部剖试图时应注意：

（1）局部剖视与视图应以波浪线分界，波浪线不可与图形轮廓重合，如图 4-14 所示。

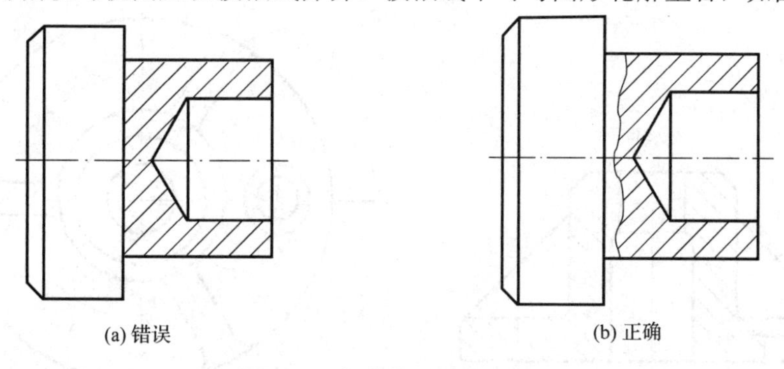

(a) 错误　　(b) 正确

图 4-14　机件的局部剖视图 2

（2）波浪线不应画在通孔、通槽内或画在轮廓线外，因为这些地方没有断裂痕迹。如图 4-15 所示是错误的。

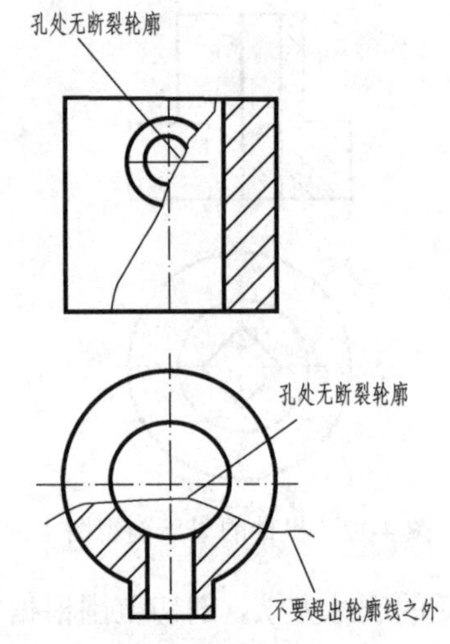

图 4-15　机件的局部剖视图 3

（3）实心杆上有孔、槽时，应采用局部剖视，如图 4-16 所示。

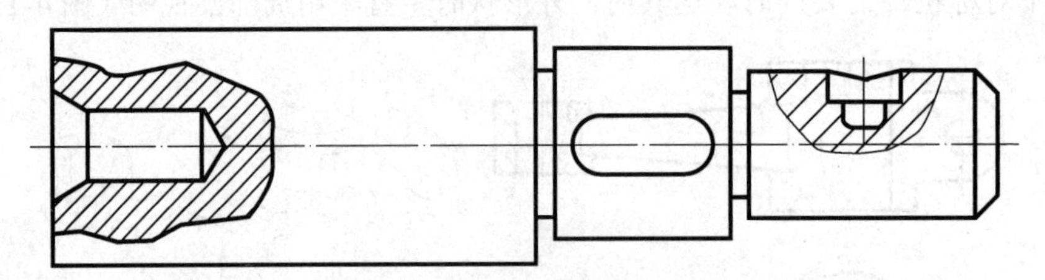

图 4-16　机件的局部剖视图 4

（4）剖切位置明显的局部剖视图可以不标注。

4.1.7　其他

（1）对于机件的肋、轮辐及薄壁等，如按纵向剖切，这些结构都不画剖切符号，而用粗实线将它与其邻接部分分开，如图 4-17 所示。

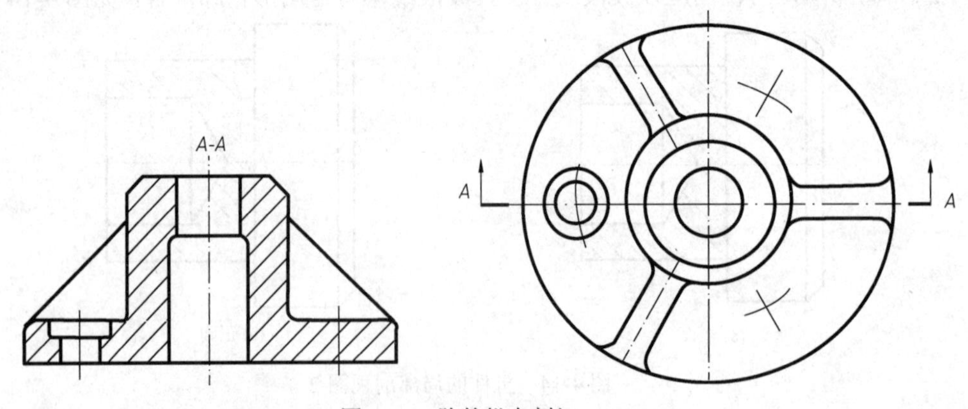

图 4-17　肋的纵向剖切

（2）当机件回转体上均匀分布的肋、轮辐、孔等结构不处于剖切面上时，可将这些结构旋转到剖切面上画出，如图 4-18 所示。

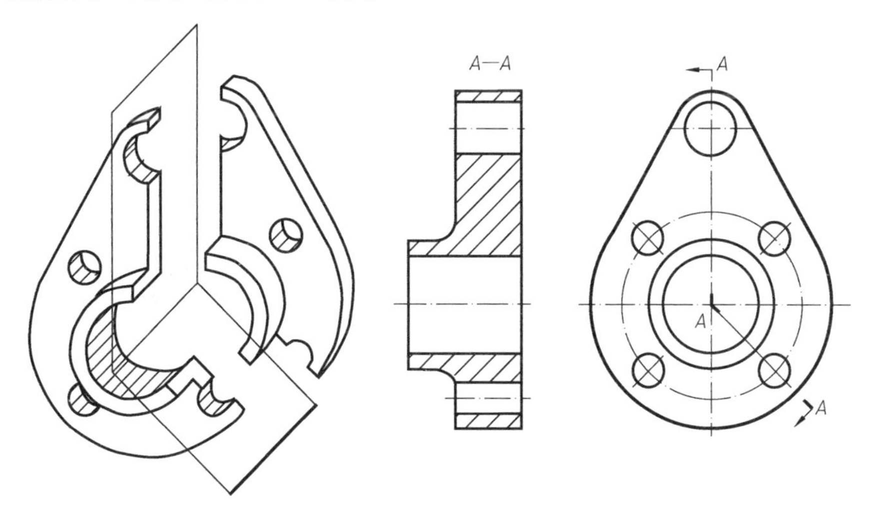

图 4-18 均匀分布的孔

4.2 注意事项

（1）不要漏线。

（2）剖面线填充。注意剖面线的线型、比例，并根据剖面线的要求转换所在的图层并确定适当比例。

（3）作图完毕后要认真检查，防止多线、漏线，并删除多余线条，以保证图形正确、清晰。

4.3 练习题

一、填空题

1．一般金属材料剖面线是________。当图形中的主要轮廓线与水平面成 45° 时，剖面线应画成________的平行线，但倾斜方向应与原图剖面线方向________。

2．剖切面一般应通过机件的________或________。

3．外形简单、内部结构复杂的机件一般用________视图。

4．对主视图绘制半剖视图，一般将主视图的________画成视图形式，________画成剖视图形式；对左视图绘制半剖视图，一般将左视图的________画成视图形式，________画成剖视图形式；对俯视图绘制半剖视图，一般将俯视图的________画成视图形式，________画成剖视图形式。

5．两圆柱轴线垂直相交、直径相等时，相贯线为________，其正面投影为________。

二、问答题

1．画剖视图时应注意的问题有哪些？

2．剖切位置与剖视图名称的标注方法是什么？

3．画半剖视图时应注意哪些问题？

三、操作题

1．补画左视图，并对主视图进全剖，左视图进行半剖。

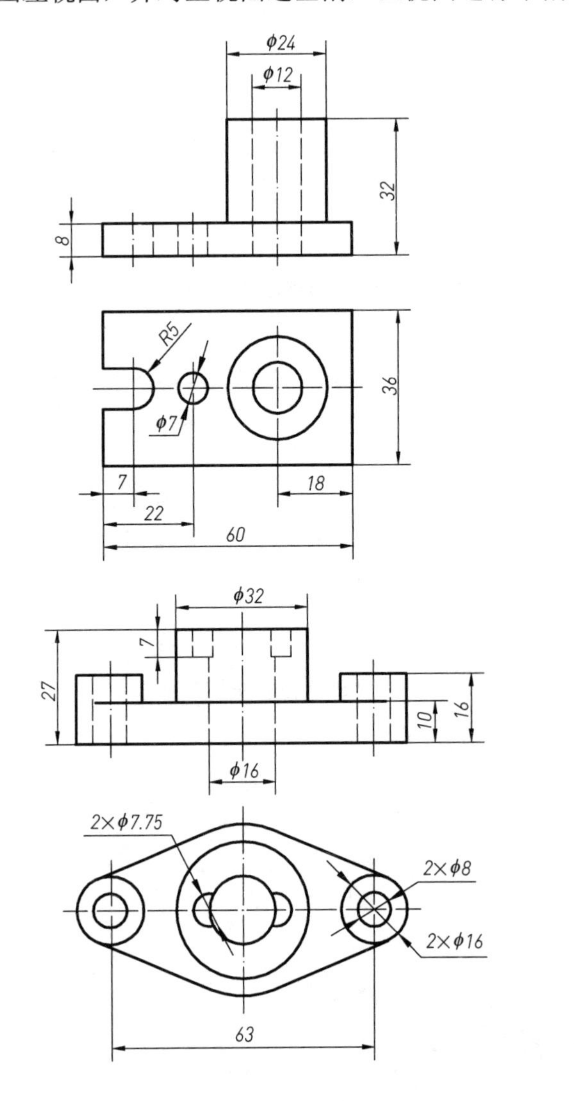

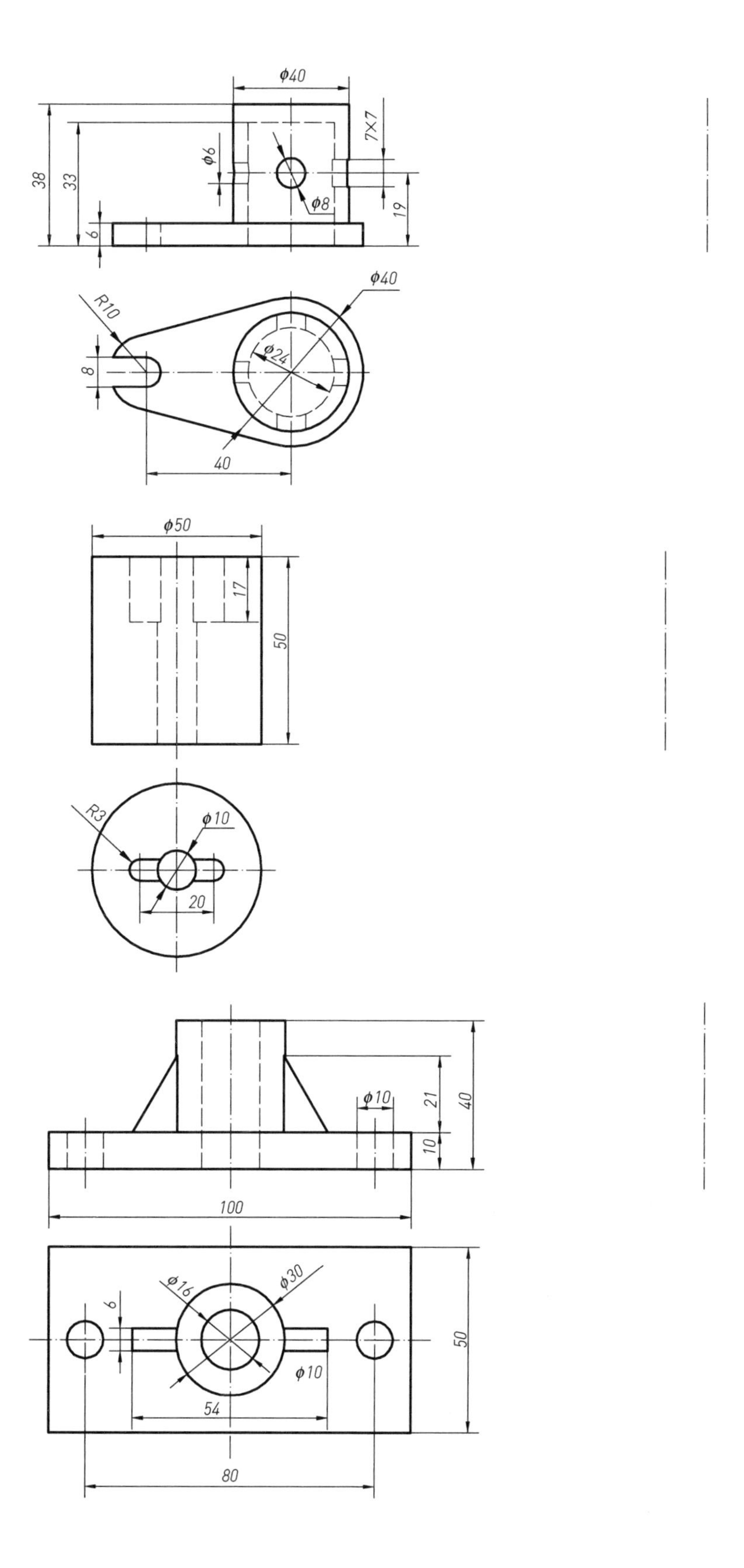
φ40
7×7
φ6
38
33
φ8
19
6
φ40
R10
φ24
8
40
φ50
17
50
R3
φ10
20
φ10
21
40
10
100
φ16
φ30
6
50
φ10
54
80

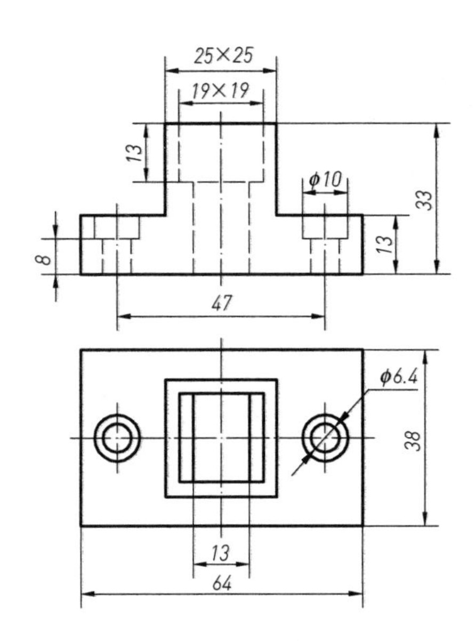

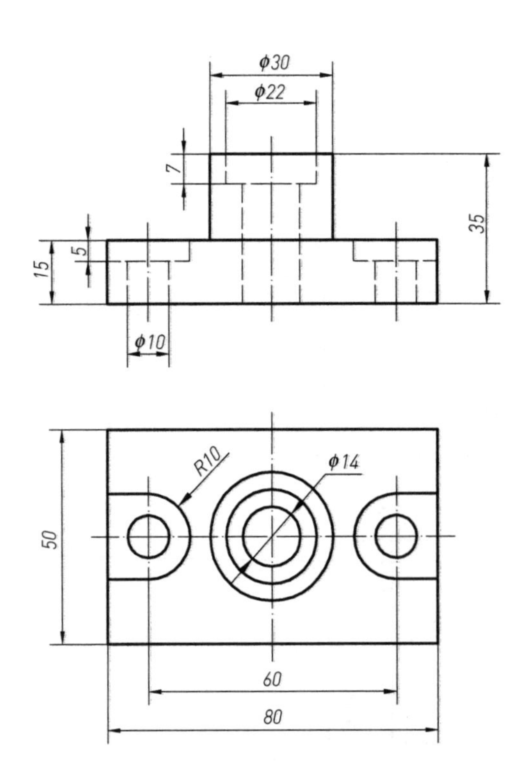

2．补画主视图，并对左视图进行半剖。

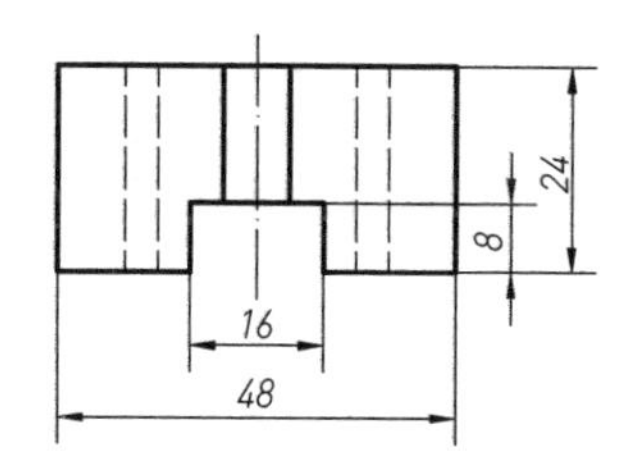
16
48
24
8

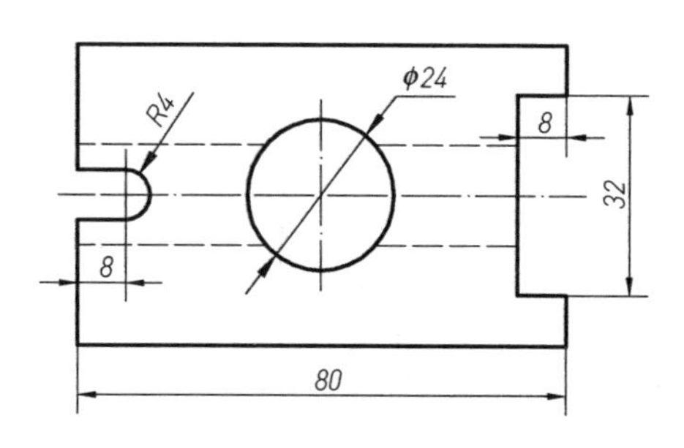
ϕ24
R4
8
32
8
80

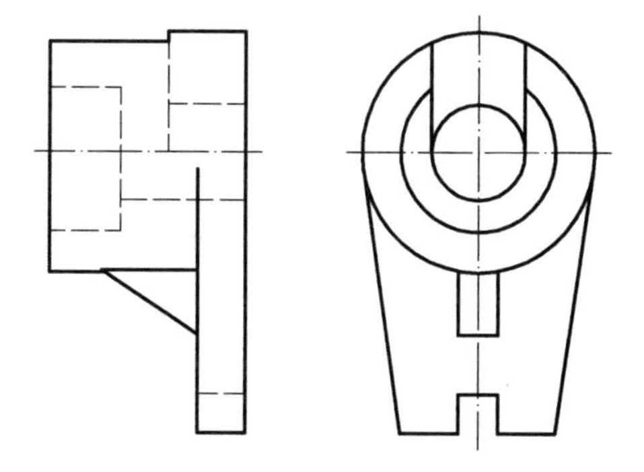

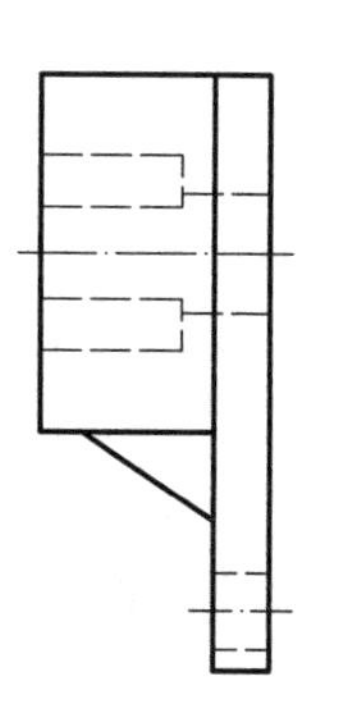

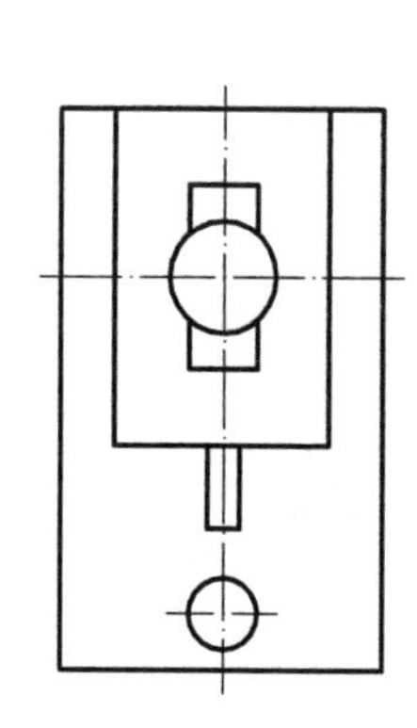

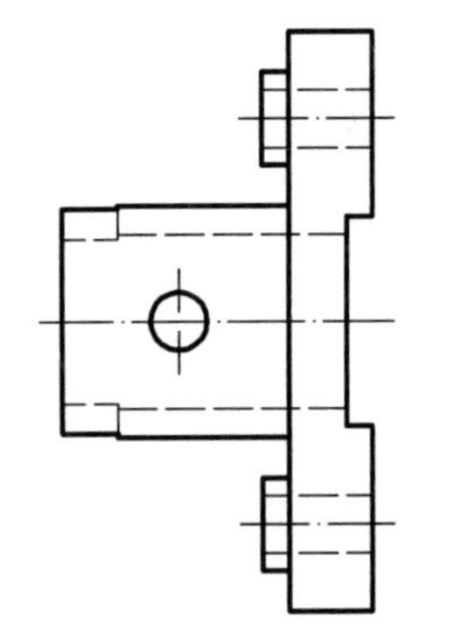

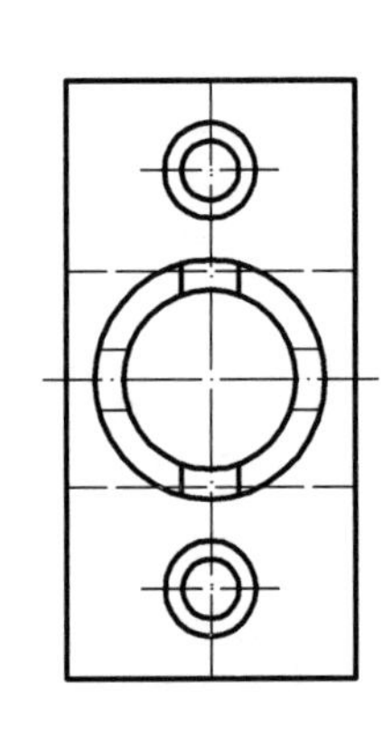

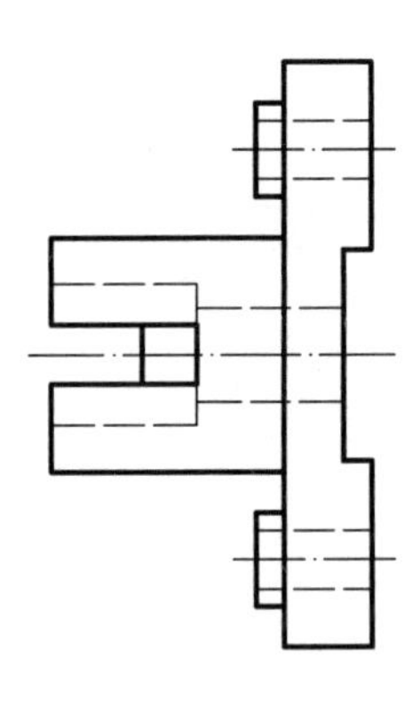

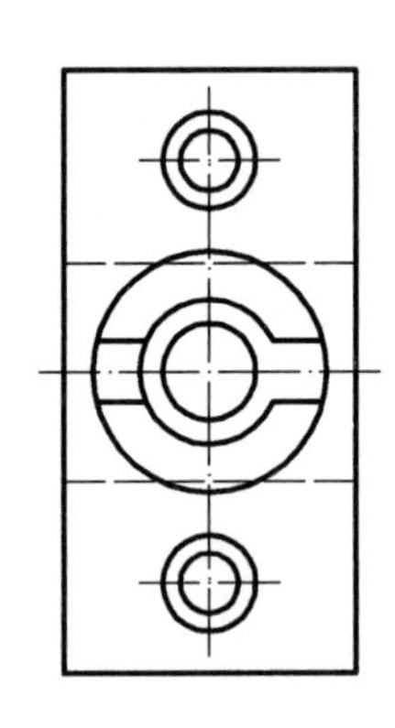

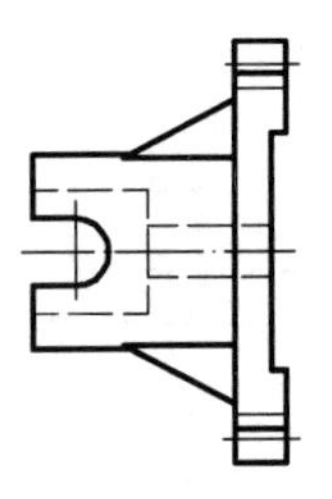

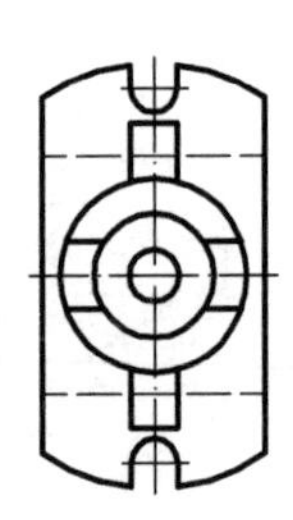

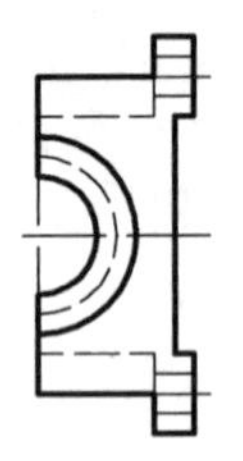

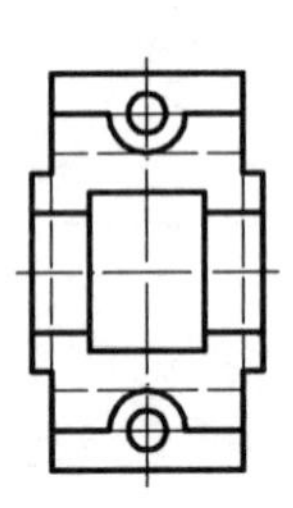

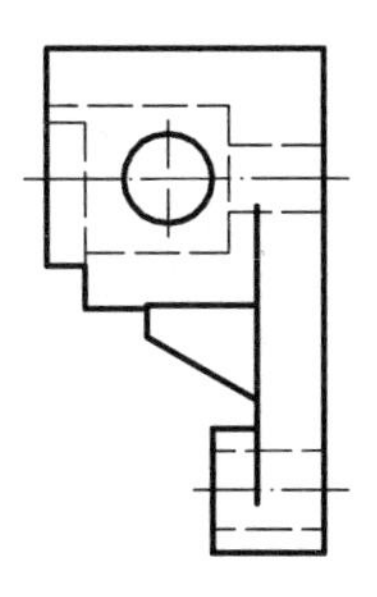

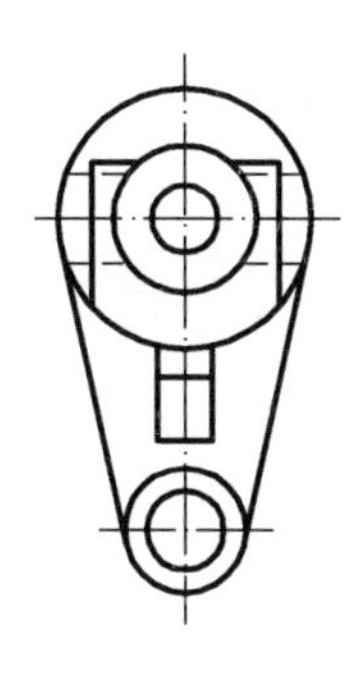

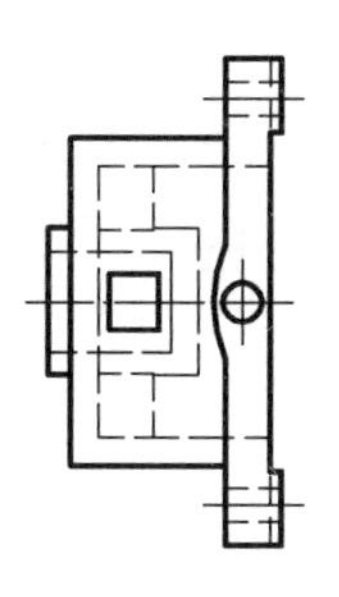

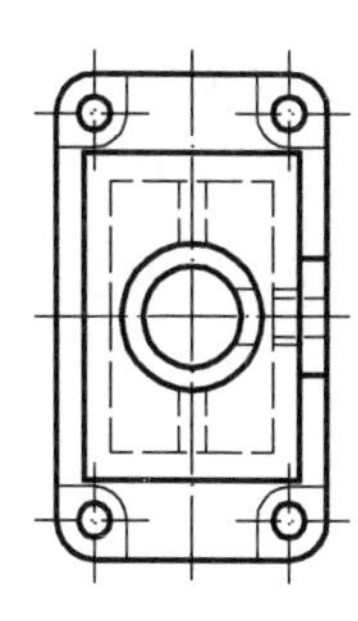

第五题　零件图训练题详解

训练题第五题内容如下。

画零件图（图 5-1），具体要求：

（1）抄画主视图和左视图（不用抄画移出断面图）。绘图前先打开图形文件 A5.dwg，该图已做了必要的设置，可直接在其上作图。

（2）按国家标准的有关规定，设置机械制图尺寸标注样式（样式名为“机械”）。

（3）标注主视图的尺寸与表面结构代号（表面结构代号要使用带属性的块的方法标注，块名为“RA”，属性标签为“RA”，提示为“RA”）。

（4）不用画图框及标题栏，不用标注标题栏上方的表面结构代号及“未注圆角”等字样。

（5）作图结果以原文件名保存。

5.1　分析

本题主要包含以下知识点：零件图的内容、零件图的视图选择与绘制方法、零件上某些工艺结构（如螺纹等）的画法、零件图的尺寸标注及尺寸公差、表面粗糙度和技术要求，以及绘图软件中的尺寸样式设置、尺寸标注、公差标注、创建带属性的图形块、插入图形块等。

5.1.1　零件图的概念

表达单个零件的结构、大小及技术要求的图样称为零件图。零件图是在生产过程中进行加工制造及检验零件质量的重要技术文件。如图 5-1 所示是某支架体的零件图。

5.1.2　零件图的内容

1. 一组图形

用必要的视图、剖视图、断面图组成的一组图形，将零件各部分的内外结构形状正确、完整、清晰地表达出来。

图 5-1 所示的零件图有 3 个视图，其主视图、俯视图都采用了半剖视图的表达方法。

2. 一组尺寸

用一组尺寸正确、完整、清晰、合理地标注零件制造、检验时所需要的全部尺寸。

3. 技术要求

用规定的代（符）号、数字、字母或文字，说明零件在制造、检验或使用时的各项技术指标，如表面粗糙度、尺寸公差、形位公差、热处理等。

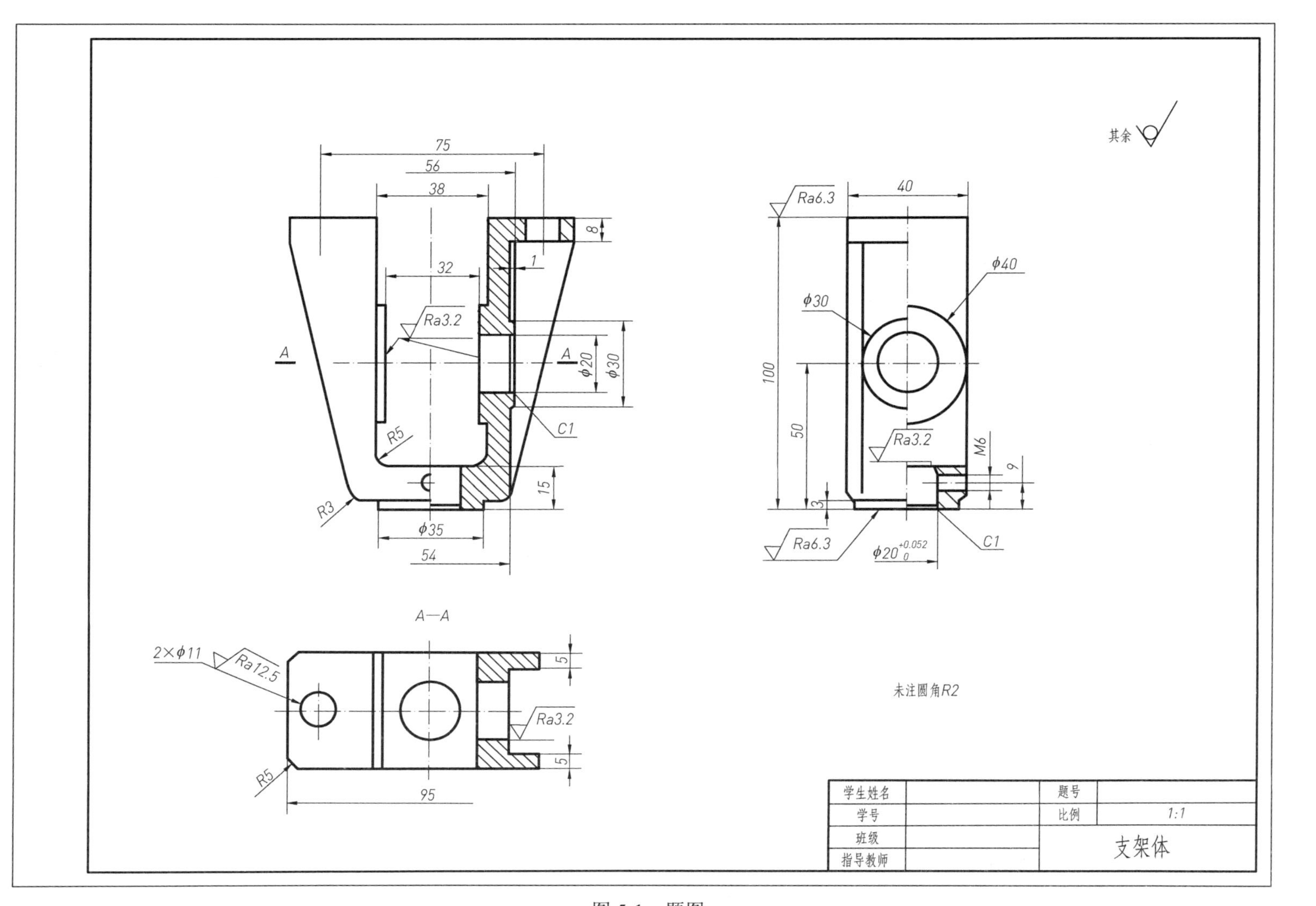

75
56
38
32
8
1
Ra3.2
A
A
ϕ20
ϕ30
R5
C1
15
R3
ϕ35
54
其余
40
Ra6.3
ϕ40
ϕ30
100
50
Ra3.2
M6
9
3
Ra6.3
ϕ20 +0.052 0
C1
A—A
2×ϕ11
Ra12.5
5
Ra3.2
5
R5
95
未注圆角R2
学生姓名
学号
班级
指导教师
题号
比例
1:1
支架体

图 5-1　题图

4. 标题栏

标题栏一般应写明零件名称、图样代号、材料、质量、比例，以及设计、审核人员的签名和签名时间等。

5.1.3 零件图的选择

根据零件的内外结构形状、加工方法，以及它在机器中所处位置等因素，零件图的视图选择主要考虑两个方面：主视图的选择和其他视图的选择。

1. 主视图的选择

主视图是一组图形的核心，主视图选择是否恰当，将直接影响到其他视图的位置和数量，以及画图、看图是否方便，甚至关系到图样幅面的合理利用等问题。所以，在选择主视图时，应遵循以下三个原则来综合考虑。

（1）形状特征原则。

主视图应尽量多地反映零件的结构形状特征，为看图者提供较多的零件信息量。

（2）工作位置原则。

主视图应尽量表示零件在机器或部件中的工作位置，这样，在看图时能从主视图中较容易地把零件与机器或部件联系起来，想象出它的工作情况。通常对钩、支架、箱体等零件，其主视图一般按工作位置来确定。如图 5-2 所示为吊钩的主视图，该主视图就是根据吊钩的工作位置及尽量多地反映其形状特征的原则选定的。

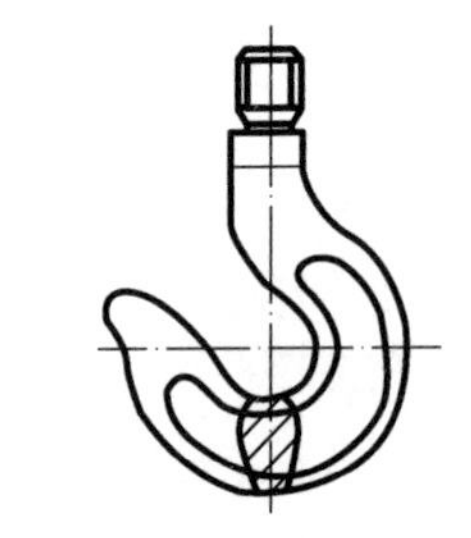

图 5-2 吊钩的主视图

（3）加工位置原则。

主视图应尽量表示零件在机械加工时所处的位置，这样在加工零件时，可以直接进行图物对照，既便于看图，又可减少差错。通常对轴、套、轮、盘等回转体零件，其主视图按加工位置来确定，即轴线水平放置。如图 5-3 所示是以 *A* 向作为主视图的投影方向得到的阶梯轴的主视图。

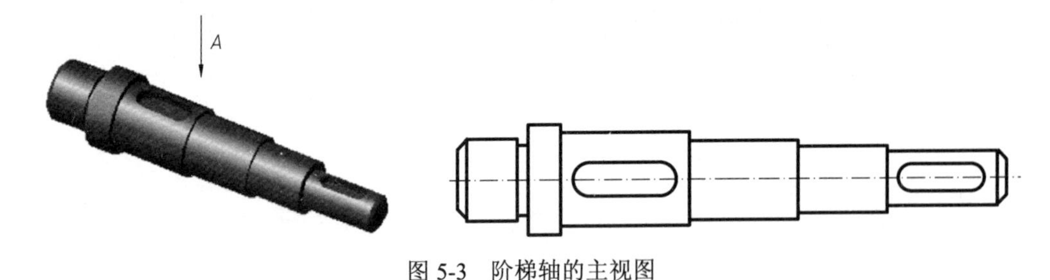

图 5-3 阶梯轴的主视图

2. 其他视图的选择

当主视图确定以后，其他视图的选择应着重从以下几个方面来考虑。

（1）在能够充分而清楚地表达零件结构形状的前提下，所选用的视图数量要少，并优先选用基本视图来表达。

（2）所选视图应具有独立存在的意义，即每个视图都有各自明确的表达重点，注意避免不必要的细节重复。如图 5-1 所示的零件图，支架体左右侧面的外部轮廓、M6 螺纹孔的内部结构采用左视图表达，支架体顶面形状和前后面板的相对位置采用俯视图表达。根据零件图左右完全对称、前后基本对称的结构特点，左视图和俯视图都采用半剖视图的表达方法。

（3）尽量少用虚线表达零件的结构形状。

5.1.4　零件图的尺寸标注

国家标准《机械制图　尺寸注法》（GB/T 4458.4—2003）中明确规定："机件的真实大小应以图样上所注的尺寸数值为依据，与图形的大小及绘图的准确度无关。"因此，零件图上的尺寸是制造零件的重要依据，在图上标注尺寸应符合下列要求。

（1）尺寸标注形式应符合国家标准《机械制图　尺寸注法》的一般规定。

（2）零件的每一尺寸一般只标注一次，并应标注在反映该结构最清楚的图形上，便于看图查找。

（3）尺寸标注应符合设计及工艺要求以保证产品性能。

要正确地标注尺寸，首先要确定尺寸基准。尺寸基准即标注尺寸的起点，是指确定零件上几何元素位置的一些点、线、面。

尺寸基准一般有设计基准与工艺基准两类。设计基准是根据零件的结构和设计要求而确定的基准，工艺基准是根据对零件加工、测量的要求而选定的基准。零件的长、宽、高三个方向，每一方向至少应有一个基准，即主要基准（一般为设计基准）。但为了加工、测量方便，往往还需要选择必要的辅助基准（一般为工艺基准）。设计基准与工艺基准之间必须有直接的尺寸联系。对于轴套类、轮盘类零件，为了减少尺寸误差，提高零件精度，其轴线一般既是设计基准，又是工艺基准。

如图 5-4 所示的阶梯轴，在车床上车削外圆时，车刀切削每段长度的最终位置都是以右端面为起点来测定的，所以将它确定为工艺基准，其轴向尺寸以此为基准注出。

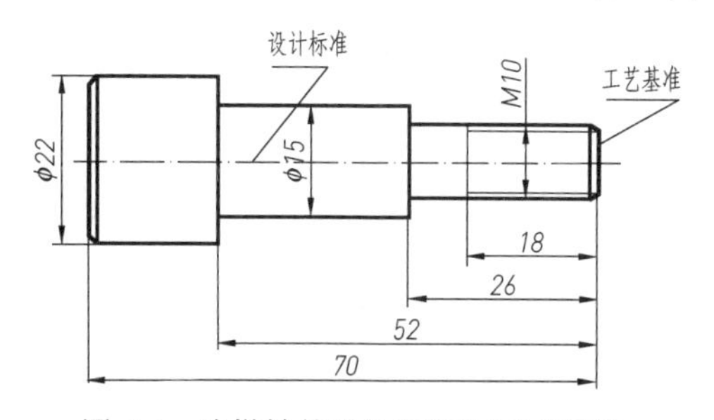

图 5-4　阶梯轴的设计基准与工艺基准

5.1.5　AutoCAD 的尺寸标注样式的设定

AutoCAD 绘图软件具有十分强大的尺寸标注和编辑功能，它既符合国家标准的有关规定，又能满足不同图样中各种样式的尺寸标注的要求。

不同行业的图样，尺寸标注的形式和要求也不同。要正确地标注机械图样的尺寸，就应该按照国家标准《机械制图》的规定，首先建立尺寸标注样式。

尺寸标注样式包括总体样式和子样式。总体样式是适用于各类型尺寸的共同部分的基础设置，子样式是针对某一特定尺寸类型（如角度尺寸、引线尺寸等）而设置的。设置时，先设置总体样式，再设置子样式。

1. 设置总体样式

菜单命令：格式→标注样式

命令：DIMSTYLE↙

设置方法如图 5-5～图 5-8 所示。

创建新标注样式

新样式名(N)：机械

基础样式(S)：ISO-25

用于(U)：所有标注

继续　取消　帮助(H)

图 5-5　“创建新标注样式”对话框

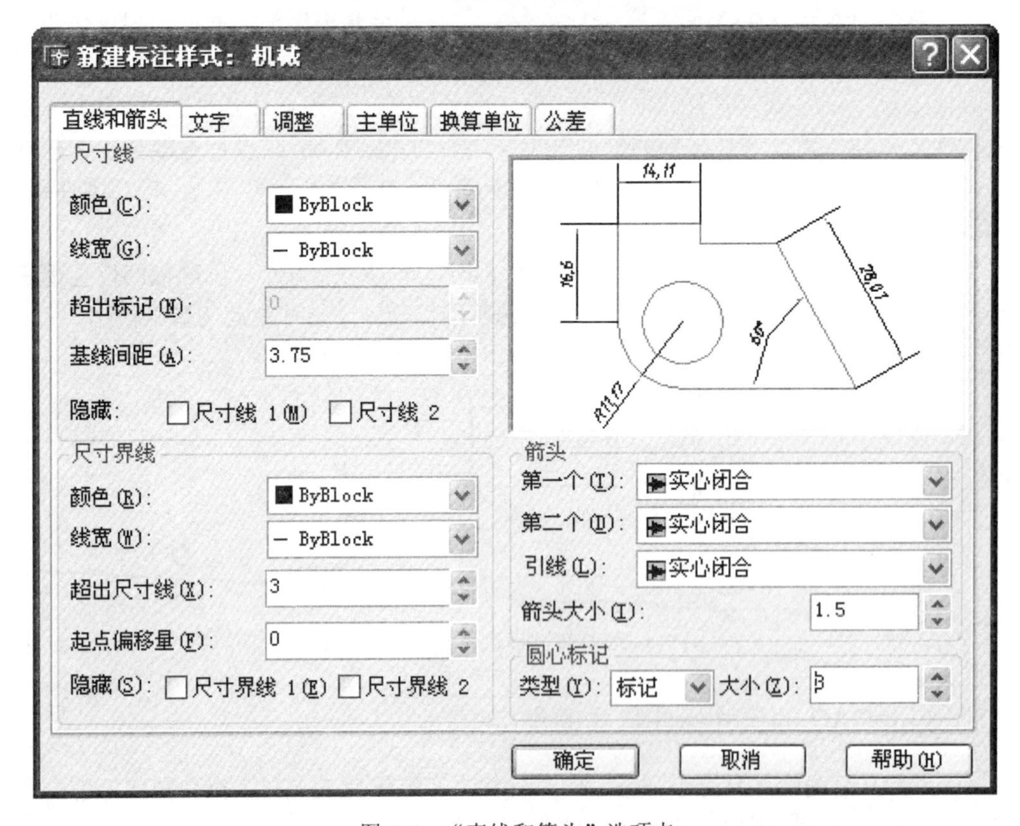

图 5-6　“直线和箭头”选项卡

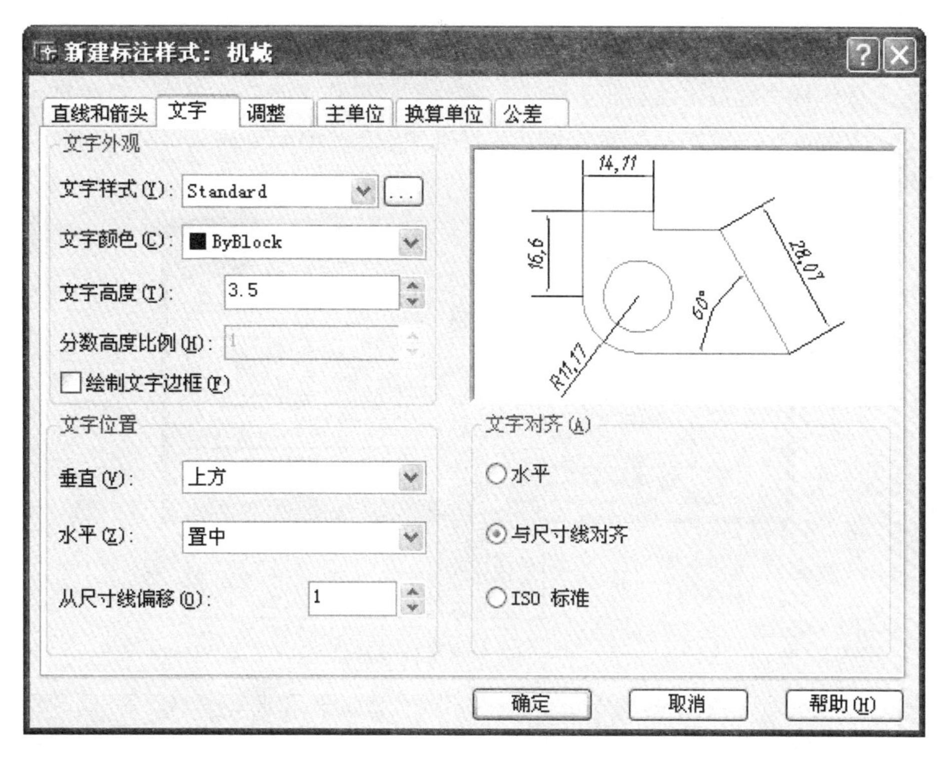

图 5-7　“文字”选项卡

新建标注样式：机械

直线和箭头　文字　调整　主单位　换算单位　公差

线性标注

单位格式(U)：小数

精度(P)：0.00

分数格式(M)：水平

小数分隔符(C)：'.'（句点）

舍入(R)：0

前缀(X)：

后缀(S)：

测量单位比例

比例因子(E)：1

仅应用到布局标注

消零

前导(L)　0 英尺(F)

后续(T)　0 英寸(I)

14.11

16.6

28.07

60°

R11.17

角度标注

单位格式(A)：度/分/秒

精度(O)：0d

消零

前导(D)

后续(N)

确定　取消　帮助(H)

图 5-8　“主单位”选项卡

2．设置子样式

设置了总体样式之后，由于还不能满足各种类型尺寸（如角度尺寸、引线尺寸等）的标注要求，因此，还要针对一些类型尺寸再设置相应的子样式。

（1）设置角度尺寸标注子样式，如图 5-9、图 5-10 所示。

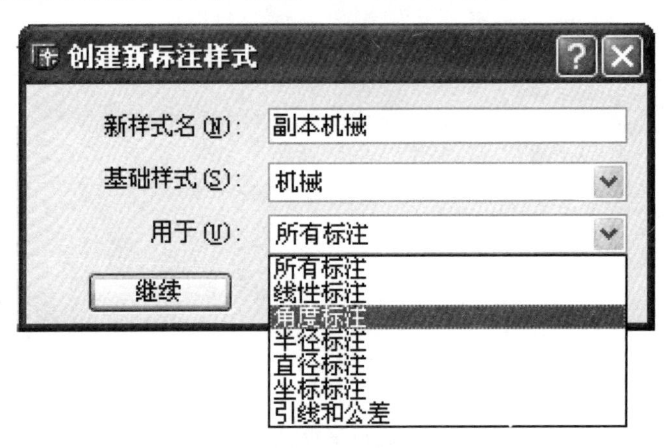

图 5-9　创建角度标注子样式

新建标注样式：机械：角度
直线和箭头　文字　调整　主单位　换算单位　公差
文字外观
文字样式 (Y): Standard
文字颜色 (C): ByBlock
文字高度 (T): 3.5
分数高度比例 (H): 1
绘制文字边框 (F)
文字位置
垂直 (V): 外部
水平 (Z): 置中
从尺寸线偏移 (O): 1
60°
文字对齐 (A)
水平
与尺寸线对齐
ISO 标准
确定　取消　帮助 (H)

图 5-10　“新建标注样式：机械：角度”对话框

（2）设置引线尺寸标注子样式，如图 5-11、图 5-12 所示。

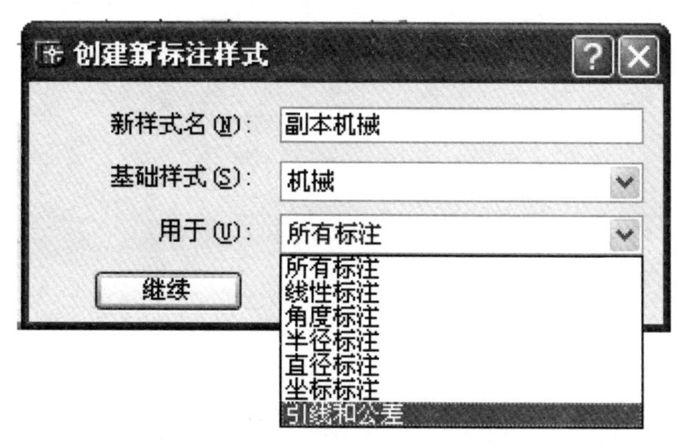

图 5-11　创建引线和公差子样式

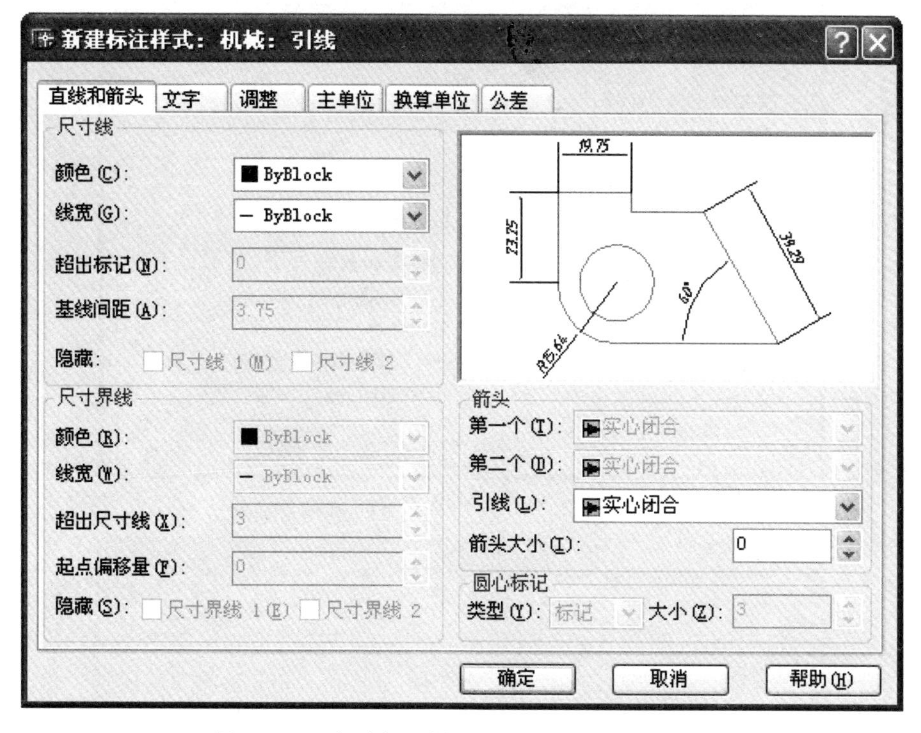

图 5-12　“新建标注样式：机械：引线”对话框

（3）设置直径尺寸标注子样式（此项可根据需要设置）。

① 当直径尺寸标注样式如图 5-13 所示时，可用尺寸标注的总体样式标注。

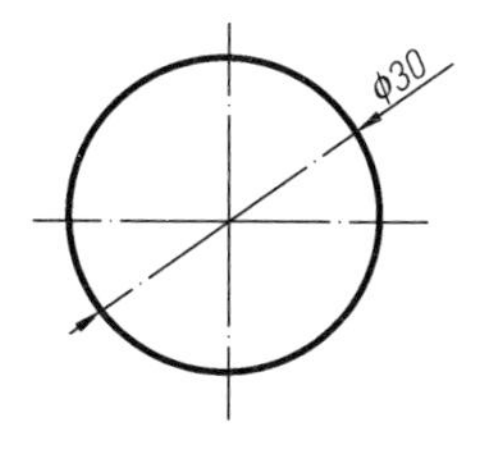

图 5-13　常见的直径尺寸标注样式 1

② 当直径尺寸标注样式如图 5-14 所示时，应按图 5-15、图 5-16 所示进行设置。

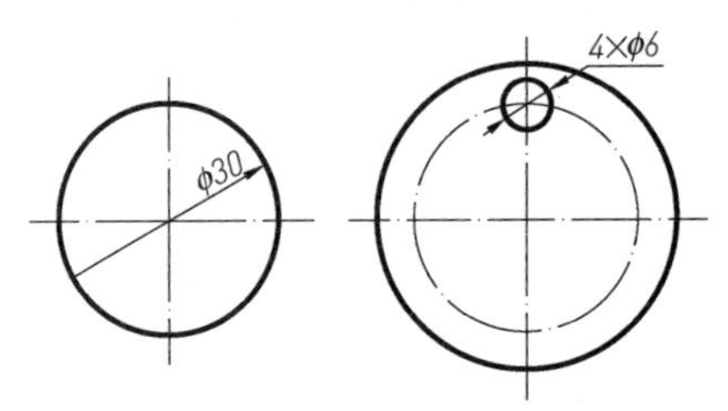

图 5-14　常见的直径尺寸标注样式 2

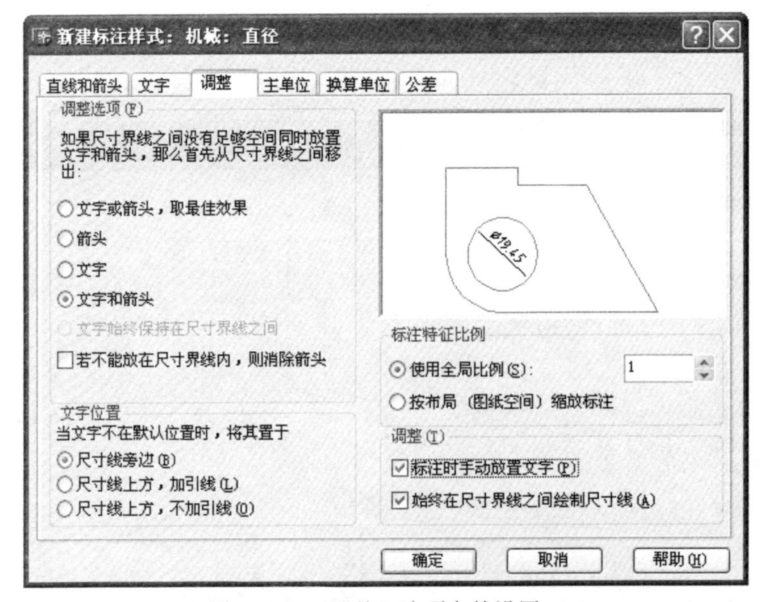

图 5-15　“调整”选项卡的设置 1

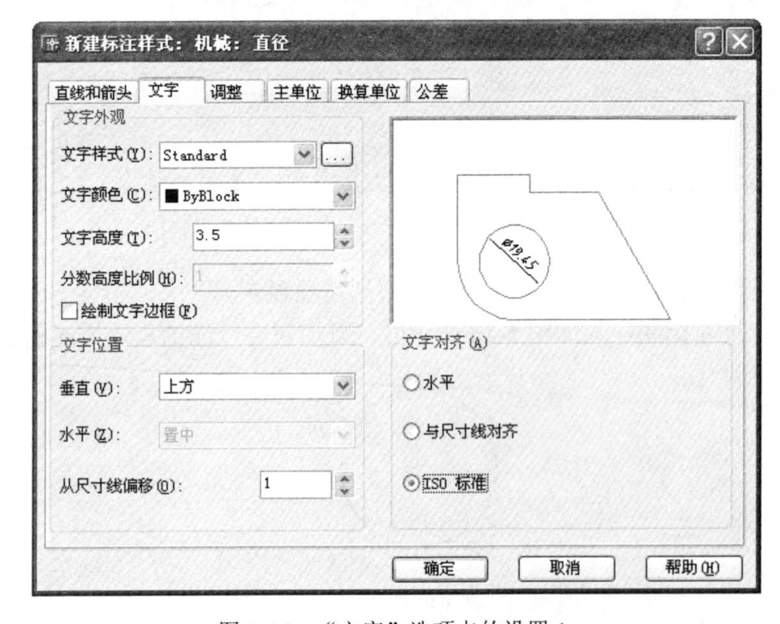

图 5-16　“文字”选项卡的设置 1

③ 当直径尺寸标注样式如图 5-17 所示时，应按图 5-18、图 5-19 所示进行设置。

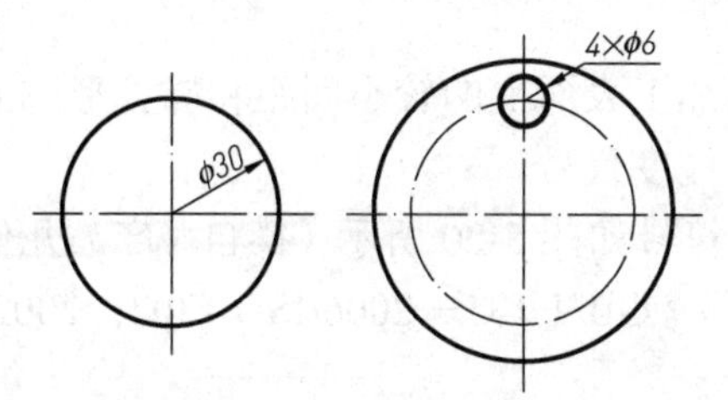

图 5-17 常见的直径尺寸标注样式 3

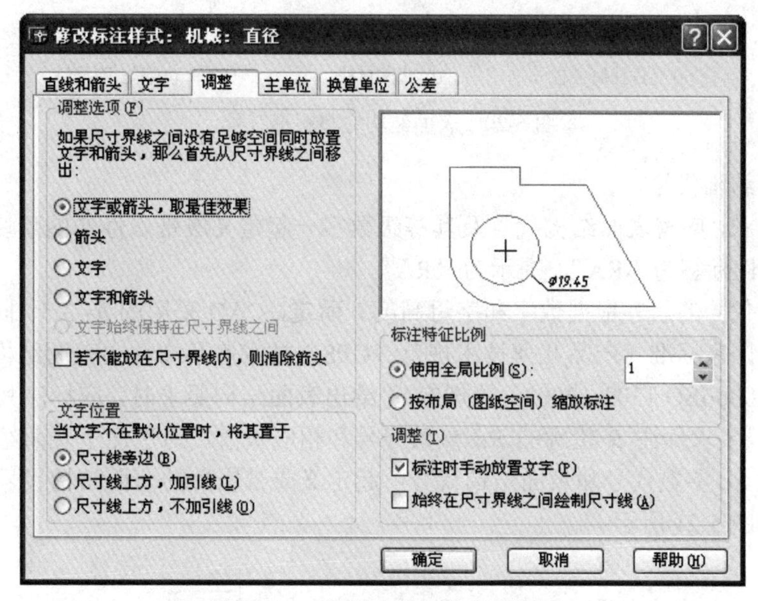

图 5-18 “调整”选项卡的设置 2

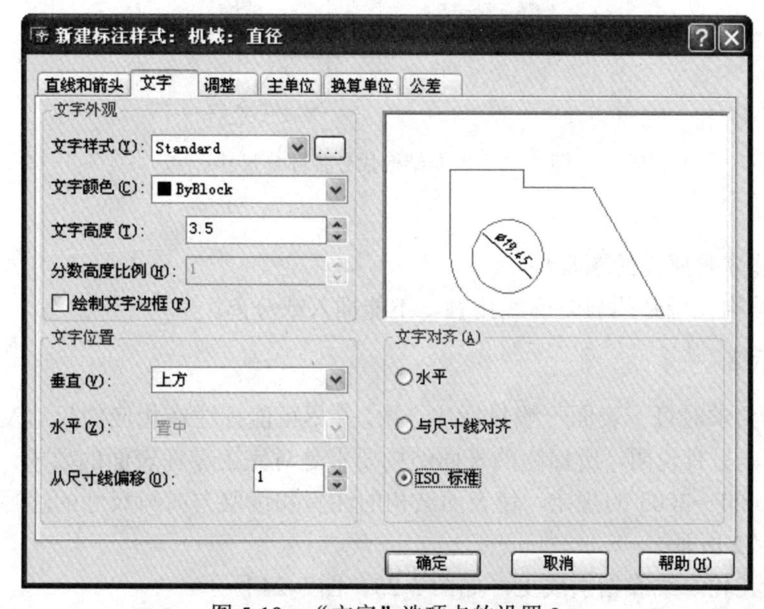

图 5-19 “文字”选项卡的设置 2

5.1.6 表面粗糙度图形块

表面粗糙度是指零件的加工表面上的较小间距和峰谷形成的微观几何形状特性。一般用表面结构代号替代表面粗糙度代号。

（1）表面结构完整图形符号如图 5-20 所示（摘自《产品几何技术规范（GPS）技术产品文件中表面结构的表示法》（GB/T 131—2006/ISO 1302：2002））。

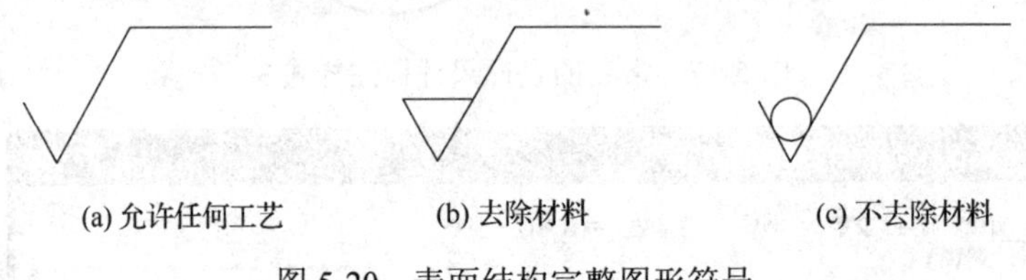

图 5-20 表面结构完整图形符号

（2）表面结构代号。

按题目要求，应将表面结构代号及其等级数字一起定义成带属性的图形块，设定块名为“RA”，属性标签为“RA”，提示为“RA”。

表面结构代号的尺寸根据数字和字母高度 h 而定，CAD 采用的 h=3.5。同时，按照中华人民共和国国家标准《产品几何技术规范（GPS）技术产品文件中表面结构的表示法》（GB/T 131—2006/ISO 1302：2002）的规定：“给出表面结构要求时，应标注其参数代号和相应数值”。只要求标注 *R* 轮廓的 *Ra* 参数代号和相应数值，为了便于表面结构图形块的插入，可以把 *Ra* 参数代号和表面结构代号一起定义成带属性的表面结构代号图形块，其各部分尺寸如图 5-21 所示。

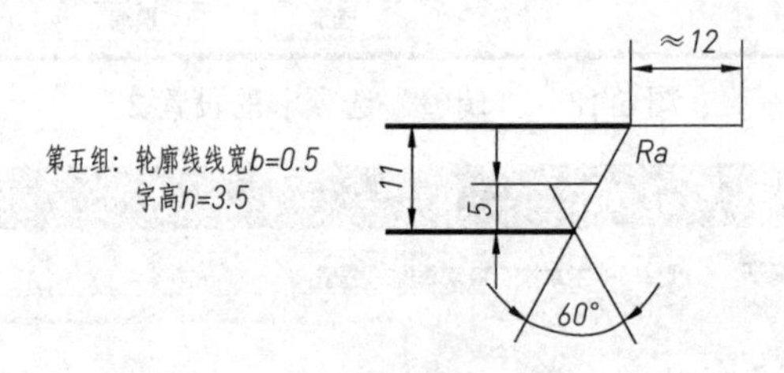

图 5-21 表面结构代号各部分尺寸

注意：

① 必须建立带属性的图形块。

② 表面结构代号必须与轮廓线接触，不能插入或分离。

1. 标注示范

表面结构要求对每一表面一般只标注一次，并尽可能标注在相应的尺寸及其公差的同一视图上。除非另有说明，所标注的表面结构要求是对完工零件表面的要求。总的原则是根据 GB/T 4458.4—2003 的规定，使表面结构的注写和读取方向与尺寸的注写和读取方向一致，如图 5-22 所示。

（1）标注在轮廓线或指引线上，如图 5-23、图 5-24 所示。

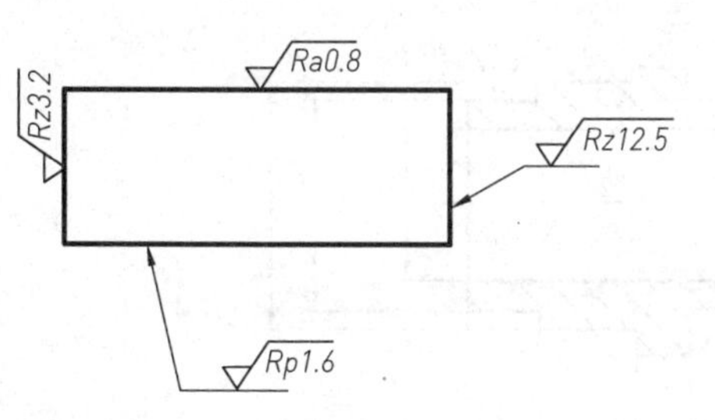

图 5-22　表面结构要求注写的方向

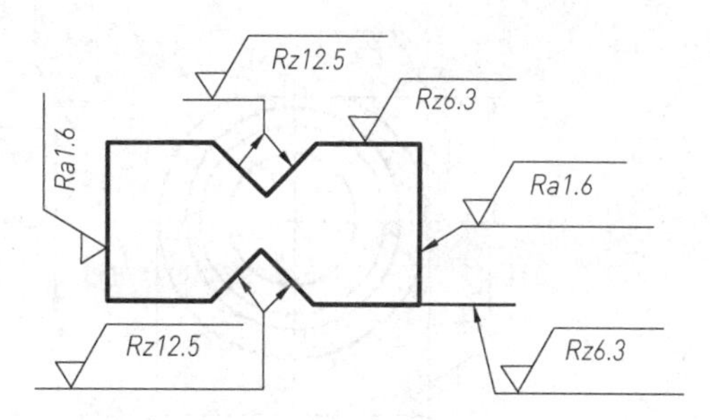

图 5-23　表面结构要求在轮廓线上的标注

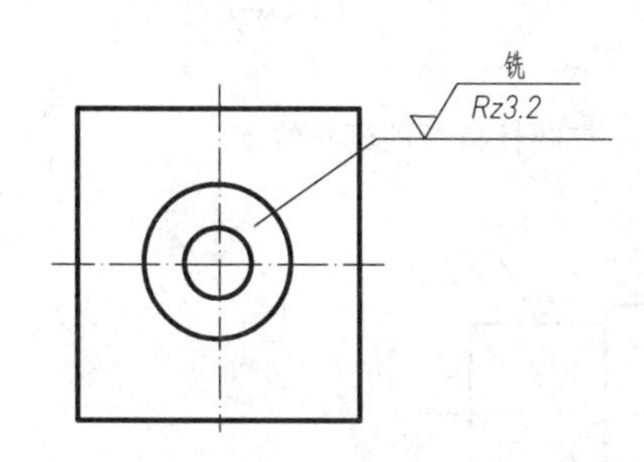

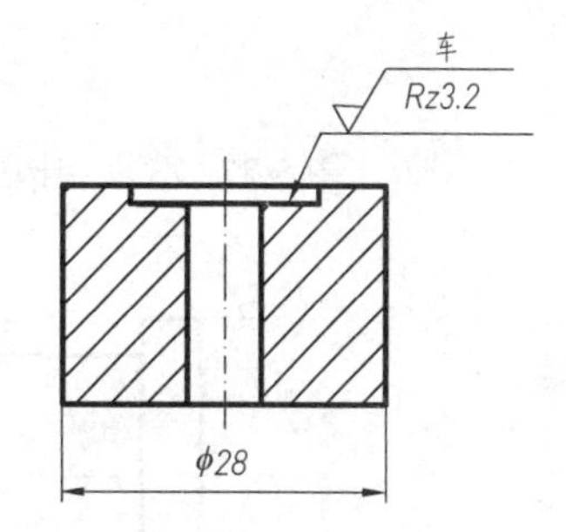

图 5-24　用指引线引出标注表面结构要求

（2）标注在特征尺寸的尺寸线上。在不致引起误解时，表面结构要求可以标注在尺寸线上，如图 5-25 所示。

（3）标注在形位公差的框格上，如图 5-26 所示。

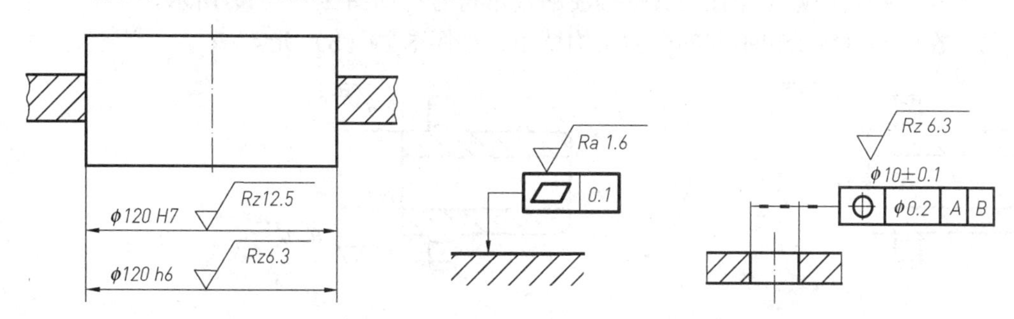

图 5-25　表面结构要求标注在尺寸线上　　图 5-26　表面结构要求标注在形位公差的框格上

（4）标注在延长线上。

（5）标注在圆柱和棱柱表面上。

圆柱和棱柱表面的表面结构要求只标注一次（图 5-27）。如果每个圆柱表面有不同的表面结构要求，则应分别标注（图 5-28）。

2．表面结构要求的简化注法

（1）相同表面结构要求的简化注法。

如果在零件的多数（包括全部）表面有相同的表面结构要求，则其表面结构要求可统一标注在图样的标题栏附近。此时（除全部表面有相同表面结构要求的情况外），表面结构要求的符号后面应有：

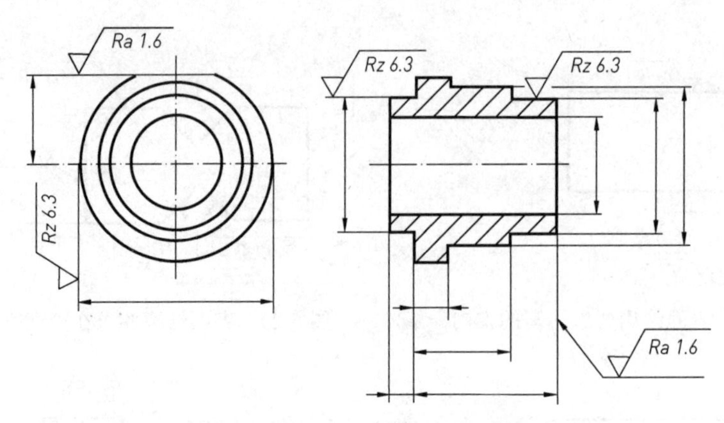

图 5-27　表面结构要求标注在圆柱特征的延长线上

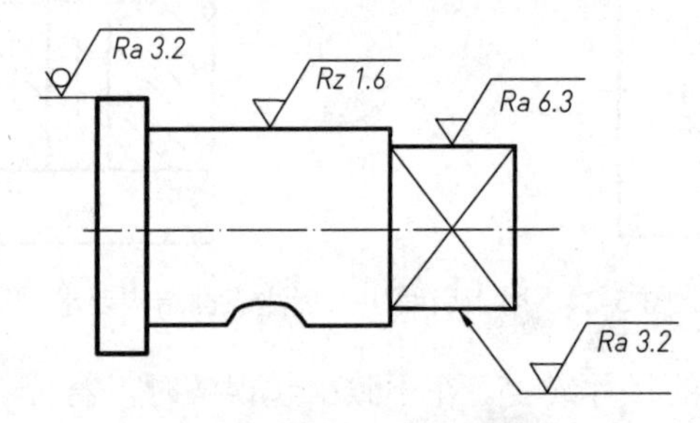

图 5-28　分别标注表面结构要求

① 在圆括号内给出无任何其他标注的基本符号，如图 5-29（a）所示。

② 在圆括号内给出不同的表面结构要求，如图 5-29（b）所示。

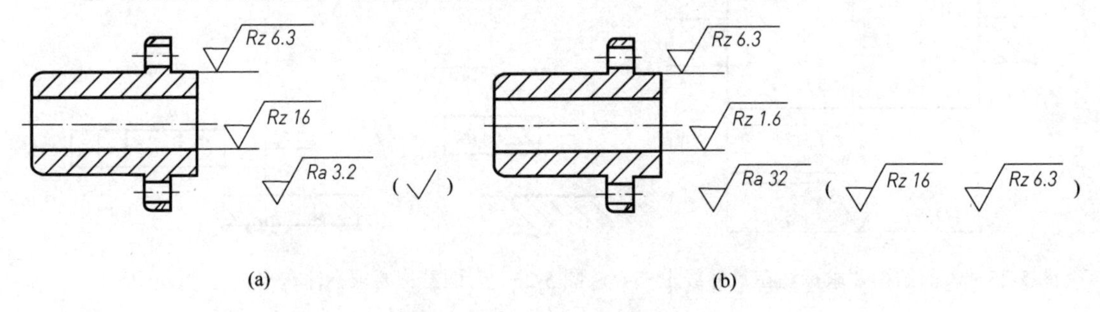

图 5-29　大多数表面有相同表面结构要求的简化注法

（2）多个表面有共同表面结构要求的注法。

当多个表面具有相同的表面结构要求或图纸空间有限时，可以采用简化注法。

① 用带字母的完整符号的简化注法。

可用带字母的完整符号，以等式的形式在图形或标题栏附近，对有相同表面结构要求的表面使用简化注法，如图 5-30 所示。

② 只用表面结构代号的简化注法。

可用图 5-31 所示的表面结构代号，以等式的形式给出对多个表面共同的表面结构要求。

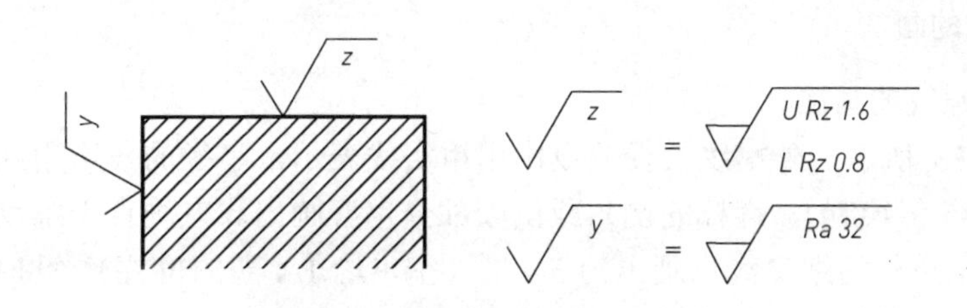

图 5-30　在图纸空间有限时的简化注法

图 5-31　表面结构代号的简化注法

5.1.7　外螺纹和内螺纹的画法

在各种机器和设备上，经常用到螺栓、螺钉、螺母等零件，为了便于批量生产和使用，对它们的结构和尺寸已全部或部分标准化。绘图时，对某些结构和形状不必按其真实投影画出，而是根据相应的国家标准所规定的画法、代号和标记进行绘图和标注。

1．外螺纹和内螺纹简介

螺纹是指在圆柱或圆锥表面上，沿着螺旋线所形成的具有相同剖面的连续凸起，一般将其称为“牙”，如图 5-32 所示。在圆柱或圆锥外表面上形成的螺纹称为外螺纹，在内孔表面上形成的螺纹称为内螺纹。

2．螺纹要素

螺纹的要素有牙型、直径、螺距、线数和旋向。当内外螺纹连接时，上述五要素必须相同。

说明：

（1）螺纹的公称直径为大径，外螺纹用 d 表示，内螺纹用 D 表示。

（2）牙型、直径和螺距符合标准的螺纹称为标准螺纹。牙型符合标准，而直径或螺距不符合标准的称为特殊螺纹。牙型不符合标准的称为非标准螺纹。

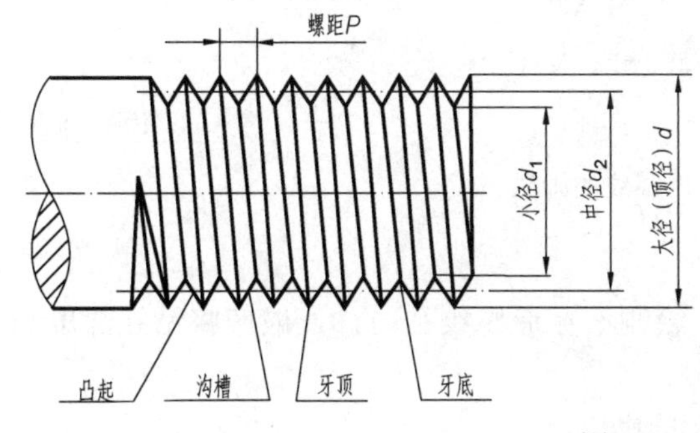

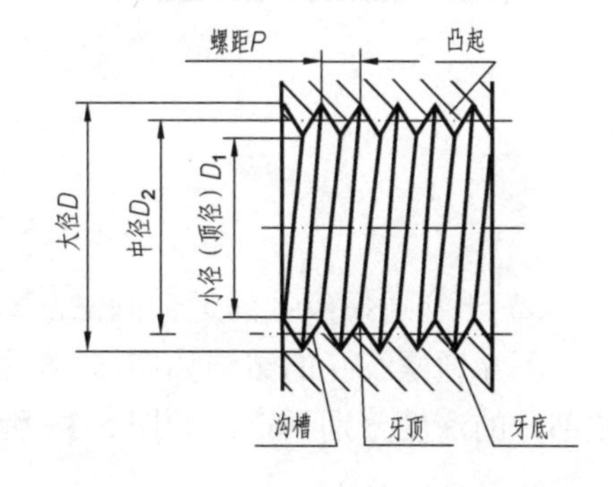

图 5-32　螺纹

3．螺纹的画法

（1）外螺纹的画法。

如图 5-33 所示，外螺纹大径的投影用粗实线表示，小径的投影用细实线表示（通常按大径的 0.85 倍绘制），螺杆的倒角或倒圆部分也应画出。在垂直于螺纹轴线的投影面的视图中，表示小径的细实线只画出约 3/4 圈（空出约 1/4 圈的位置）。此时，螺杆的倒角投影不应画出。螺纹终止线用粗实线表示。

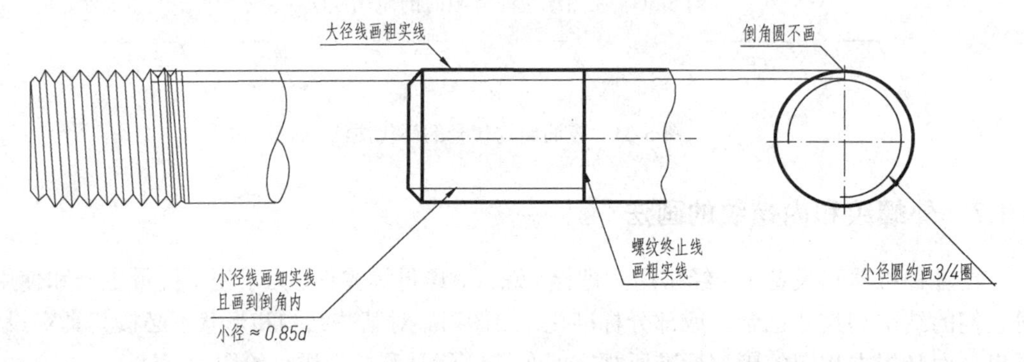

图 5-33　外螺纹的画法

（2）内螺纹的画法。

① 如图 5-34 所示，在剖视图中，内螺纹大径的投影用细实线表示，小径的投影用粗实线表示，螺孔的倒角或倒圆部分也应画出，剖面线应画到粗实线处。在垂直于螺纹轴线的投影面的视图中，表示大径的细实线只画出约 3/4 圈（空出约 1/4 圈的位置不作规定）。此时，螺孔的倒角投影不应画出。

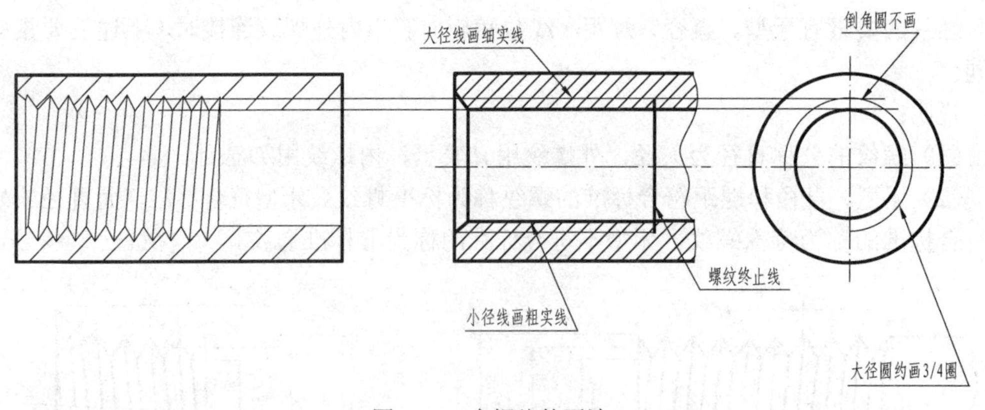

图 5-34　内螺纹的画法

② 不穿通螺纹孔的近似画法。

不穿通螺纹孔的结构如图 5-35 所示。绘制不穿通螺纹孔时，一般应将钻孔深度与螺纹部分的深度分别画出，如图 5-36 所示。

注意：

● 底部的锥顶角应画成 120°，一般图上不标注。

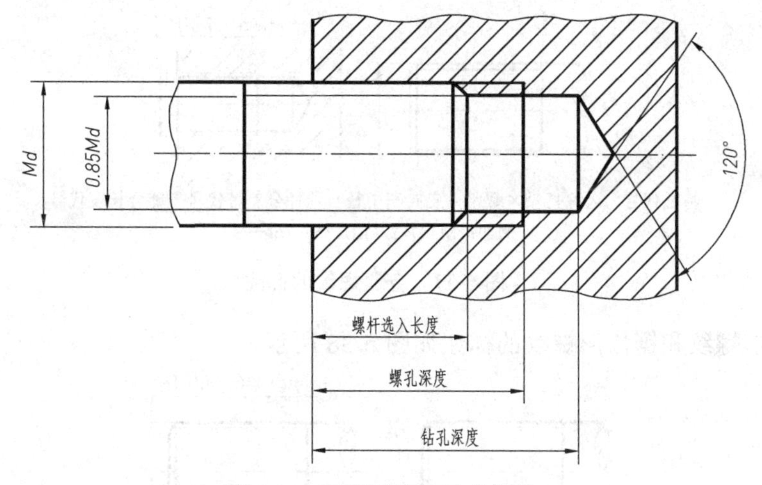

图 5-35　不穿通螺纹孔的结构

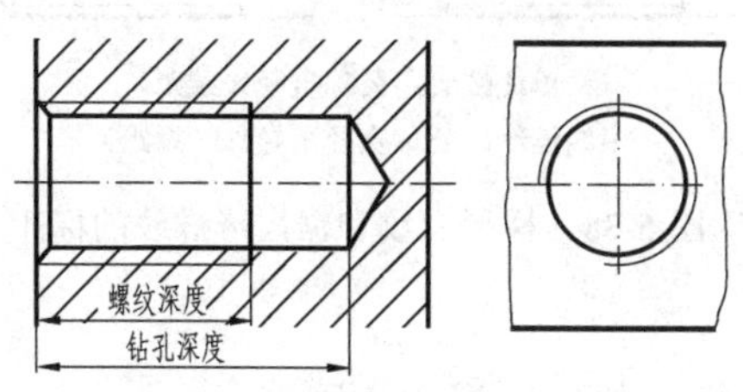

图 5-36　不穿通螺纹孔的画法

● 螺纹终止线应用粗实线表示。

旋入端深度根据被旋入零件材料的不同，国家标准将其分为四种规格，每一种规格对应一个标准代号，见表 5-1。

表 5-1　旋入端长度

旋入端材料	旋入端长度	标 准 代 号
钢与青铜	d	GB/T 897—1988
铸铁	$1.25d$	GB/T 898—1988
铸铁或铝合金	$1.5d$	GB/T 899—1988
铝合金	$2d$	GB/T 900—1988

4. 螺纹的标注

国家标准规定，公称直径以 mm 为单位的螺纹，其标记应直接标注在大径的尺寸线或其延长线上；管螺纹的标记一律标注在引出线上，引出线应由大径处引出或由对称中心线处引出。

（1）普通螺纹的标注如图 5-37 所示。

说明：

① 粗牙普通螺纹不标注螺距。

② 右旋螺纹不标注旋向，左旋螺纹的旋向标注 LH。

③ 旋合长度代号分为 S（短）、N（中长）和 L（长）三种，如是 N（中长）则可省略。

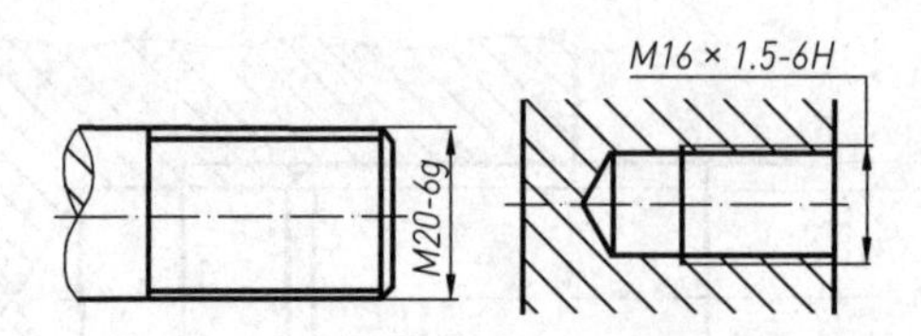

特征代号　公称直径×螺距　旋向一中径　顶径公差带代号—旋合长度代号

例如：M30×2　LH—5g　6g—S

图 5-37　普通螺纹的标注

（2）梯形螺纹和锯齿形螺纹的标注如图 5-38 所示。

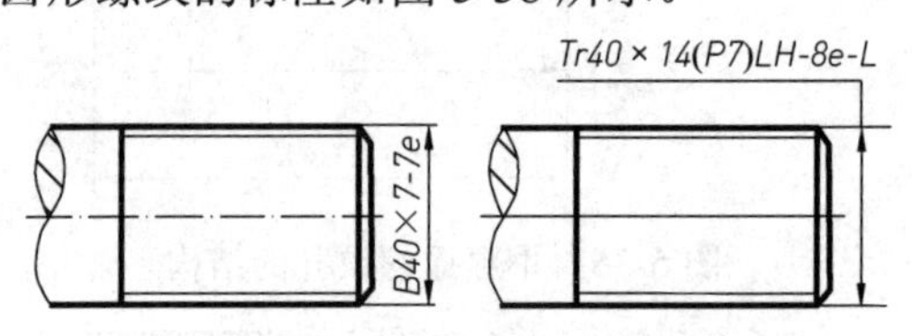

单线螺纹：公称直径×螺距

多线螺纹：公称直径×导程（螺距）

图 5-38　梯形螺纹和锯齿形螺纹的标注

说明：

① 梯形螺纹和锯齿形螺纹的标注形式相同。

② 梯形螺纹的牙型代号为“Tr”。

③ 锯齿形螺纹的牙型代号为“B”。

（3）管螺纹的标注如图 5-39 所示。

管螺纹分为螺纹密封管螺纹（R、Rc、Rp）和非螺纹密封管螺纹（G）。

密封管螺纹：特征代号　尺寸代号—旋向

非密封管多线螺纹：特征代号　尺寸代号　公差等级代号—旋向

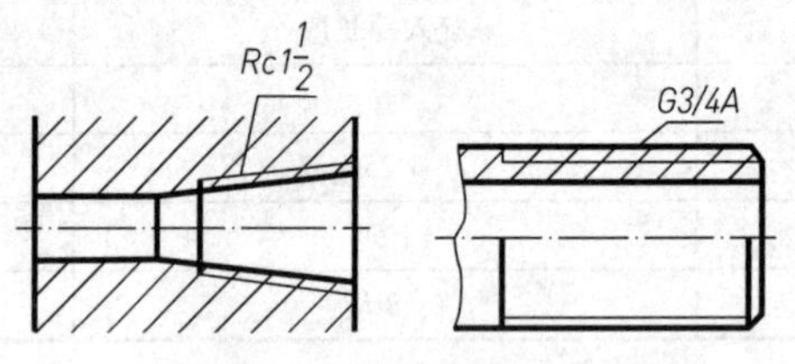

图 5-39　管螺纹的标注

说明：

① 管螺纹的尺寸代号不是螺纹的大径，而是管子的近似孔径，单位为英寸。螺纹的大径可从标准中查得。

② 标注管螺纹的尺寸指引线应指向螺纹大径。

5.2　注意事项

（1）在绘制零件图时，应该按照题目的要求，将表面粗糙度代号构造为带属性的图形块，再插入。如果学员在绘图时未按要求构造表面粗糙度代号的图形块，而只是以简单的直线命令绘制表面粗糙度代号，那么，此外将被判定为错误。

（2）应注意图形中的粗实线、细实线、点画线、双点画线、虚线等要绘制在相应的图层上，不要混淆不同的图层和线型。

（3）根据要求设置尺寸标注样式，通过尺寸标注的有关命令标注尺寸，并不得拆开，以保持所标注的尺寸是一个完整的图形元素。图案填充也是一个完整的图形元素，不要拆开。

5.3　练习题

一、填空题

1. 所谓主视图的位置即零件的摆放位置，一般分别从以下几个原则来考虑：________原则、________原则、________原则。

2．常用的基准线有零件的________线、回转体的________等。

3．允许零件尺寸变化的两个界限值称为________尺寸，分为________极限尺寸和________极限尺寸。

4．在图样上标注形位公差时，应有________、________和________三组内容。

5．要正确地标注尺寸，首先要确定________。

6．在圆柱或圆锥外表面上形成的螺纹称为________螺纹，在内孔表面上形成的螺纹称为________螺纹。

二、选择题

1．如图 5-40 所示，计算：

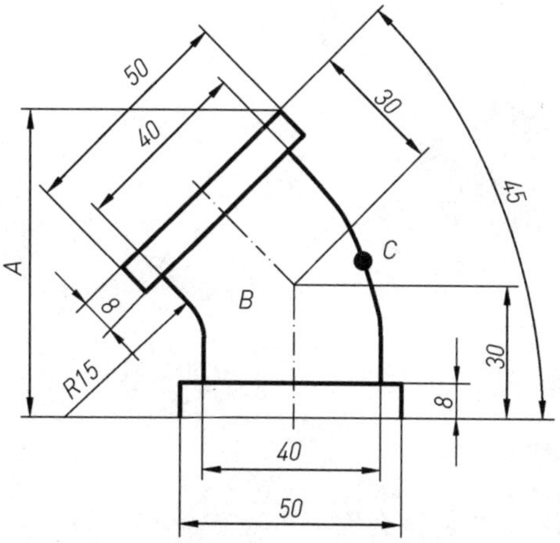

图 5-40　题 1 图

C 弧长为（　　）。

A．43.197　　　　B．43.291　　　　C．43.761

2．如图 5-41 所示，计算：

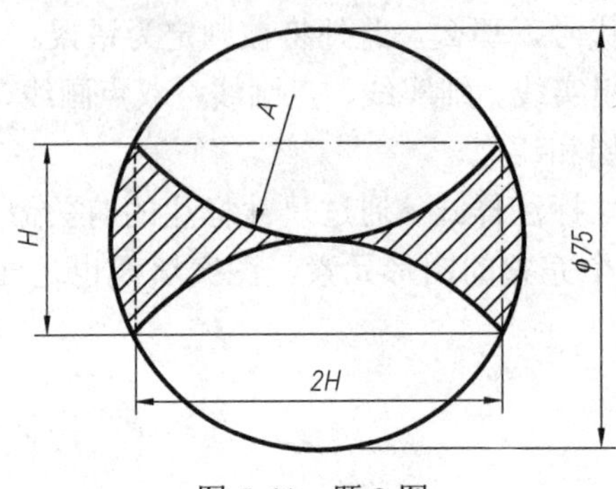

图 5-41　题 2 图

圆弧 A 的半径为（　　）。

A．41.928　　B．41.926　　C．41.826

H 值为（　　）。

A．33.541　　B．33.641　　C．33.543

三、问答题

1．零件图包括哪些内容？

2．尺寸基准分为哪两种？详细说明。

3．外螺纹和内螺纹的画法是什么？

4．表面粗糙度的标注原则是什么？

四、操作题

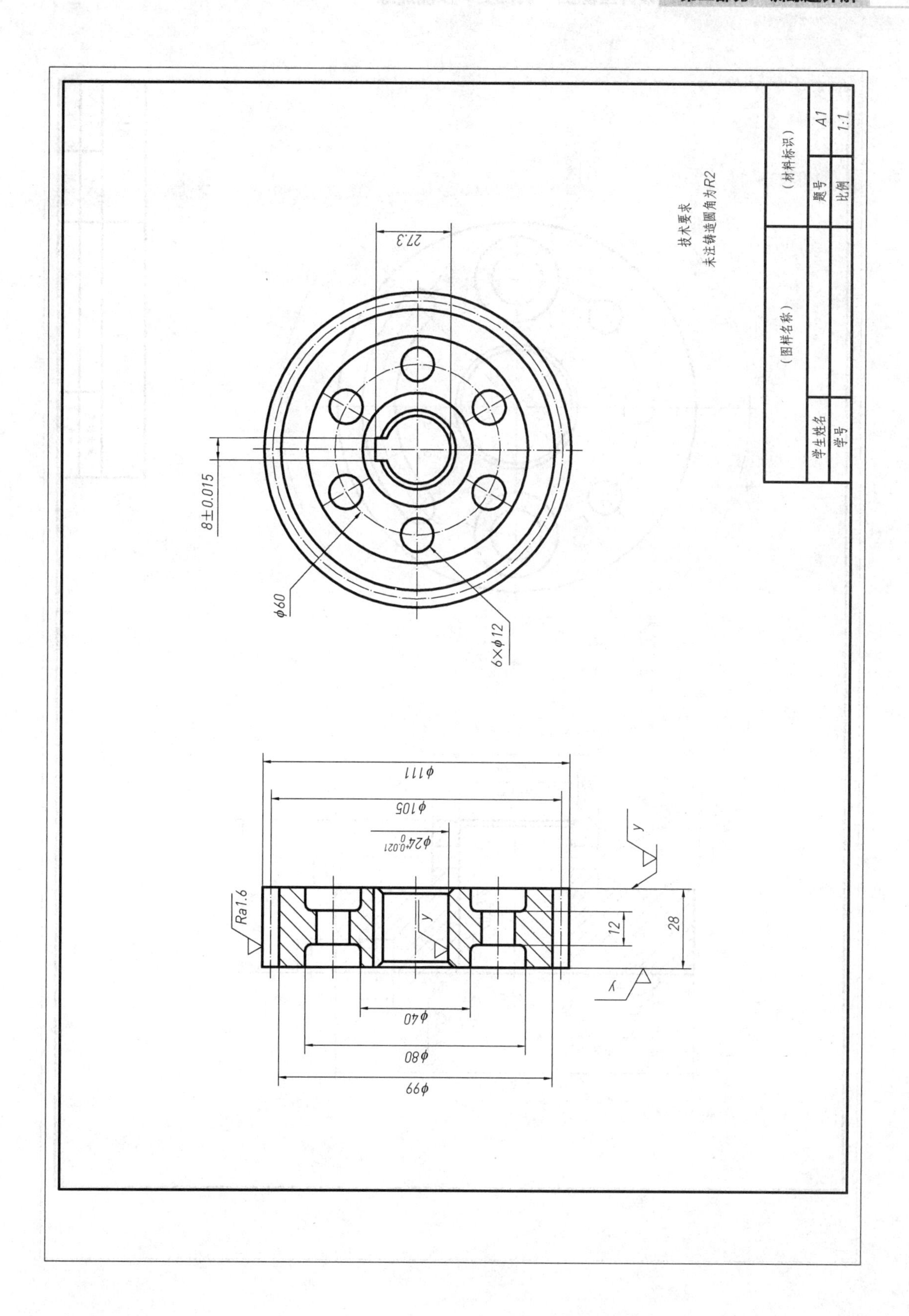
技术要求
未注铸造圆角为R2
（图样名称）
（材料标识）
题号
A1
比例
1:1
学生姓名
学号
27.3
8±0.015
ϕ60
6×ϕ12
ϕ111
ϕ105
ϕ24
Ra1.6
12
28
ϕ40
ϕ80
ϕ99
y

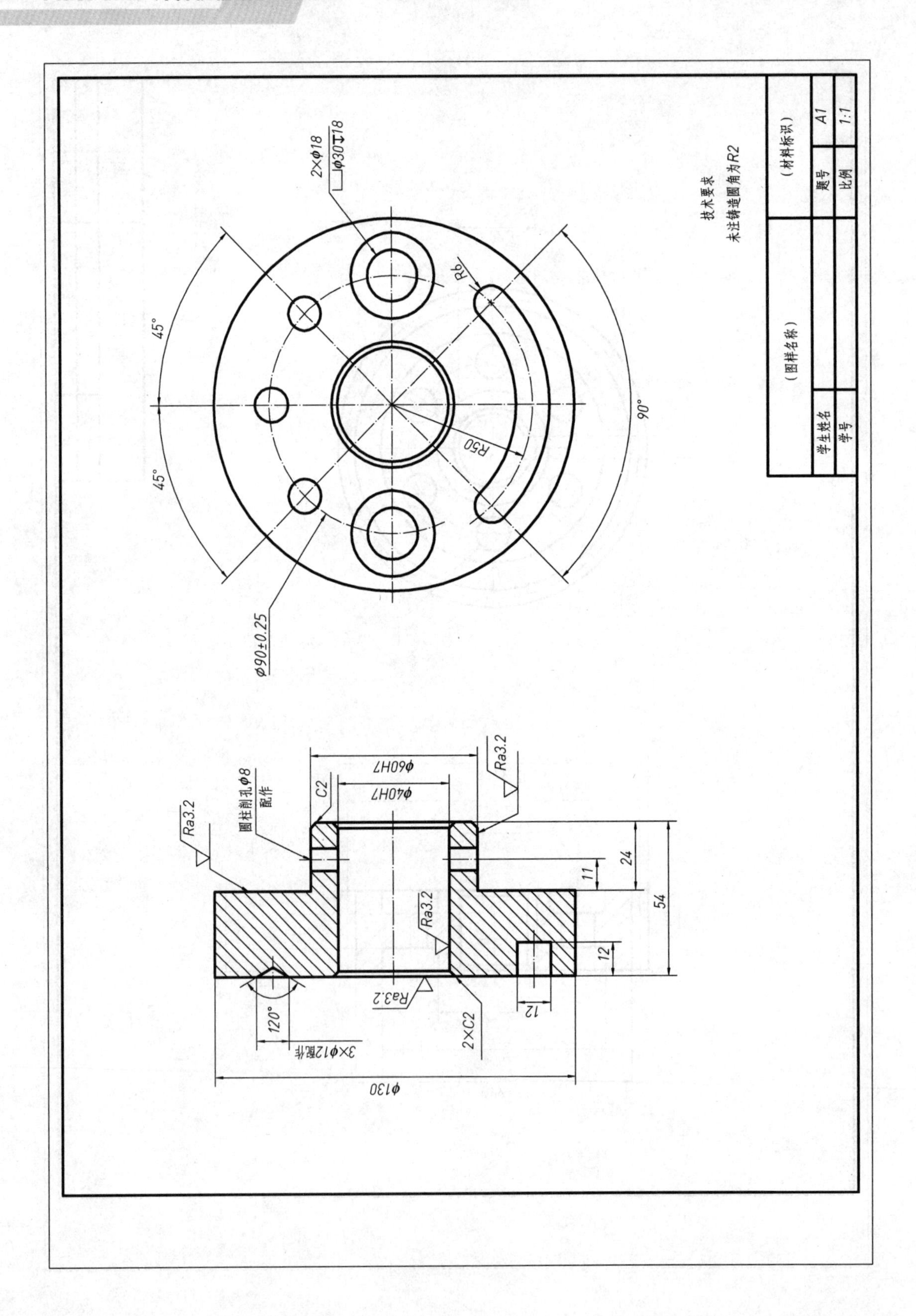
技术要求
未注铸造圆角为R2
（材料标识）
题号 A1
比例 1:1
（图样名称）
学生姓名
学号
2×φ18
⌴φ30↧18
R6
R50
45°
45°
90°
φ90±0.25
φ60H7
φ40H7
Ra3.2
C2
圆柱销孔φ8
配作
24
11
54
12
12
2×C2
120°
3×φ12配作
φ130

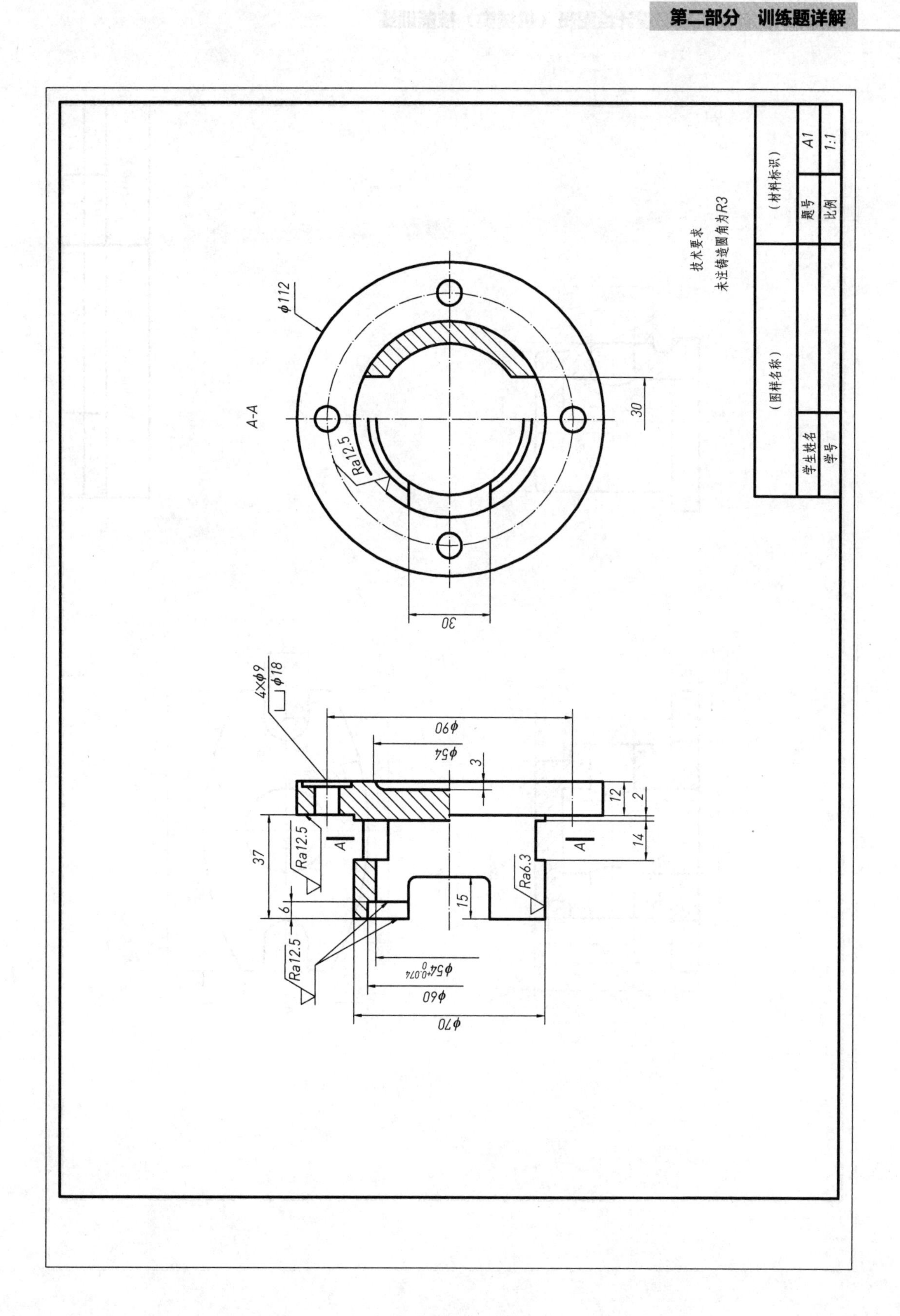
A-A
技术要求
未注铸造圆角为R3
（图样名称）
（材料标识）
题号
A1
比例
1:1
学生姓名
学号

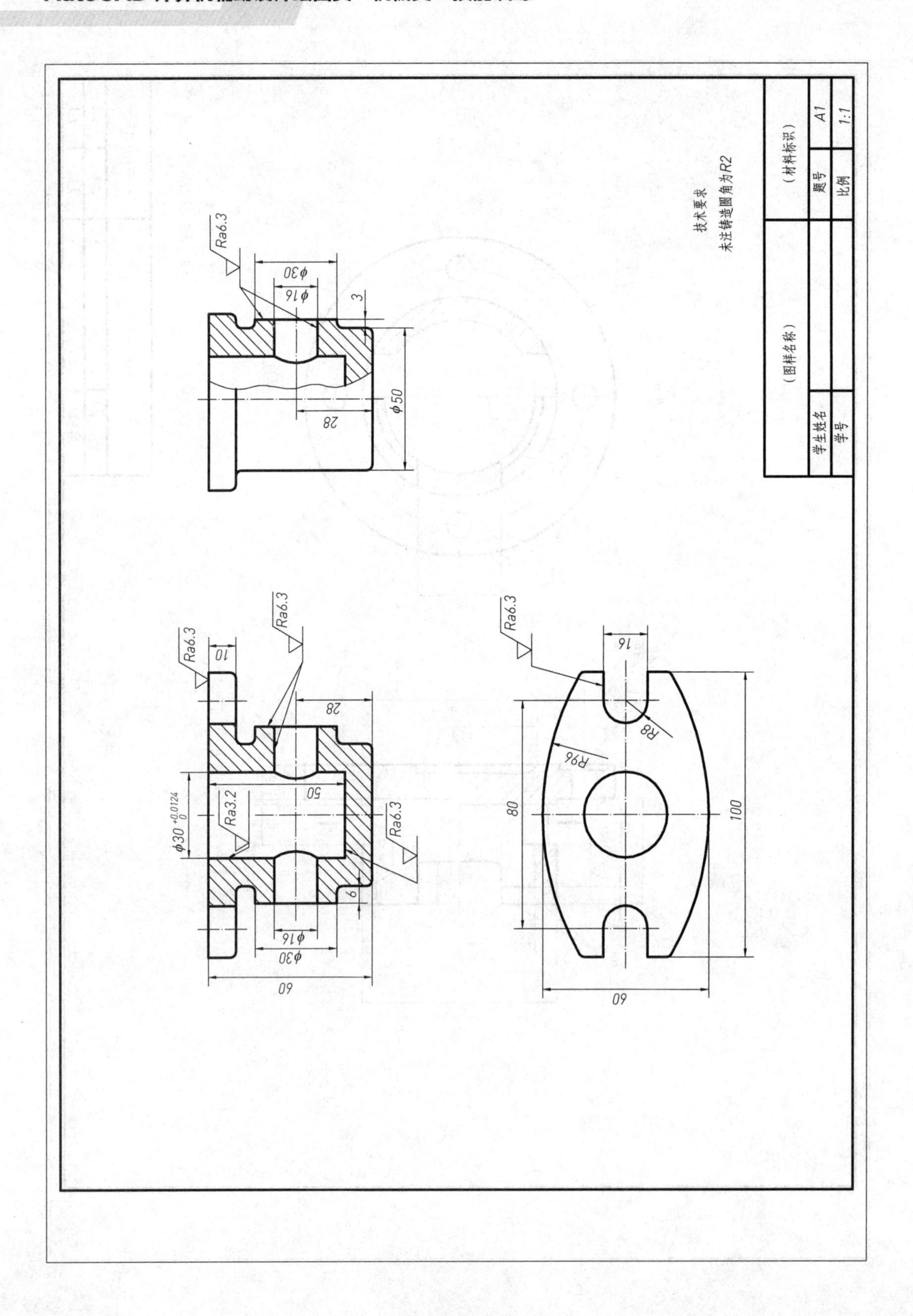

技术要求
未注铸造圆角为R2
（图样名称）
（材料标识）
题号
A1
比例
1:1
学生姓名
学号

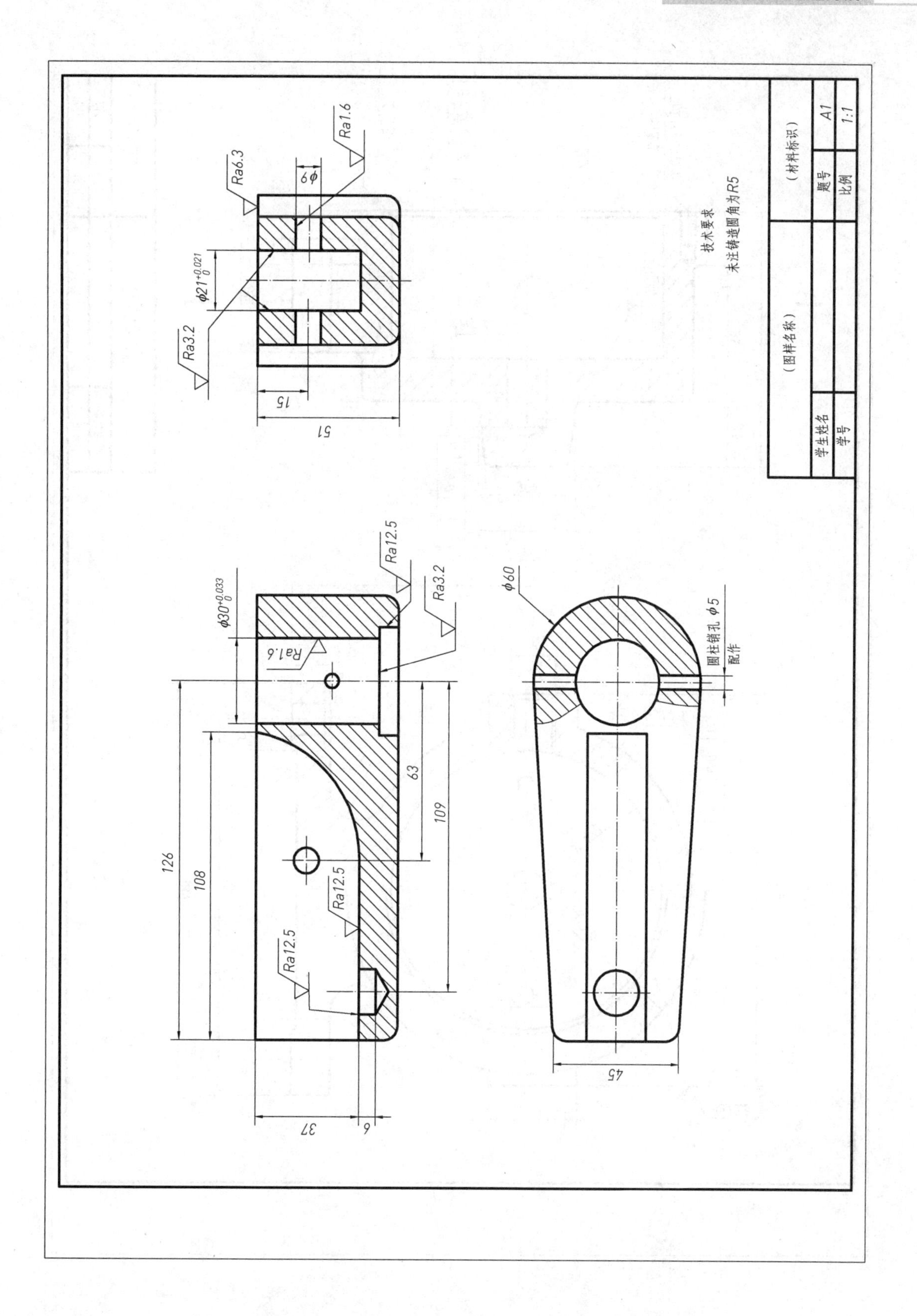
Ra6.3
Ra1.6
6φ
$\phi 21^{+0.021}_{0}$
Ra3.2
15
51
技术要求
未注铸造圆角为R5
（图样名称）
（材料标识）
题号
A1
比例
1:1
学生姓名
学号
Ra12.5
Ra3.2
$\phi 30^{+0.033}_{0}$
Ra1.6
126
108
63
109
Ra12.5
Ra12.5
37
6
φ60
圆柱销孔 φ5
配作
45

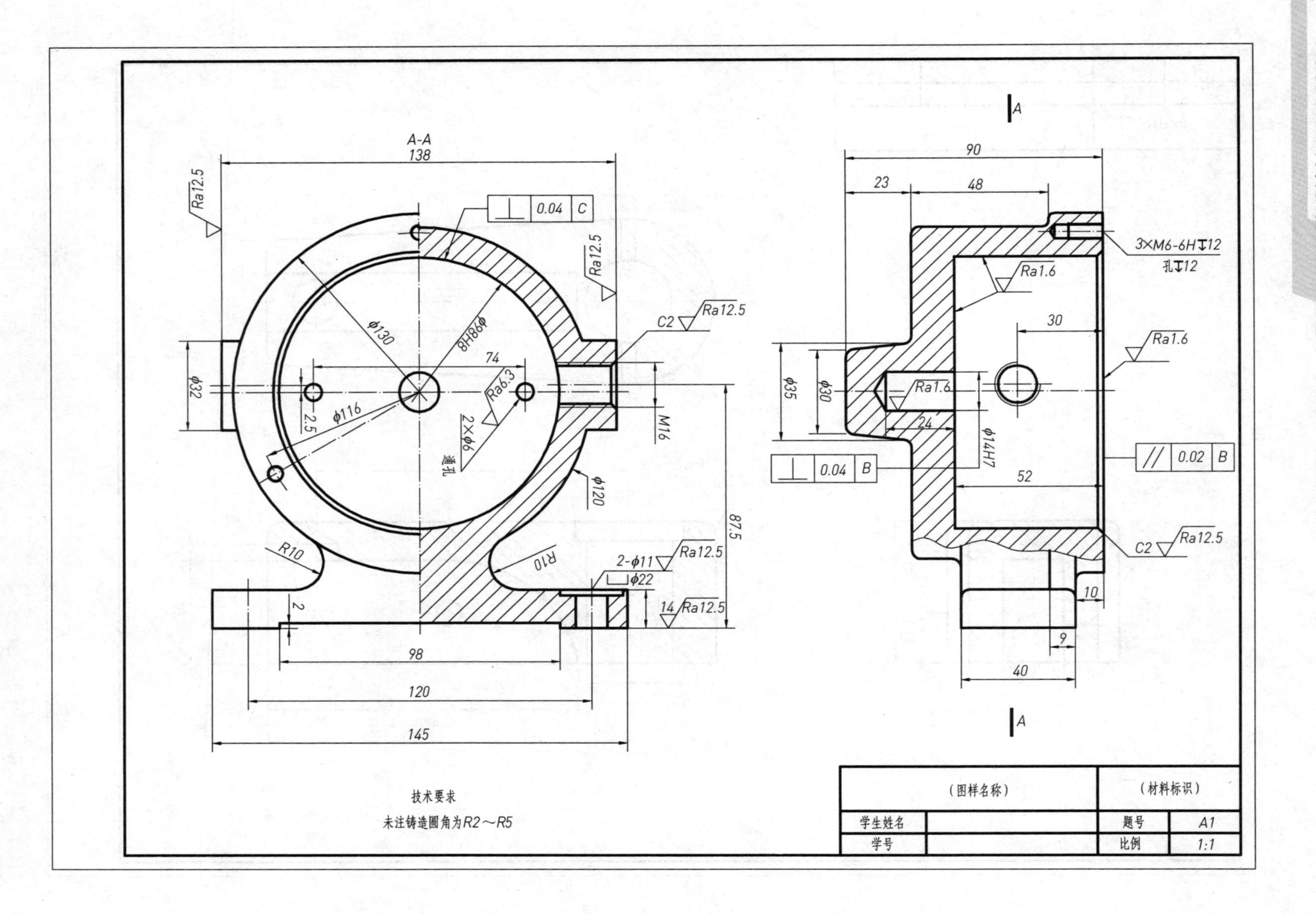

A-A
138
φ130
φ98H8
74
Ra6.3
φ116
2.5
2×φ6
通孔
φ32
M16
φ120
87.5
R10
2-φ11
φ22
14
Ra12.5
C2
2
98
120
145
90
23
48
3×M6-6H↧12
孔↧12
Ra1.6
30
φ35
φ30
24
φ14H7
52
0.04 B
0.02 B
0.04 C
10
9
40
A
技术要求
未注铸造圆角为R2～R5
（图样名称）
（材料标识）
学生姓名
学号
题号 A1
比例 1:1

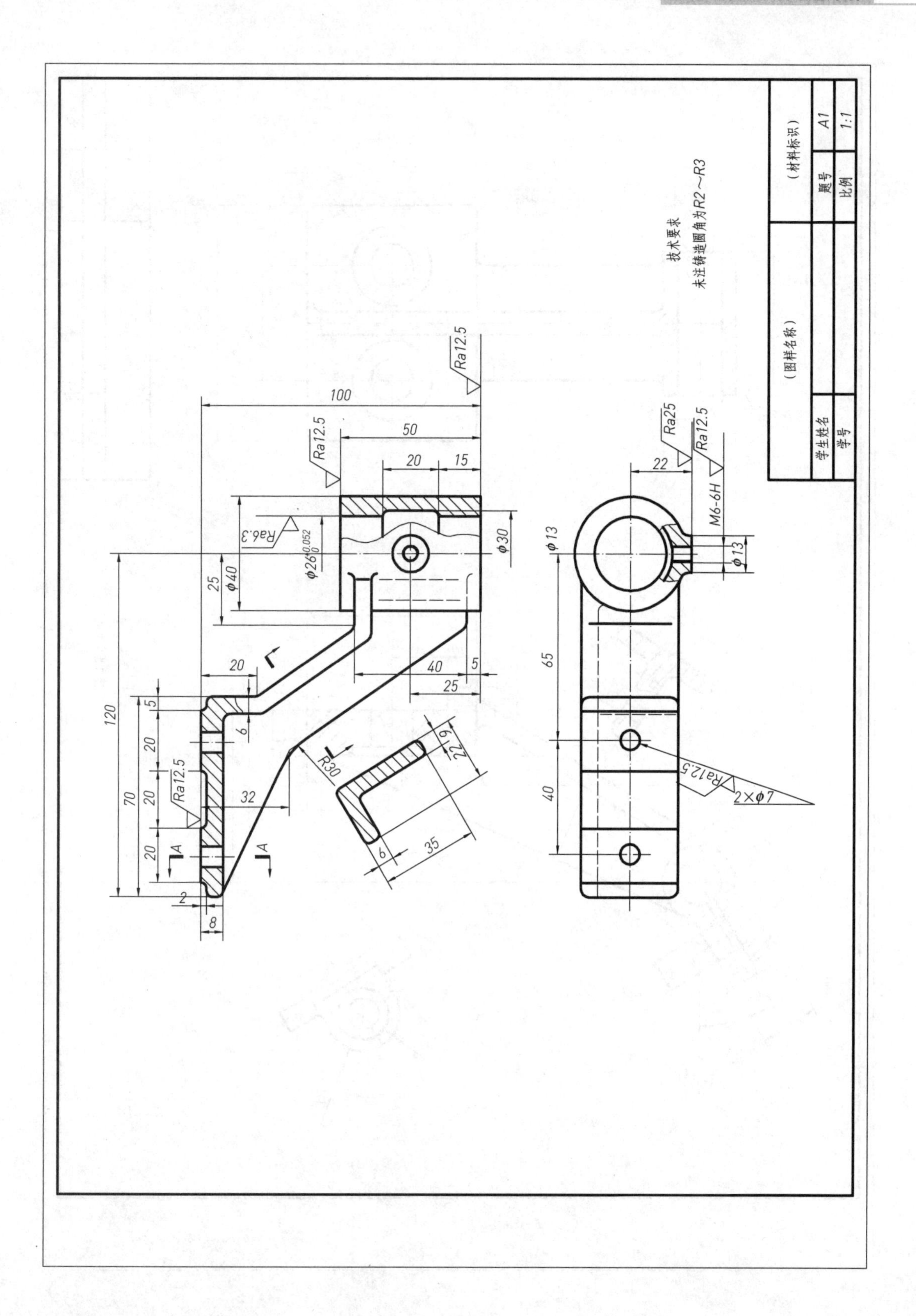
技术要求
未注铸造圆角为R2～R3
（图样名称）
（材料标识）
题号
A1
比例
1:1
学生姓名
学号
Ra12.5
Ra6.3
Ra25
M6-6H
2×φ7
R30
A
A

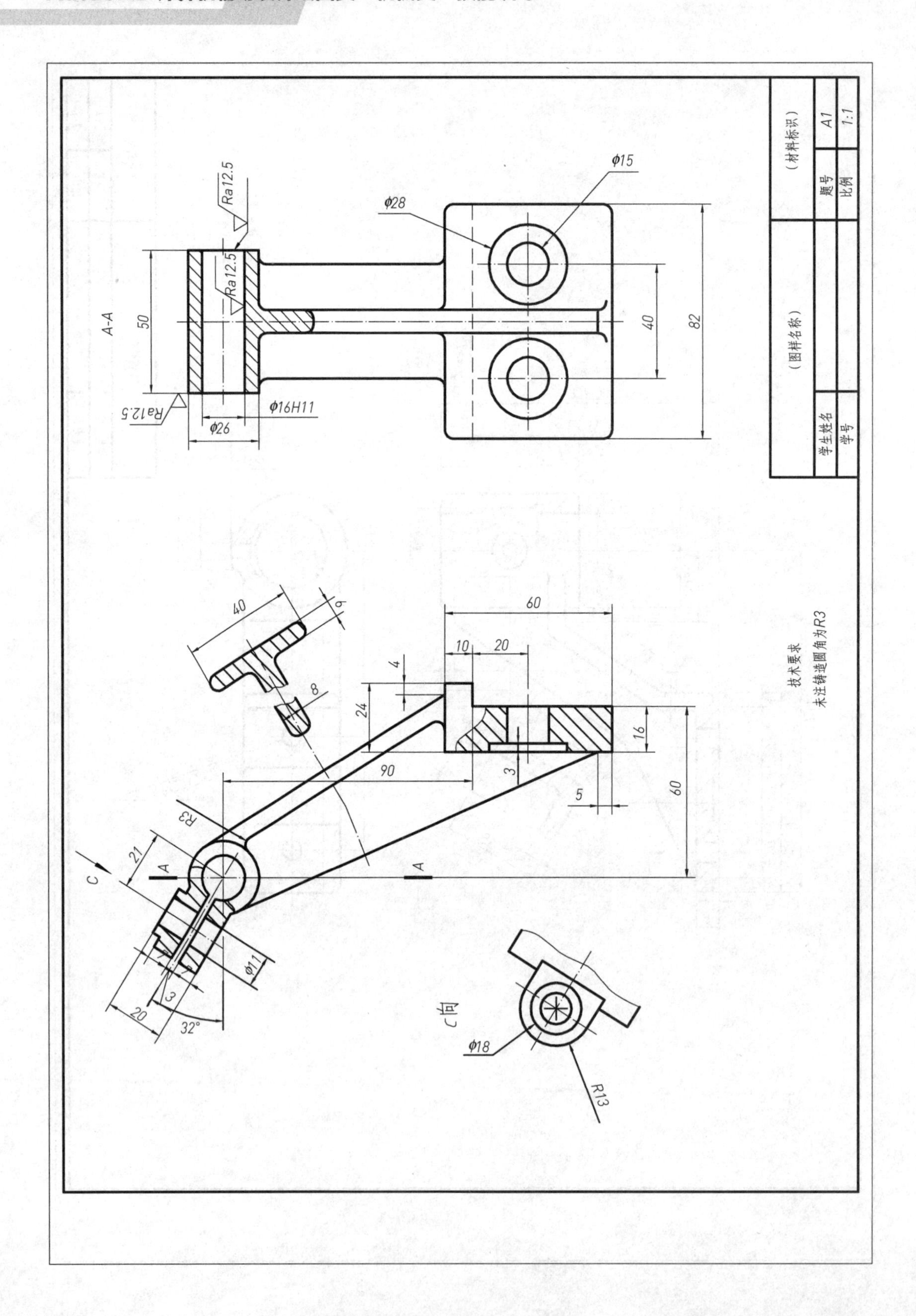

A-A
Ra12.5
Ra12.5
Ra12.5
50
φ26
φ16H11
φ28
φ15
40
82
(材料标识)
A1
1:1
题号
比例
(图样名称)
学生姓名
学号
40
6
8
60
10
20
4
24
16
90
3
5
60
R3
21
A
A
C
φ11
20
3
32°
C向
φ18
R13
技术要求
未注铸造圆角为R3

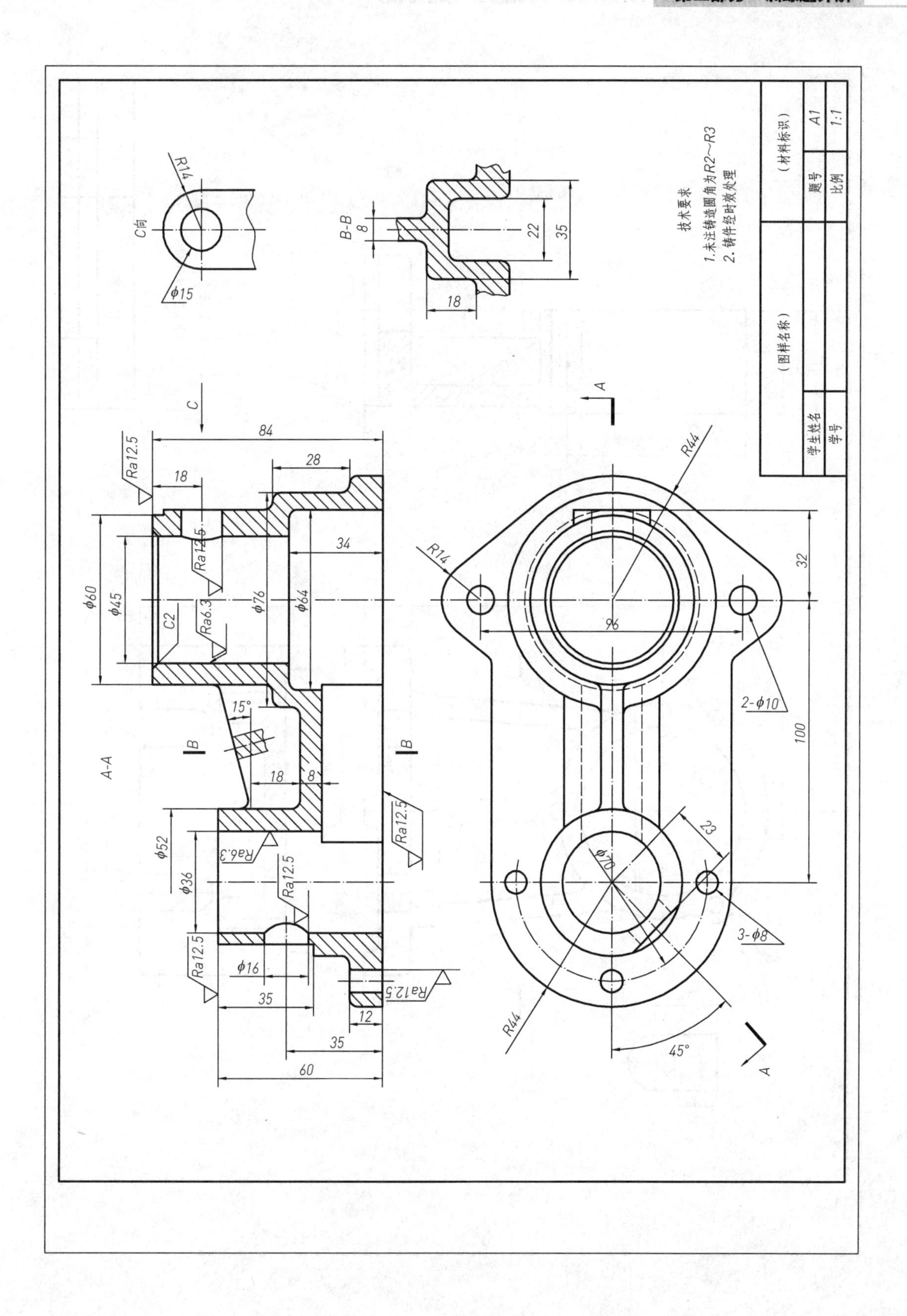
C向
R14
ϕ15
B-B
8
22
35
18
C
84
28
18
34
Ra12.5
Ra6.3
ϕ60
ϕ45
ϕ76
ϕ64
C2
15°
A-A
B
18
8
ϕ52
ϕ36
ϕ16
35
12
35
60
A
R44
R14
32
96
2-ϕ10
100
23
ϕ20
3-ϕ8
45°
技术要求
1.未注铸造圆角为R2～R3
2. 铸件经时效处理
（图样名称）
（材料标识）
题号
A1
比例
1:1
学生姓名
学号

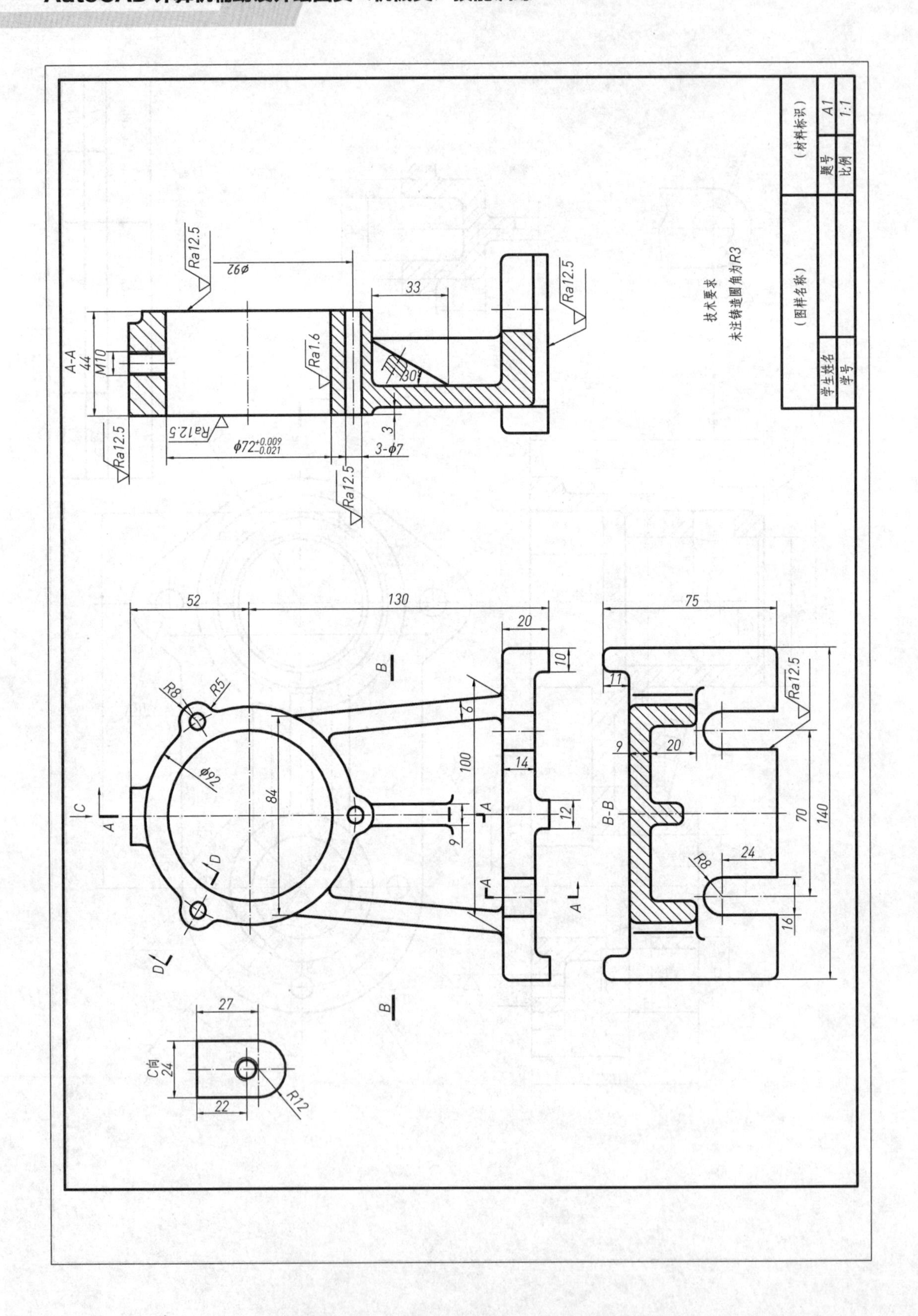
技术要求
未注铸造圆角为R3
（图样名称）
（材料标识）
题号
A1
比例
1:1
学生姓名
学号
A-A
B-B
C向
Ra12.5
Ra1.6
φ92
φ72$^{+0.009}_{-0.021}$
3-φ7
M10
30°
130
52
75
140
100
84
70

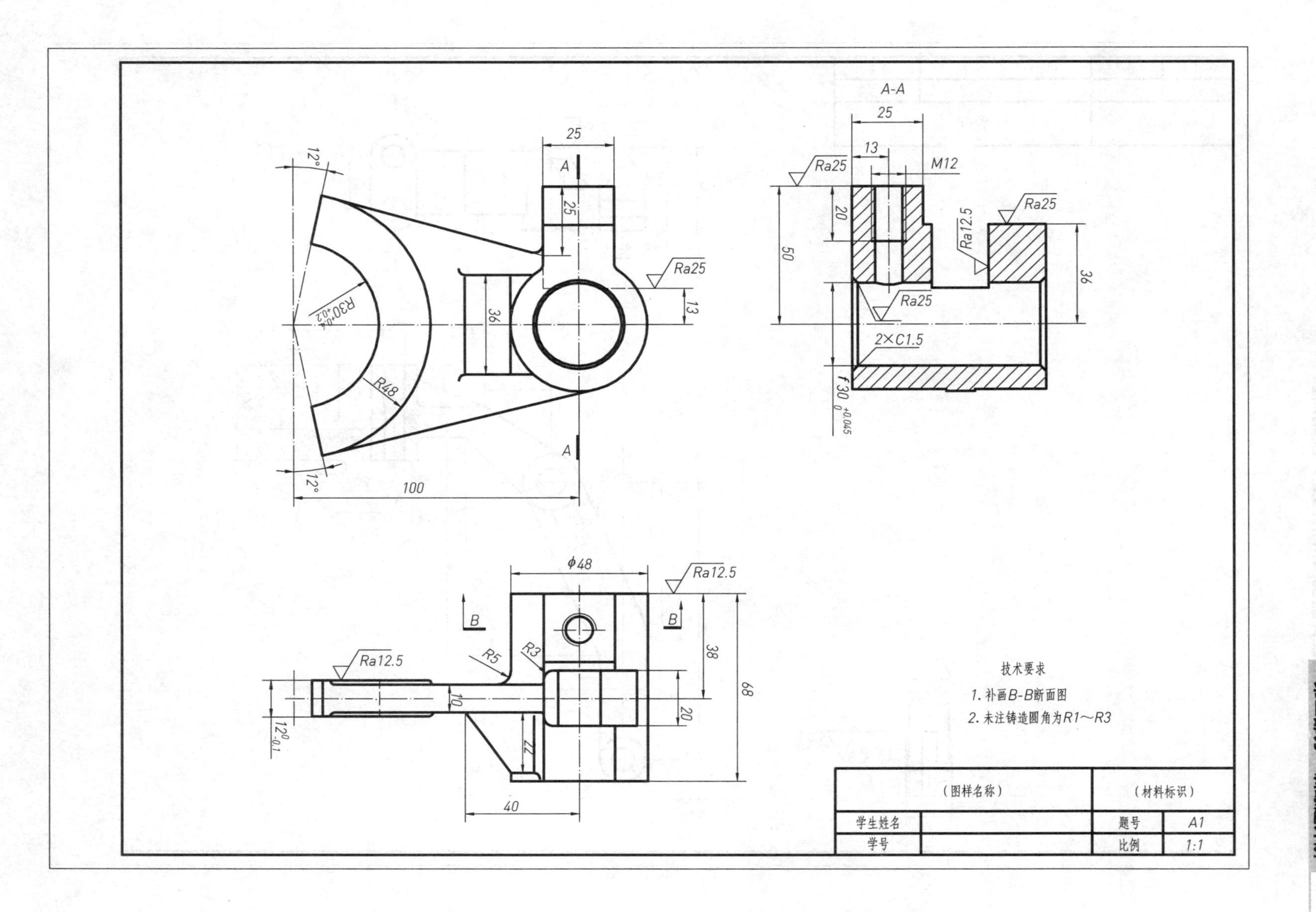
A-A
25
13
M12
Ra25
Ra25
Ra12.5
20
50
36
Ra25
2×C1.5
f 30 +0.045 0
25
12°
A
25
Ra25
36
13
R30
R48
A
12°
100
φ48
Ra12.5
B
B
Ra12.5
R5
R3
38
68
10
20
12 0 -0.1
22
40
技术要求
1. 补画B-B断面图
2. 未注铸造圆角为R1~R3
（图样名称）
（材料标识）
学生姓名
题号
A1
学号
比例
1:1

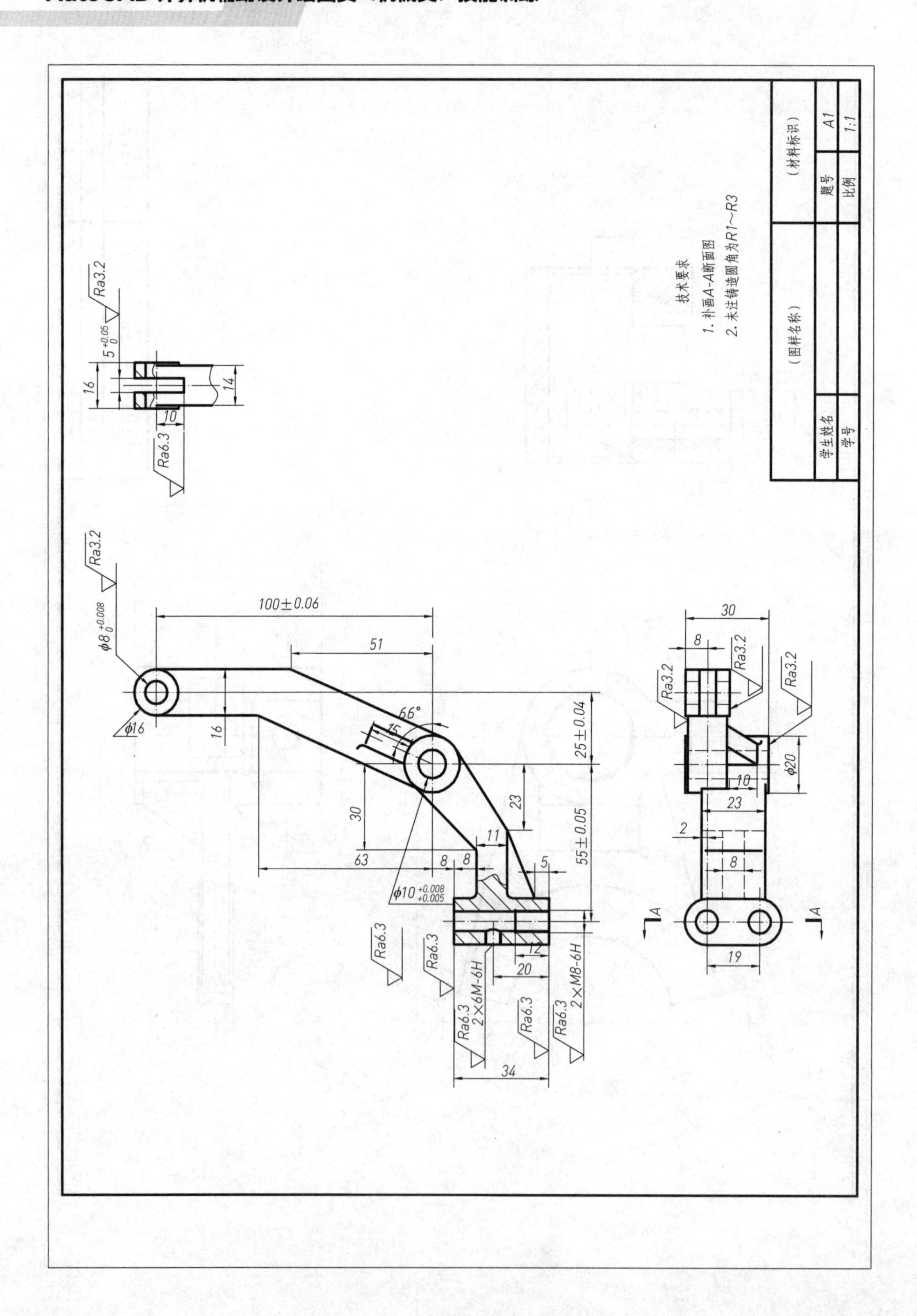
技术要求
1. 补画A-A断面图
2. 未注铸造圆角为R1~R3
（材料标识）
（图样名称）
题号
A1
比例
1:1
学生姓名
学号
100±0.06
51
66°
15
25±0.04
55±0.05
φ8 +0.008 0
φ16
φ10 +0.008 +0.005
φ20
2×6M-6H
2×M8-6H
5 +0.05 0
Ra3.2
Ra6.3
A
A

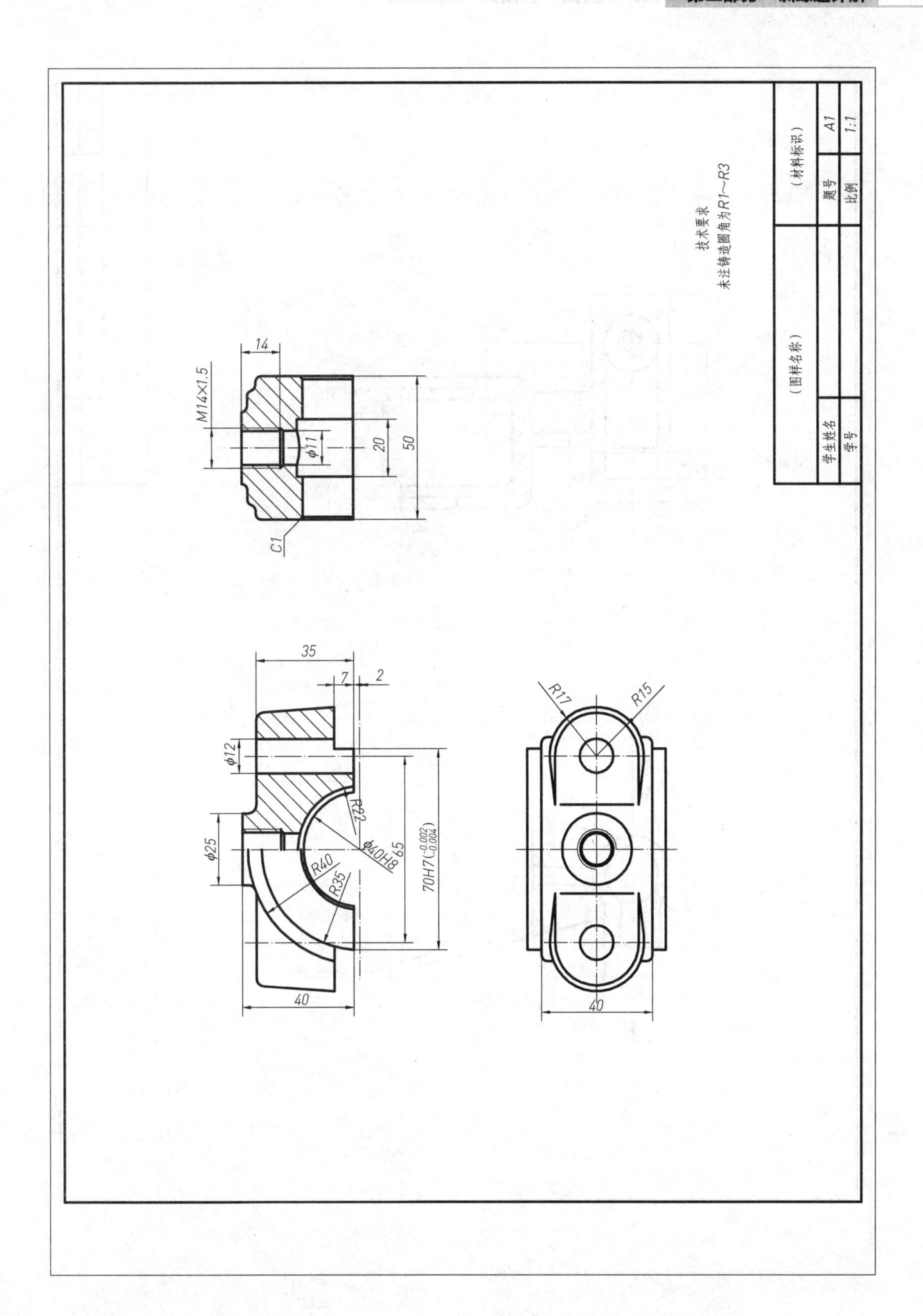
技术要求
未注铸造圆角为R1~R3
（图样名称）
（材料标识）
题号
A1
比例
1:1
学生姓名
学号
14
M14X1.5
φ11
20
50
C1
35
7
2
φ12
R22
φ25
φ40H8
65
70H7
R40
R35
40
R17
R15
40

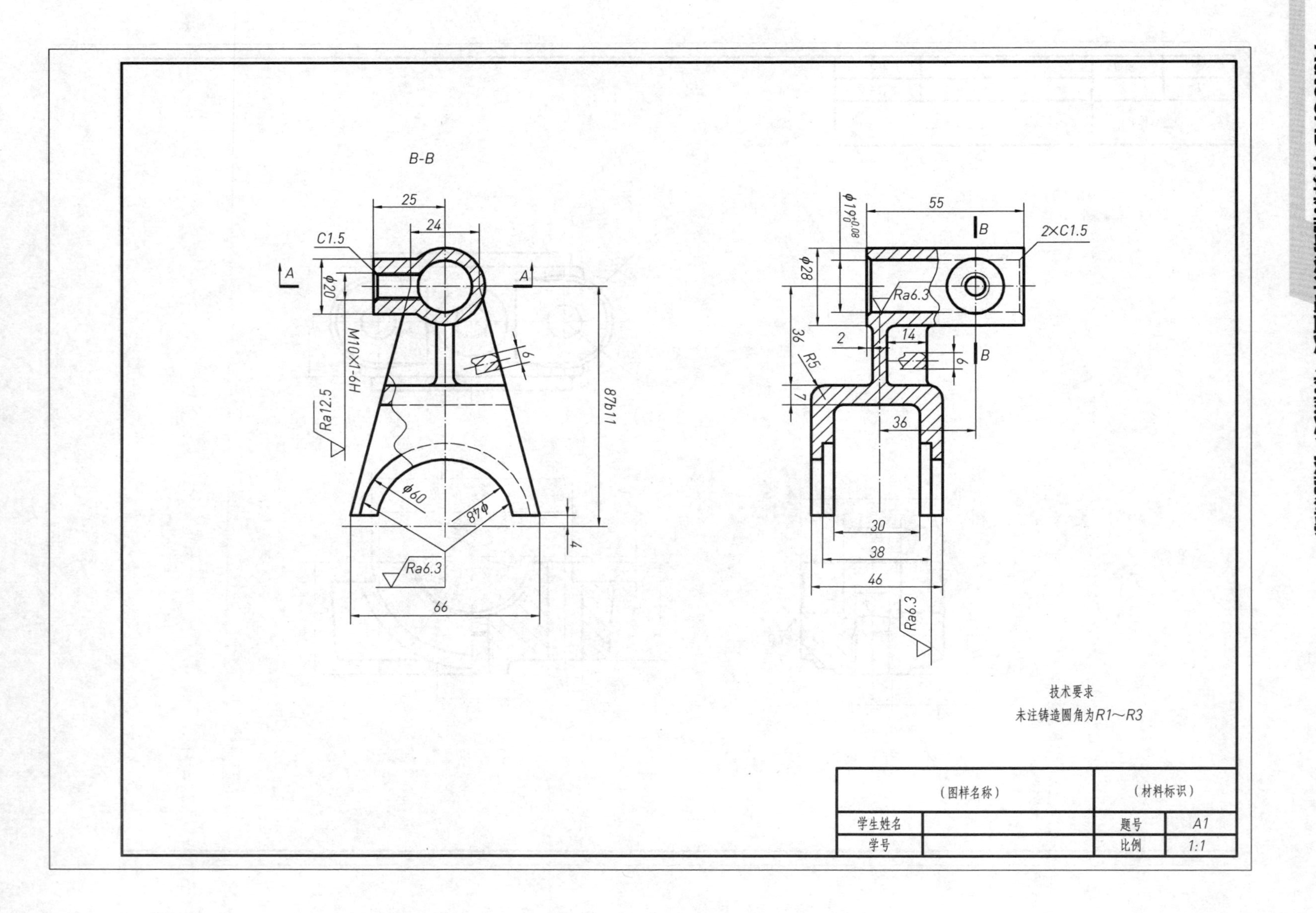

B-B
25
24
C1.5
A
ϕ20
M10×1-6H
Ra12.5
87b11
ϕ60
ϕ48
Ra6.3
66
4
6
55
2×C1.5
B
ϕ28
Ra6.3
36
R5
7
2
14
36
30
38
46
Ra6.3
技术要求
未注铸造圆角为R1～R3
（图样名称）
（材料标识）
学生姓名
学号
题号
A1
比例
1:1

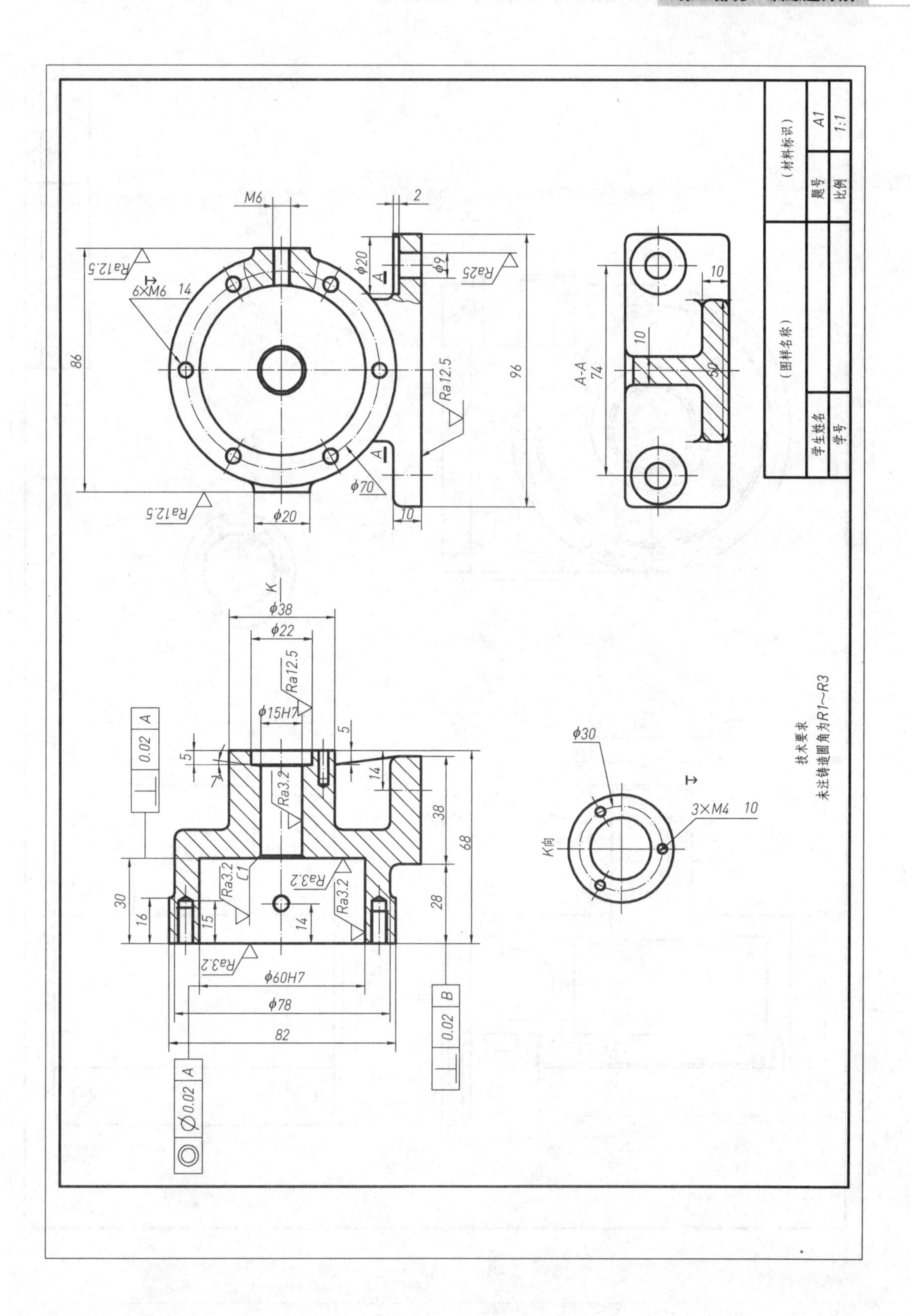

（材料标识）
题号
A1
比例
1:1
（图样名称）
学生姓名
学号
A-A
K向
技术要求
未注铸造圆角为R1~R3

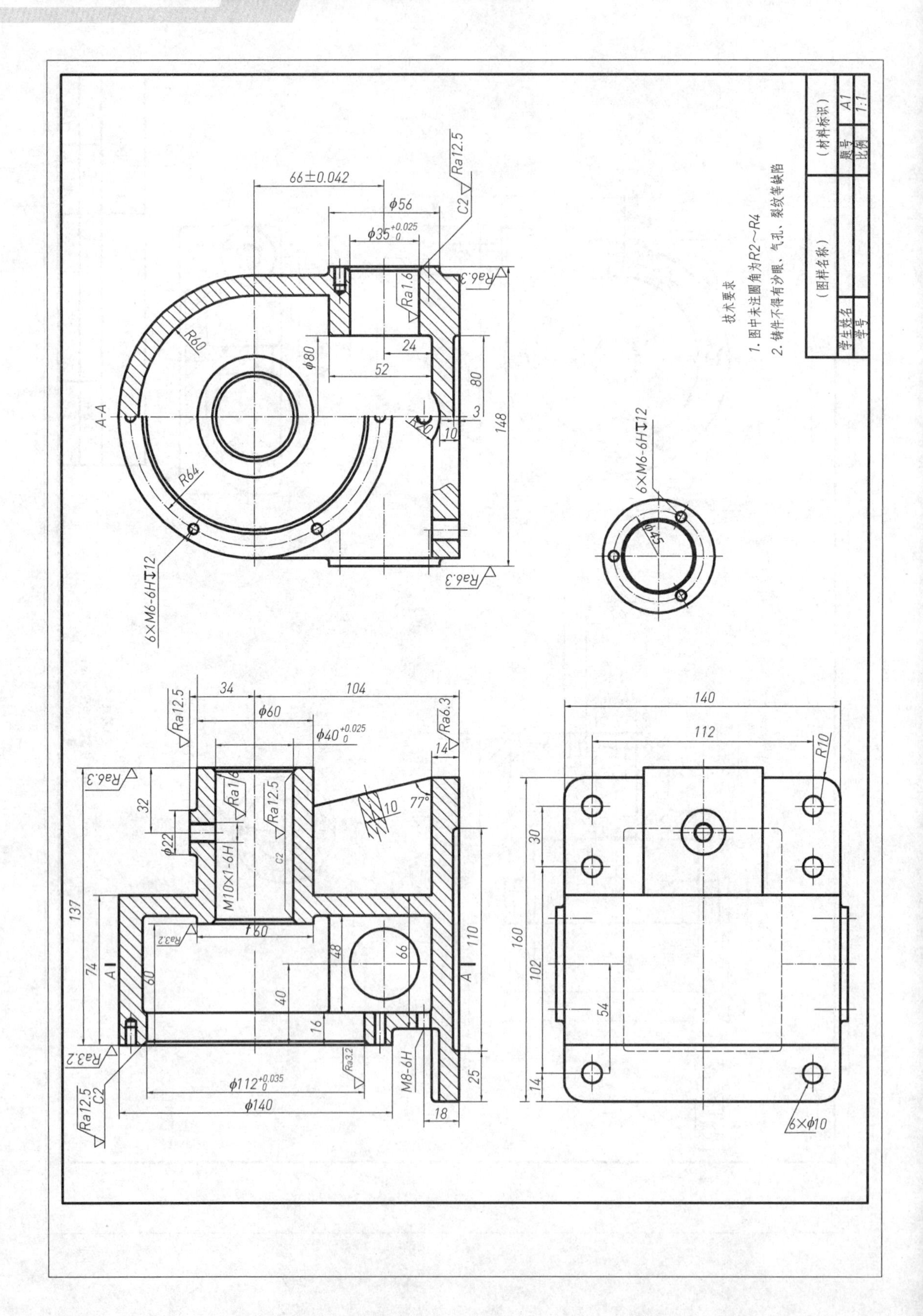

技术要求
1. 图中未注圆角为R2～R4
2. 铸件不得有砂眼、气孔、裂纹等缺陷
（材料标识）
题号
A1
比例
1:1
（图样名称）
学生姓名
学号
A-A
66±0.042
φ56
φ35 +0.025 0
Ra12.5
C2
Ra6.3
Ra1.6
R60
φ80
24
52
80
3
148
R20
10
R64
6×M6-6H↧12
φ45
34
104
φ60
φ40 +0.025 0
14
32
φ22
M10×1-6H
77°
137
74
60
40
48
66
110
16
Ra3.2
φ112 +0.035 0
φ140
M8-6H
25
18
140
112
R10
30
160
102
54
6×φ10

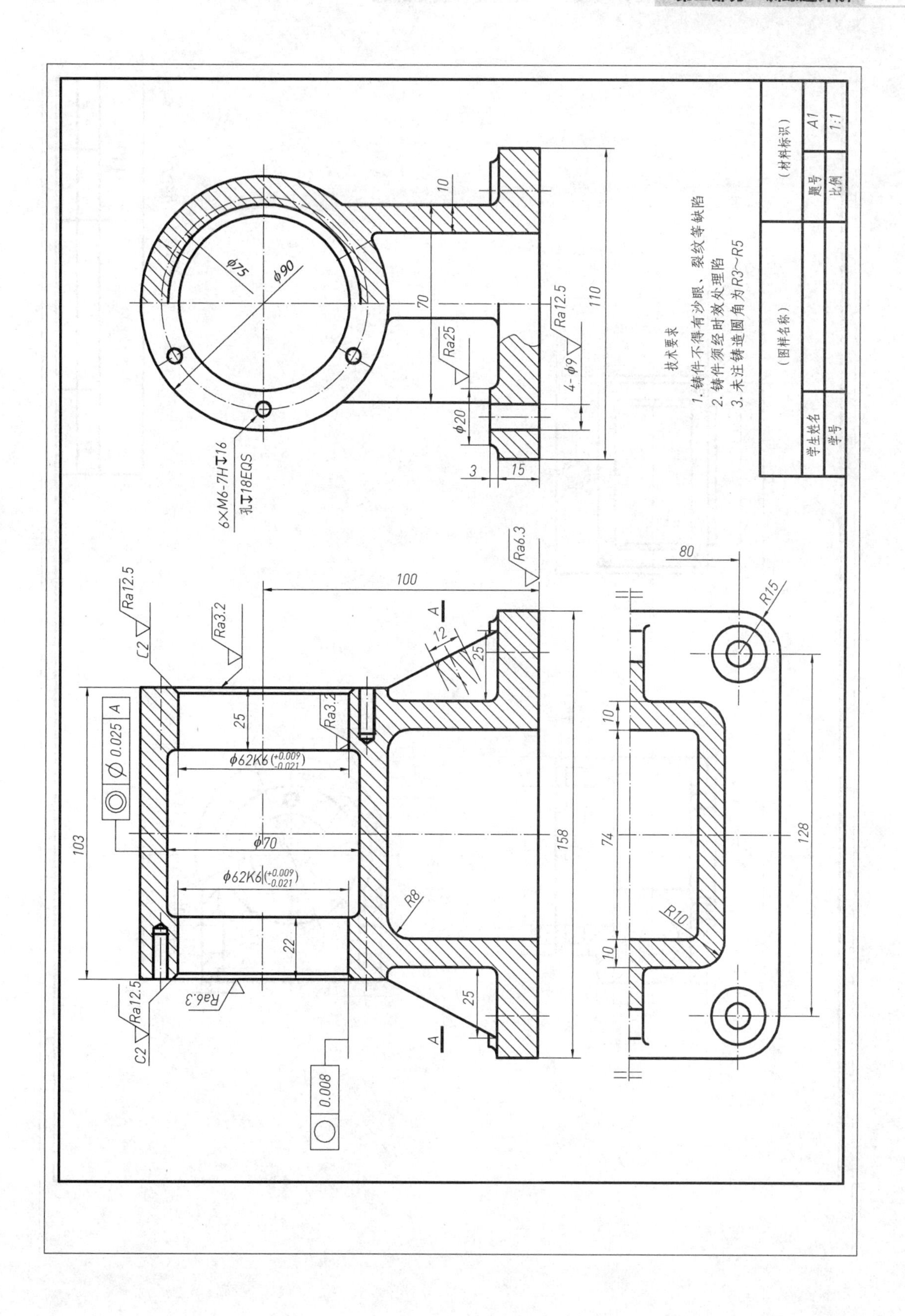
技术要求
1.铸件不得有沙眼、裂纹等缺陷
2.铸件须经时效处理
3.未注铸造圆角为R3~R5
（材料标识）
题号
A1
比例
1:1
（图样名称）
学生姓名
学号
6×M6-7H↧16
孔↧18EQS
φ75
φ90
70
110
10
Ra12.5
Ra25
4-φ9
φ20
3
15
100
Ra6.3
Ra12.5
Ra3.2
C2
A
12
25
0.025
A
φ62K6(+0.009 -0.021)
φ70
158
103
R8
22
0.008
80
R15
R10
74
128

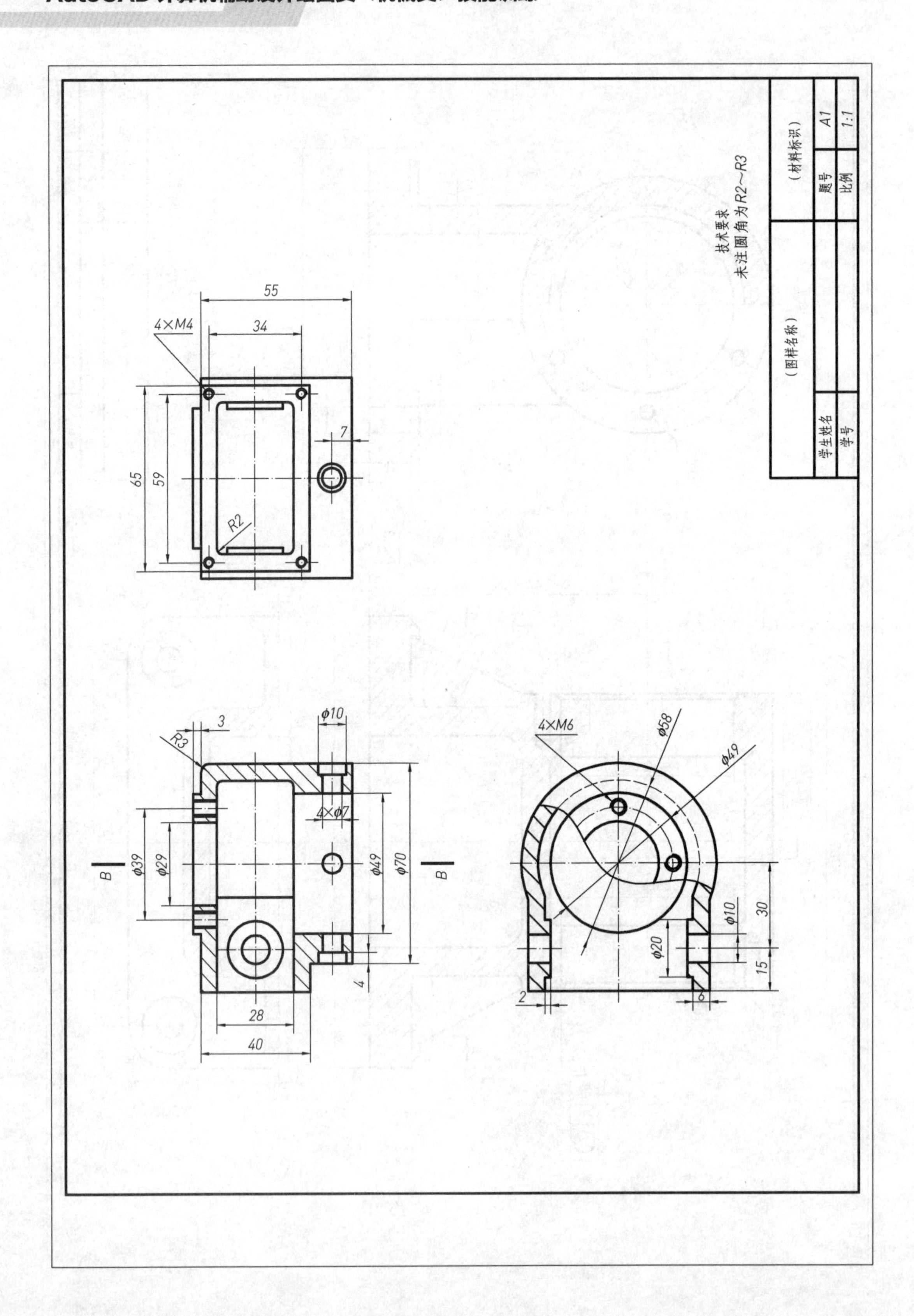
55
4×M4
34
7
65
59
R2
φ10
3
R3
4×φ7
B
φ39
φ29
φ49
φ70
4
28
40
4×M6
φ58
φ49
φ10
30
φ20
15
2
6
技术要求
未注圆角为R2～R3
（图样名称）
（材料标识）
题号
A1
比例
1:1
学生姓名
学号

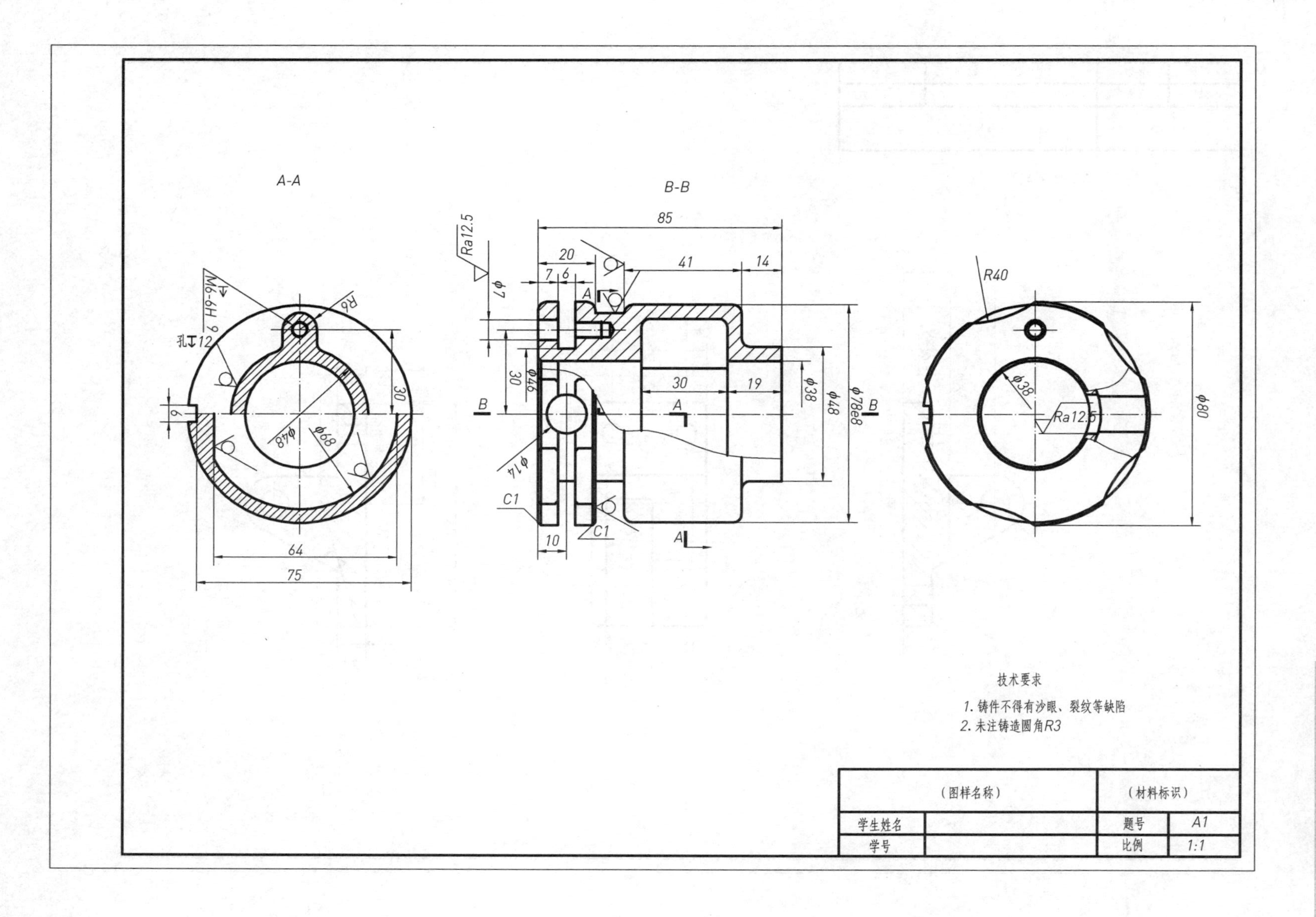
A-A
B-B
M6-6H 9
孔12
R6
30
6
φ48
φ68
64
75
Ra12.5
φ7
85
20
7
6
41
14
A
30
φ46
30
19
φ38
φ48
φ78e8
B
φ14
C1
C1
10
R40
φ38
Ra12.5
φ80
技术要求
1. 铸件不得有沙眼、裂纹等缺陷
2. 未注铸造圆角R3
（图样名称）
（材料标识）
学生姓名
题号
A1
学号
比例
1:1

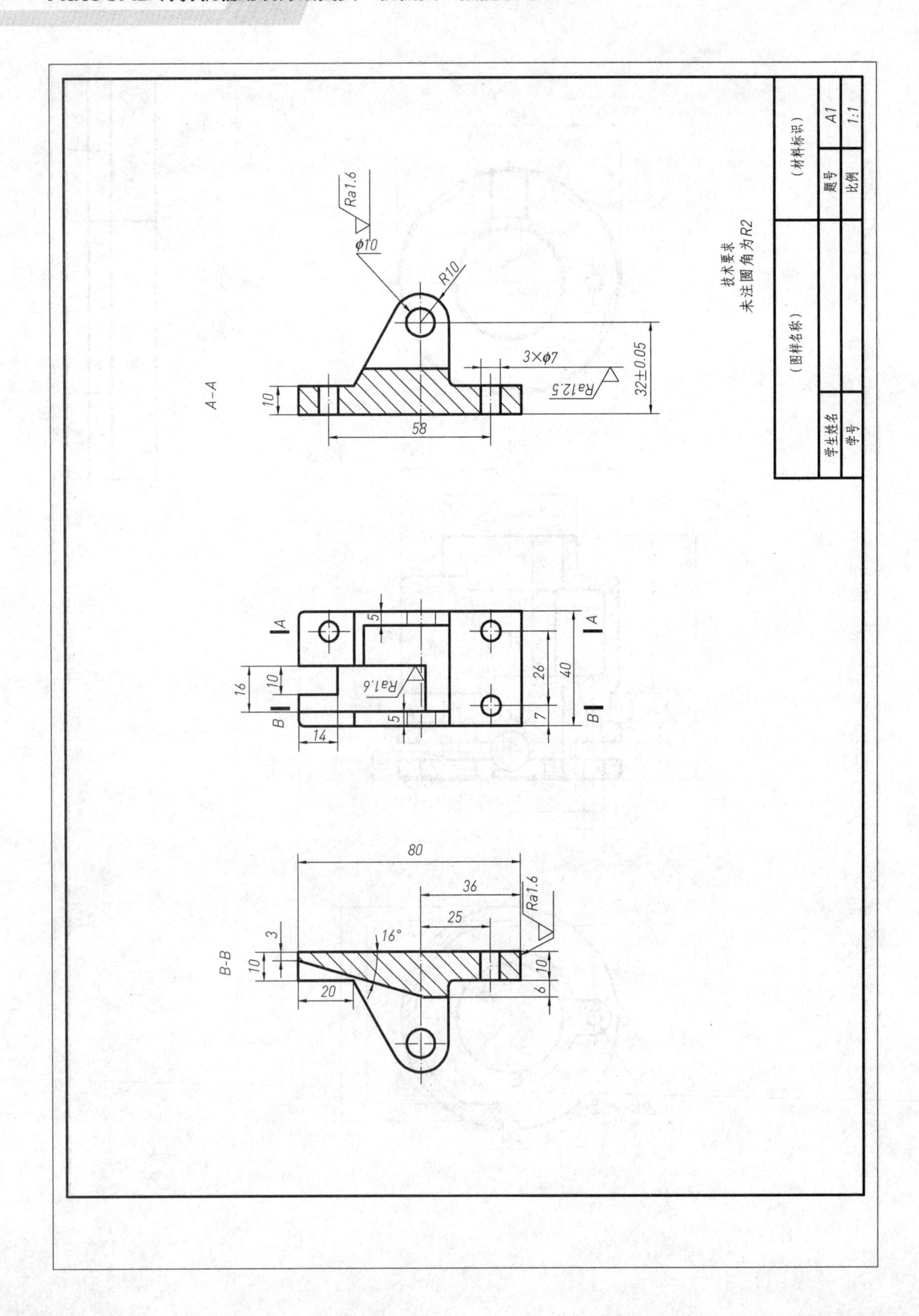
A-A
Ra1.6
ϕ10
R10
3×ϕ7
Ra12.5
32±0.05
10
58
A
A
B
B
5
16
10
Ra1.6
26
40
5
7
14
B-B
80
36
25
Ra1.6
16°
3
10
20
10
6
技术要求
未注圆角为R2
（图样名称）
（材料标识）
题号
A1
比例
1:1
学生姓名
学号

第六题　装配图训练题详解

训练题第六题内容如下。

根据给出的齿轮心轴部件装配图（图 6-1）拆画零件 1 的零件图。

具体要求：

（1）绘图前先打开图形文件 A6.dwg，该图已做了必要的设置，可直接在该装配图上进行编辑以形成零件图，也可以全部删除，重新作图。

（2）选取合适的视图。

（3）标注尺寸（尺寸样式名为“机械”），包括已给出的公差代号（不标注表面结构代号和几何公差代号）。

（4）不画图框、标题栏。

（5）技术要求只填写未注圆角与未注倒角。

（6）作图结果以原文件名保存。

6.1　分析

本题主要包含以下几个知识点：装配图的内容、装配图的表达方法、内外螺纹连接、螺栓连接件、齿轮啮合、齿轮等的画法、装配图的尺寸标注及尺寸公差、零件表面粗糙度及技术要求。

6.1.1　装配图的作用与内容

装配图是用来表示机器或部件的图样。它反映了机器或部件的整体结构、工作原理、零件之间的装配连接关系，是设计和绘制零件图的主要依据，也是产品装配、调试、安装、维修等环节中的主要技术文件。图 6-1 所示是齿轮心轴部件装配图。

一张完整的装配图主要包括以下内容。

（1）一组视图。用来表达机器或部件的工作原理，零件间的相对位置、装配关系、连接方式及主要零件的结构形状。

（2）必要的尺寸。用来表示机器或部件的规格、性能，以及装配、安装、检验等方面所需的尺寸。

（3）技术要求。用文字或符号说明机器或部件在装配、调整、检验、试验和使用等方面的要求。

（4）零件的序号、明细表和标题栏。用以说明机器或部件上各零件的名称、数量、材料、标准件规格，以及机器或部件的名称、图样比例、绘图者姓名等内容。

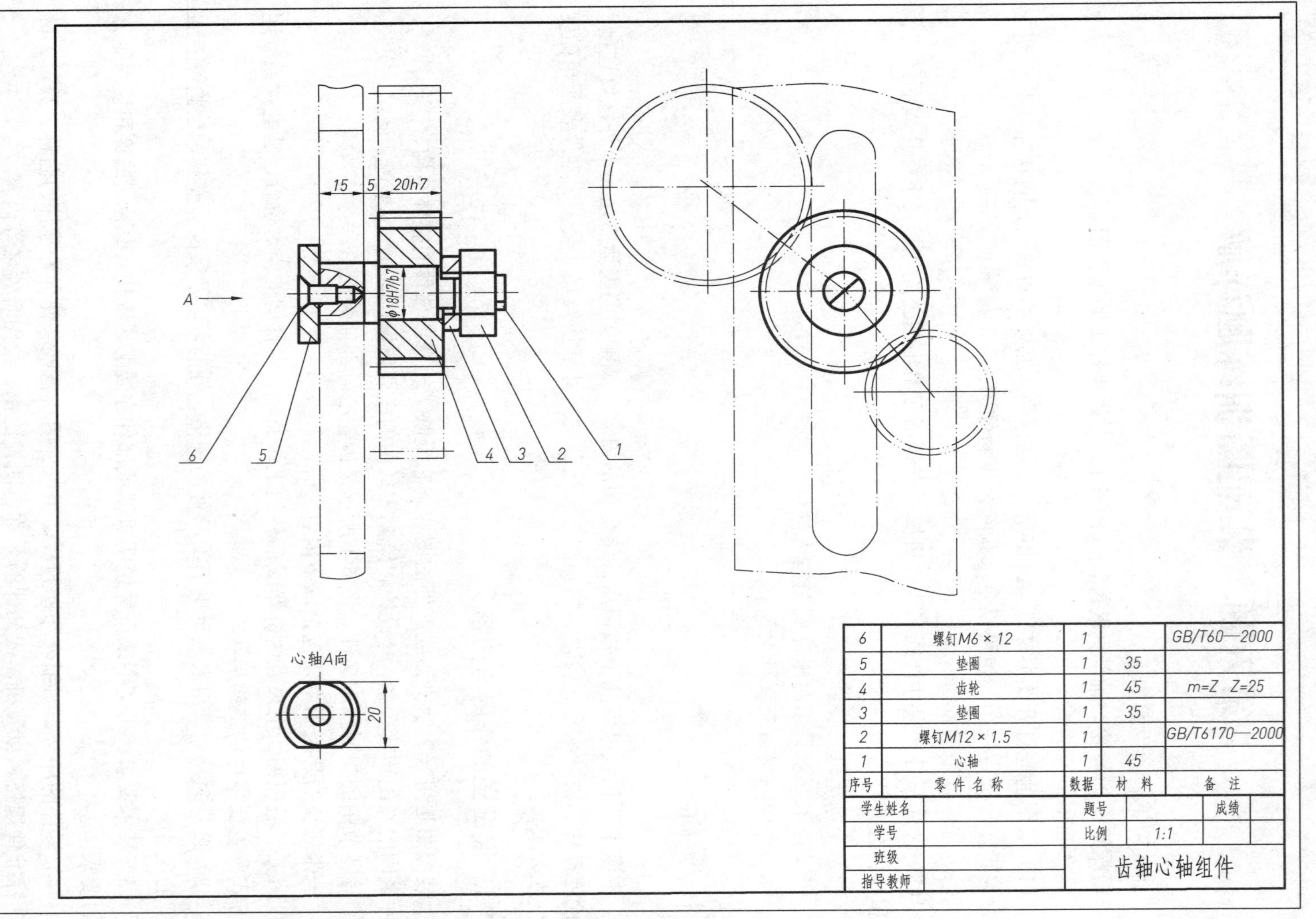

15
5
20h7
ϕ18H7/b7
A
6
5
4
3
2
1
心轴A向
20
6 螺钉M6×12 1 GB/T60—2000
5 垫圈 1 35
4 齿轮 1 45 m=Z Z=25
3 垫圈 1 35
2 螺钉M12×1.5 1 GB/T6170—2000
1 心轴 1 45
序号 零件名称 数据 材料 备注
学生姓名 题号 成绩
学号 比例 1:1
班级
指导教师
齿轴心轴组件

图 6-1　题图

6.1.2 装配图的表达方法

为了恰当地表达机器或部件的工作原理、装配关系等，装配图中常采用视图、剖视图、断面图等表达方法，同时还有一些表达机器和部件时的规定画法与特殊表达方法。

1．主机图的选择

一般以最能反映机器或部件中各零件间的装配关系和工作原理的视图作为装配图，且放置成机器或部件的工作位置。如图 6-1 所示，将心轴轴线水平放置，符合部件的工作位置。主视图采用全剖视，反映部件中各零件间的装配关系和工作原理。

2．其他视图的选择

按照要把机器或部件的工作原理，各零件间的相对位置、装配关系、连接方式及主要零件的结构形状完整、清晰地表达的原则，在确定主视图后，需要其他视图补充机器或部件尚未表达清楚之处。如图 6-1 所示，选择左视图表达齿轮间的相对位置、连接方式。

6.1.3 装配图的规定画法

（1）两个相邻零件的接触面和配合面，规定只画一条线。而不接触的面和非配合面（由相邻零件的基本尺寸是否相同判定）即使间隙很小，也必须画两条线（当间隙小于粗实线线宽时可将间隙采用夸大画法），如图 6-2 所示。

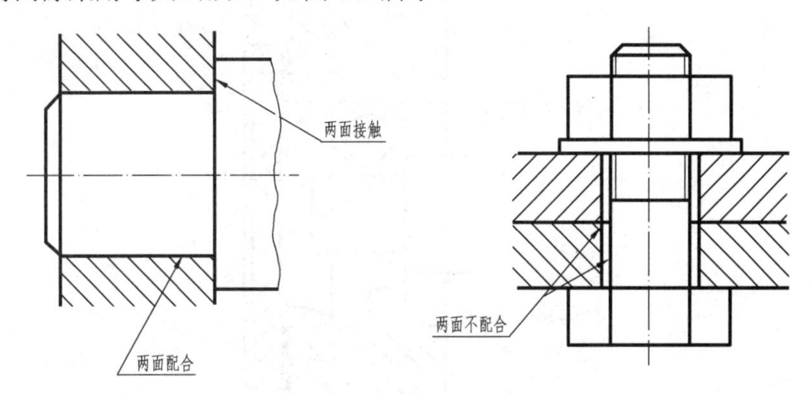

图 6-2 零件的接触面和配合面

（2）在剖视图中，相邻的两个零件的剖面线方向应相反或一致（间隔不相等或相互错开）。同一零件的剖面线在各个视图中的方向和间隔应保持一致，如图 6-3 所示。

（3）在装配图中，对于一些标准件（如螺栓、螺钉、螺母、垫圈、键和销等）和实心件（如轴、手柄、连杆、球、拉杆等），当剖切平面通过其基本轴线时，这些零件均按不剖绘制，即不画剖面线。当必须用剖视表达时，可采用局部剖视。当剖切平面垂直通过其轴线时，则应画出剖面线，如图 6-3 所示。

（4）在装配图中，图形宽度小于或等于 2mm 的狭小面积的剖面，可用黑色填充代替剖面线。

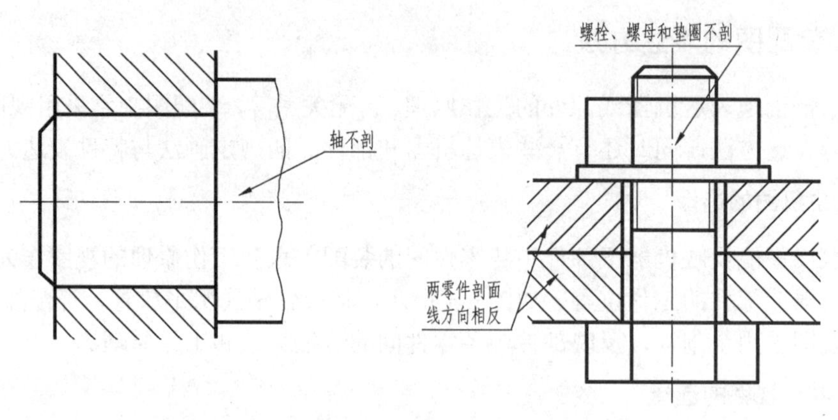

图 6-3　两个（或两个以上）零件邻接的画法

6.1.4　装配图的简化画法

（1）在装配图中，零件的工艺结构（如倒角、倒圆、退刀槽等）允许不画出，如图 6-4 所示。

（2）对于装配图中若干相同的零件组（如螺栓连接、螺钉连接等），可仅详细地画出一组或几组，其余只表示出其中心位置，如图 6-4 所示。

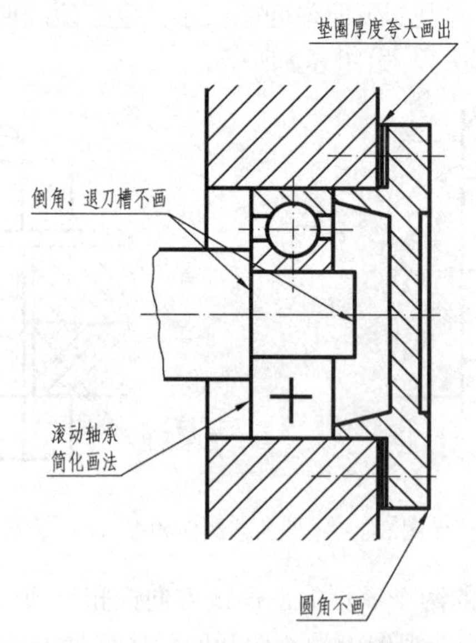

图 6-4　装配图的简化画法

6.1.5　装配图的特殊表达方法

1．拆卸画法

在装配图的某个视图上，为了使机器或部件的某些部分表达更清楚，可假想将某些部分零件拆卸或沿结合面剖切后再绘制（需要说明时可加注“拆去××”等）。

2．假想画法

在装配图中，当需要表示运动件的活动范围和极限位置，或表示与本部件有关的相邻零、部件时，可采用假想法，即用双点画线将运动件的活动范围和极限位置或相邻的零、部件画出来。

3．单个零件的表示

在装配图中，必要时可单独画出某一个或几个零件的视图。但必须在所画视图的上方注明该零件的视图名称，在相应视图的附近用箭头指明投影方向，并注上同样的字母。

4．夸大画法

在装配图中，当绘制直径或厚度小于 2mm 的孔、薄片或较小的斜度和锥度时，允许该部分不按原绘图比例而夸大画出，如图 6-4 所示。

5．展开画法

在装配图中，为了表达传动机构的传动路线和零件间的装配关系，可假想按传动顺序沿轴线剖切，然后依顺序展开在一个平面上画出剖视图。

6.1.6 装配图的尺寸标注

装配图与零件图的作用不同，因此标注尺寸的要求也不同。在装配图中，一般应标出下列几种尺寸。

1．规格性能尺寸

规格性能尺寸是表示机器或部件性能或规格的重要尺寸，是设计和使用的重要参数。如图 6-1 中的ϕ18H7/h7，表示该心轴连接齿轮孔径的规格。

2．装配尺寸

（1）配合尺寸。表示零件间有配合要求的尺寸，如图 6-1 中的ϕ18H7/h7、20h7 等。

（2）连接尺寸。指零件间重要的连接尺寸，如定位尺寸、非标准件上的螺纹代号等。

3．相对位置尺寸

零件间有比较重要的相对位置尺寸，如啮合齿轮的中心距等。

4．安装尺寸

安装尺寸是指将机器或部件安装到基座或其他部件上所需要的尺寸。

5．外形尺寸

外形尺寸是指机器或部件的总长、总宽、总高的尺寸。外形尺寸表明机器或部件所占空间的大小，供包装、运输、安装时参考。

6．其他重要尺寸

在设计绘图时经过计算确定或选定的、而未包括在上述尺寸中的重要尺寸。

以上尺寸是装配图中需要考虑标注的，但具体到一张图中并非都具备，而且有时同一尺寸又具有多种含义，因此必须根据具体的机器或部件装配图合理地标注尺寸。

6.1.7　装配图的技术要求

在装配图中，用简明文字逐条说明在装配过程中应达到的技术要求，应予保证的调整间隙的方法或要求，产品执行的技术标准和试验、验收技术规范，产品外观或包装等。

6.1.8　装配图的零件编号

为了便于图样管理、生产准备、产品的装配和使用以及读装配图，对装配图中每个零件都必须编注序号和代号，并填写标题栏和明细表。序号是零件在装配图中的编号，代号是零件图样编号或标准件的标准编号。

（1）装配图中所有的零部件都必须编号。每一种零部件在各视图中只编排一个序号，一般只注写一次。

（2）序号应注写在指引线的水平线上或圆内，指引线、水平线或圆均用细实线画出，如图 6-5（a）所示。序号字号应比装配图中所注尺寸数字的字号大一号或两号，也允许采用如图 6-5（b）所示的形式，这时序号字号应比装配图中所注尺寸数字的字号大两号。同一装配图中注写序号形式应一致。

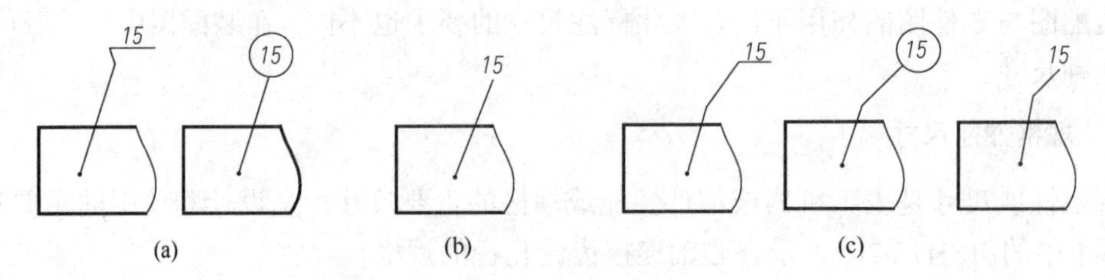

图 6-5　序号的注写形式

（3）指引线应从所指部分的轮廓内引出，并在末端画一小圆点。若所示部分为很薄的零件或涂黑的剖面，不便画小圆点时，可在指引线的末端画箭头，并指向该部分的轮廓。指引线不能相交，当通过有剖面线的区域时，指引线不应与剖面线平行。必要时可以用折线表示，但只能折一次，如图 6-5（c）所示。

（4）一组紧固件以及装配关系清楚的零件组，可以采用公共的指引线，如图 6-6 所示。

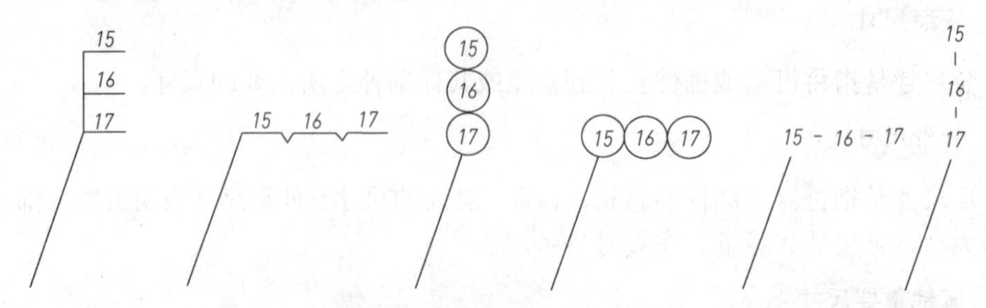

图 6-6　零件组的公共指引线

（5）装配图中的序号应按水平方向或垂直方向排列整齐，注写序号应按顺时针或逆时针方向顺序排列。如在整个图上无法连续时，可只在每个视图水平或垂直方向上顺序排列。

在 AutoCAD 中注写序号的方法如下。

菜单命令：标注→引线

命令：QLEADER↙

指定第一个引线点或［设置（S）］＜设置＞：S↙

打开“引线设置”对话框，如图 6-7～图 6-9 所示。

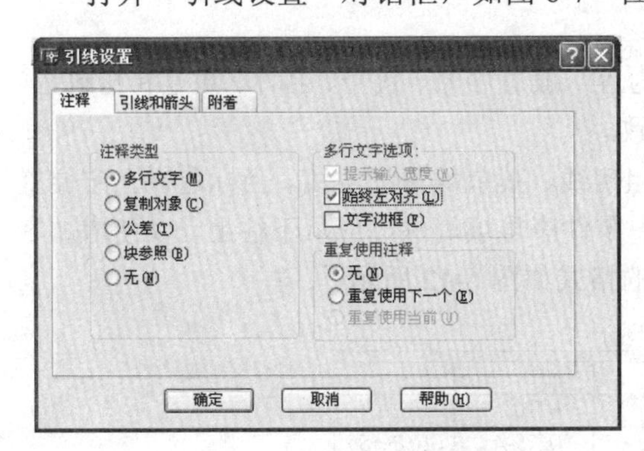

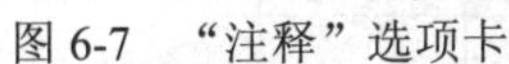
图 6-7　“注释”选项卡

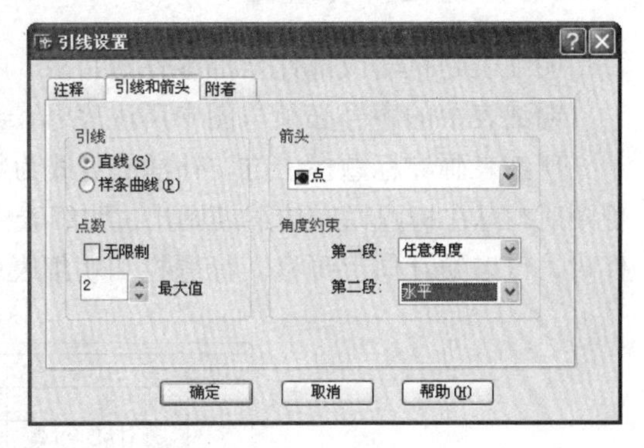

图 6-8　“引线和箭头”选项卡

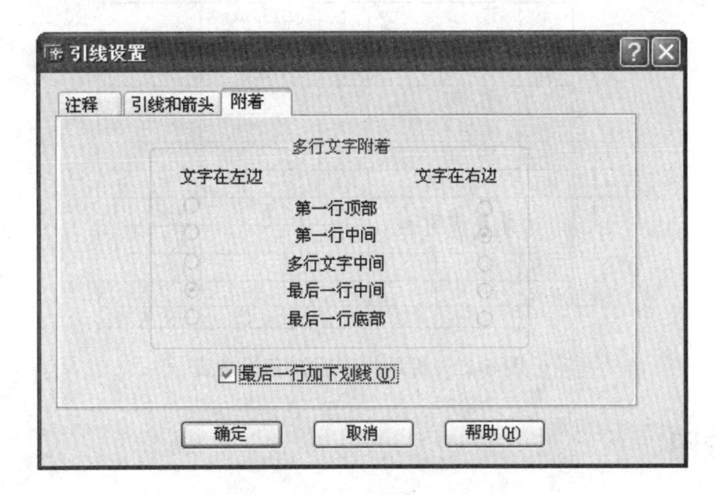

图 6-9　“附着”选项卡

单击“确定”按钮，关闭对话框，屏幕上会显示：

指定第一个引线点或[设置（S）]＜设置＞：（在所需编号的零件内点第一点 A）

指定下一点：（在排列序号的水平辅助线或垂直辅助线上点第二点 B，必须采用捕捉到最近点方式）

打开“多行文本编辑器”，输入序号数字“15”并双击该数字，选取“字符”选项卡，选取相应的字体格式和字号大小，如图 6-10 所示。

单击“确定”按钮，删除辅助线，完成注写，如图 6-11 所示。

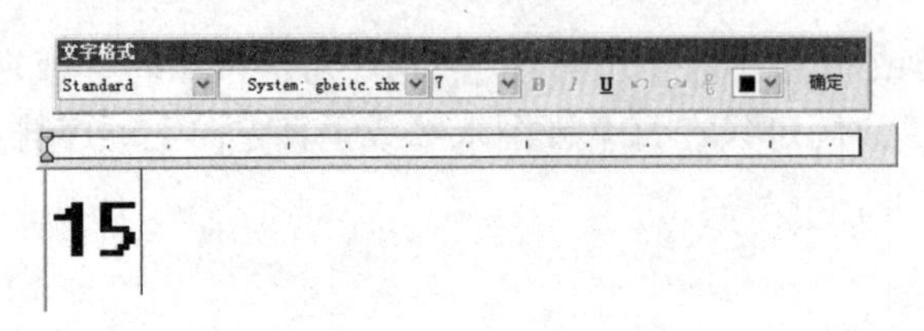

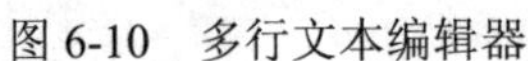

图 6-10　多行文本编辑器

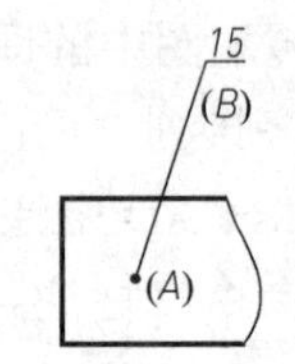

图 6-11　注写零件序号

6.1.9　标题栏和明细表

明细表是机器或部件全部零件的目录，内容一般有序号、代号、名称、数量和材料等。

明细表中的序号必须与图中所注序号一致。

明细表画在标题栏上方，外框的竖线为粗实线，其余均为细实线。当标题栏上方位置受限时，可在标题栏左边继续画出。明细表中零件序号填写顺序应从下往上，以便增加零件时，可以继续向上画格。标题栏和明细表的格式如图 6-12 所示。

140

10	丝　杠	1	45	
9	钳　座	1	HT200	
8	螺钉M5×14	4	Q235-A	GB68—85
7	钳口板	2	45	
6	螺　母	1	Q235-A	
5	螺　钉	1	45	
4	钳　身	1	HT200	
3	垫　圈	2	Q235-A	
2	销A4×20	1	35	GB117—86
1	挡　圈	1	35	
序号	名　称	数量	材　料	备　注

机用虎钳		共　张	第　张	制图	1:1
		数　量		图号	
制图					
审核					

8　8　4×=32

25　20　25　25　15　15

图 6-12　标题栏和明细表的格式

6.2　画装配图

1. 用 AutoCAD 绘制装配图的常用方法

（1）直接绘图法。

运用绘图、编辑、设置和层控制等功能，按照装配图的画图步骤将装配图绘制出来。

（2）图形块插入法。

将组成机器或部件的各个零件的图形先做成图形块，再按零件间的相对位置将图形块逐个插入，拼画成装配图。

（3）插入图形文件法。

将组成机器或部件的各个零件的图形文件直接插入，拼画成装配图。

（4）用设计中心插入图形、图形块。

执行“AutoCAD 设计中心”命令，在 AutoCAD 设计中心找到所需的零件图形、图形块，用鼠标拖动所需的图形、图形块到 AutoCAD 的工作界面中，拼画成装配图。

一般较简单的装配图直接绘图比较好，较复杂并且标准件较多的装配图用图形块插入法比较简便，多家协作的大型项目的装配图用设计中心插入图形、图形块更为方便。

下面以采用小千斤顶装配示意图、座体零件图、顶杆零件图、螺钉图块等资料绘制小千斤顶装配图为例，说明绘制装配图的基本方法。

2. 用 AutoCAD 绘制装配图的一般步骤

（1）确定视图表达方案。

从图 6-13 所示小千斤顶装配示意图可知，小千斤顶的工作原理是：旋动调节螺母，由于螺钉的一端装入顶杆的槽内，顶杆不能转动，只能上下移动，达到顶起重物的作用。

小千斤顶装配图主视图按工作位置放置，通过顶杆轴线剖切画半剖视图（该装配体左右对称），表达小千斤顶的工作原理及零件间的装配关系。采用俯视图表达螺钉与顶杆的连接定位关系。这样小千斤顶的工作原理，各零件间的相对位置、装配关系、连接方式以及主要零件的结构形状均能完整、清晰地表达出来。

（2）画出主要零件的图形。

在 AutoCAD 设计中心找到所需的“座体零件图”，将其拖动至 AutoCAD 的工作界面，并删去部分尺寸线，如图 6-14 所示。

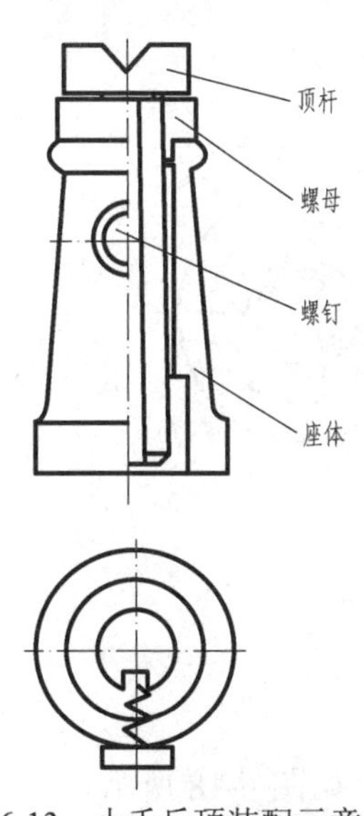

图 6-13 小千斤顶装配示意图

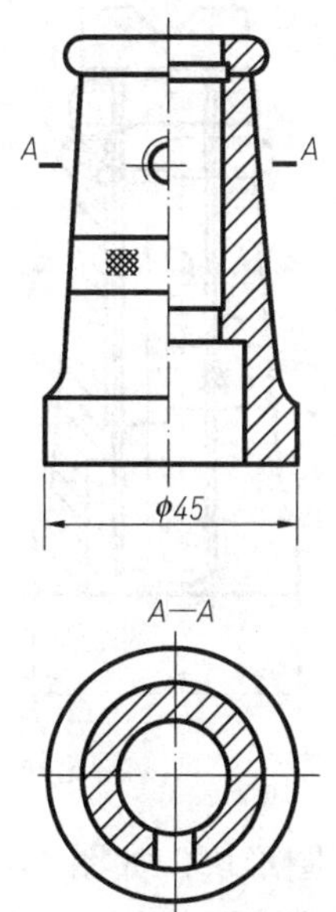

图 6-14 小千斤顶装配图绘制过程 1

（3）画出调节螺母的大体轮廓。

在 AutoCAD 设计中心找到所需的“调节螺母零件图”，将其拖动至 AutoCAD 的工作界面，按零件间的相对位置插入相应的位置，如图 6-15 所示。

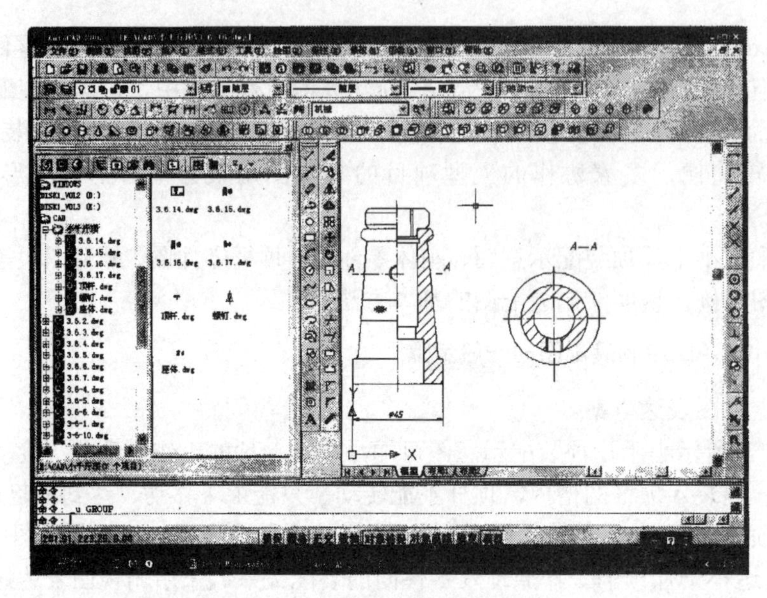

图 6-15　小千斤顶装配图绘制过程 2

（4）绘制顶杆零件图。

在 AutoCAD 设计中心找到所需的“顶杆零件图”，将其拖动至 AutoCAD 的工作界面，按零件间的相对位置插入相应的位置，如图 6-16 所示。

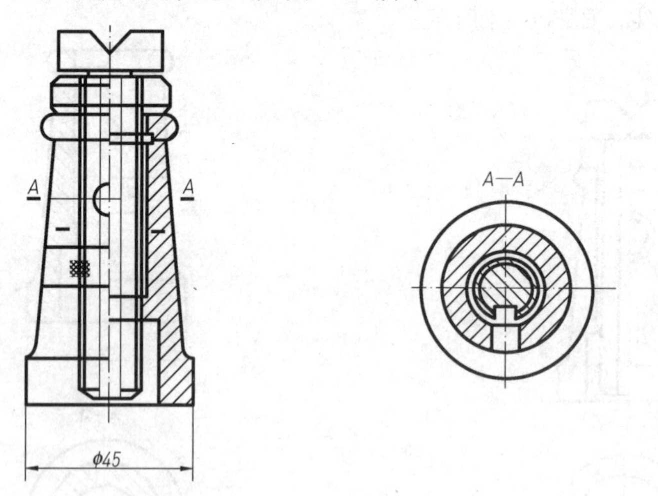

图 6-16　小千斤顶装配图绘制过程 3

（5）插入螺钉图形块，如图 6-17 所示。

（6）对图线进行必要的修整、删除，调整视图位置，如图 6-18 所示。

（7）选择合适的比例和图幅。

在 AutoCAD 中绘制装配图时，为保证各图形、图形块的大小一致，比例取 1∶1。完成各视图后，再根据装配体的大小和复杂程度选定全图的比例，设定图幅，本例设为 A3 图幅。

（8）标注尺寸。

根据装配图尺寸标注的要求标注装配图的尺寸。

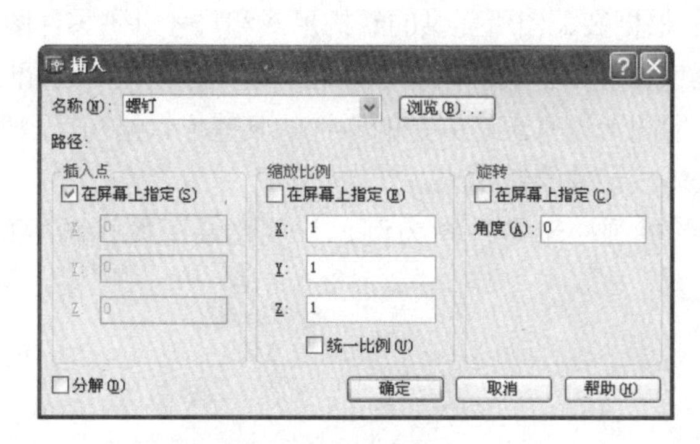

图 6-17　插入螺钉图形块

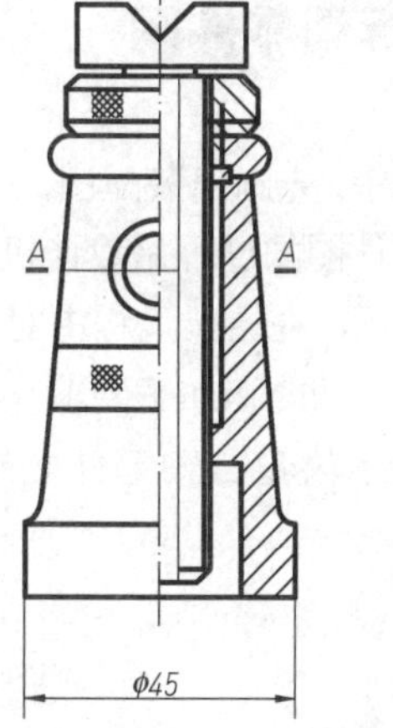

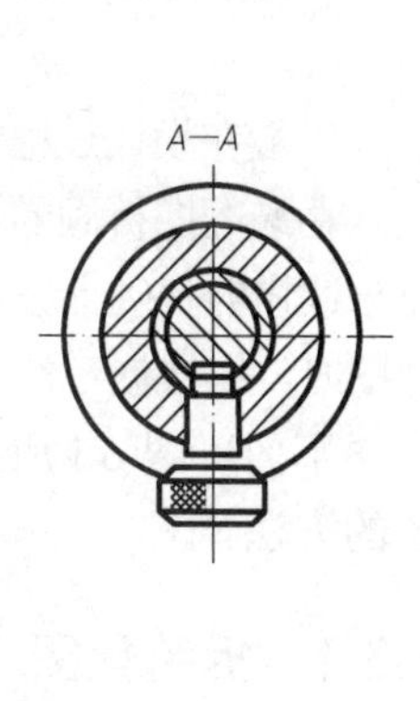

图 6-18　小千斤顶装配图绘制过程 4

（9）填写零部件序号、标题栏和明细表。

插入标题栏和明细表，根据要求填写零部件序号、标题栏和明细表。

（10）注写技术要求。

根据装配图注写技术要求，完成后的小千斤顶装配图如图 6-19 所示。

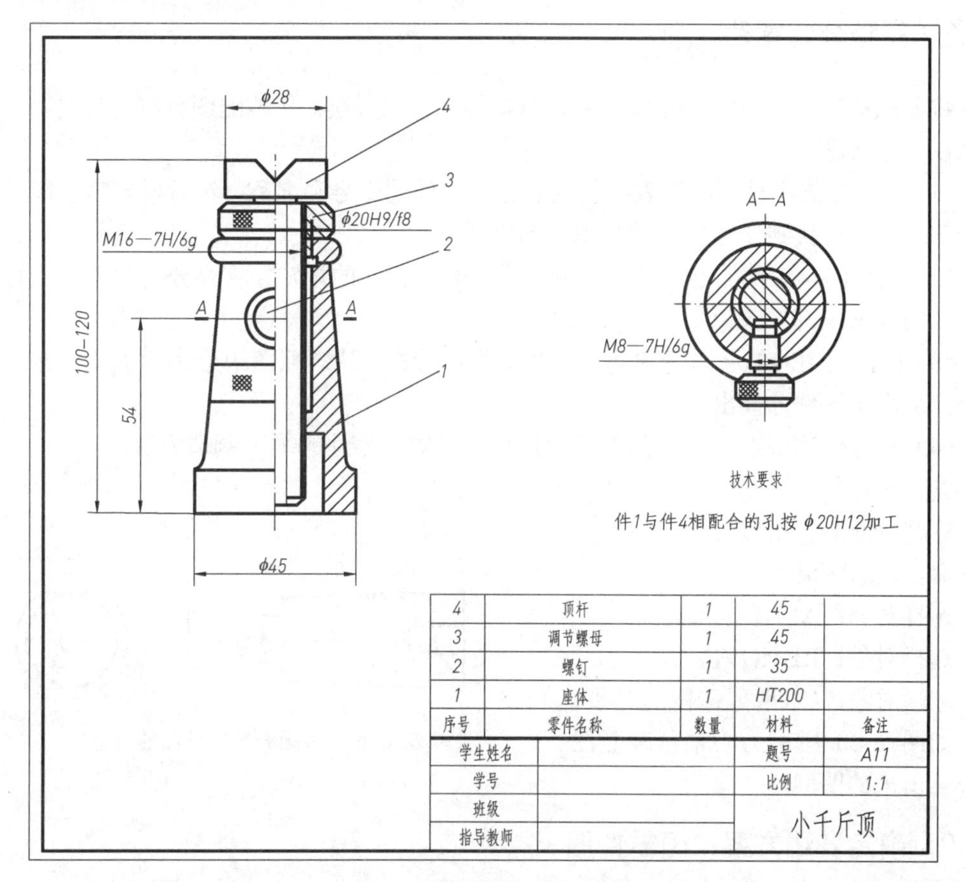

图 6-19　小千斤顶装配图

6.3 由装配图拆画零件图

一般在设计过程中，先画出装配图，然后根据装配图所提供的结构形式和尺寸拆画零件图。

由装配图拆画零件图的过程是设计机器或部件工作的深入过程。这个过程必须在对装配图充分读懂的基础上进行，在这一过程中对装配图上没有表达清楚的零件的某些形状结构拆画零件图时，应根据零件的功能和加工要求，具体设计并绘制出来。

下面以图 6-1 所示齿轮心轴部件装配图拆画心轴零件图为例，说明由装配图拆画零件图的方法。

6.3.1 拆装配图

如图 6-1 所示的齿轮心轴部件是机床传动系统的一个构件，其作用是连接 O1、O2 轴。选取 Z1、Z2 齿轮的不同齿数组合，可达到不同的速比。由于 Z1、Z2 齿轮的齿数不同，将产生不同的中心距。为此，中间心轴的轴心位置必须可以调整。

由于心轴调整好后，须将心轴紧固，所以心轴上要制出螺钉孔及扳手的卡位。

该构件工作时齿轮转动，心轴不转动，为此，须控制好齿轮宽度和轴段长度配合尺寸关系。

6.3.2 完整分离零件

将零件从装配图中完整分离出来是拆画零件图的关键。从装配图分离零件时，一般可依据以下方法进行。

（1）从零件的序号和明细表中找到要分离零件的序号和名称，然后根据序号指引线所指的部位，就可找到该零件在装配图中的位置。

（2）根据同一零件的剖面线的方向一致、间距相同的规定，将要分离的零件从有关视图中区别开来。

（3）根据视图间的联系规律和基本体的投影特性，从装配图中分离属于该零件图形的部分，从而将零件分离出来。

（4）从零件的明细表中找到零件的材料，可知道零件的加工制造方法。

具体操作如下。

打开 A6.dwg 图形文件。

命令：ERASE↙

选择对象：ALL↙

选择对象：REMOVE↙

删除对象：（选取要保留的对象）

如图 6-20 所示为心轴从装配图中分离出来的图例。

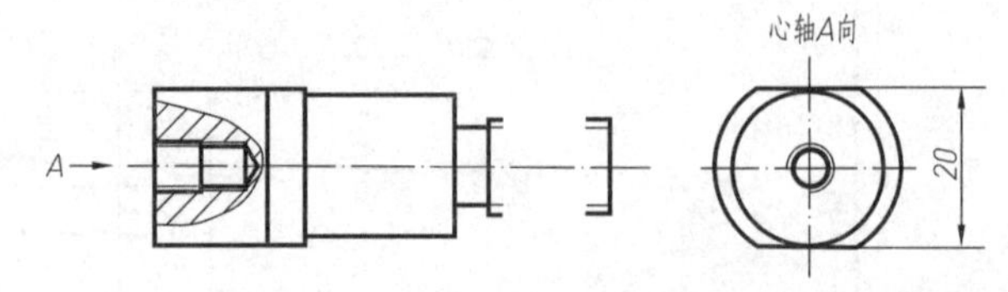

图 6-20 拆画心轴零件图的过程 1

6.3.3 确定表达方案，画零件图

因为装配图的视图表达方案着重表达的是零件间的装配关系、工作原理及主要零件的

主体形状，所以确定零件的表达方案时，一方面要考虑分离出来的一组视图对于表达该零件是否合适，另一方面要考虑该零件是否表达清楚，比如是否还有结构没有确定，是否需要添加倒角、圆角、退刀槽等零件在装配图上被省略的工艺结构等。若分离出来的一组视图对于表达该零件合适且清楚，则可直接采用；否则应对原方案进行适当的调整和补充，甚至重新确定表达方案。

（1）图 6-20 所示分离出来的心轴的一组视图符合该零件工件位置、加工位置并反映了形状特征，表达该零件合适、清楚，可直接采用。添补上该零件在装配图上被其他零件遮住的投影，考虑到视图应优先选取基本机图，并按投影位置放置。心轴零件图视图表达方案调整如图 6-21 所示。

（2）在装配图中，不穿通的螺钉孔可不画出钻孔的深度，仅按有效螺纹部分计算深度并画出，在零件图中应画完整。螺孔各部位尺寸关系如图 6-22 所示。

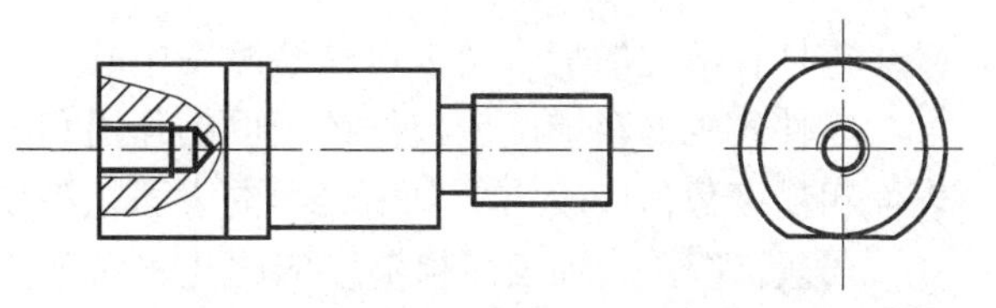

图 6-21　拆画心轴零件图的过程 2

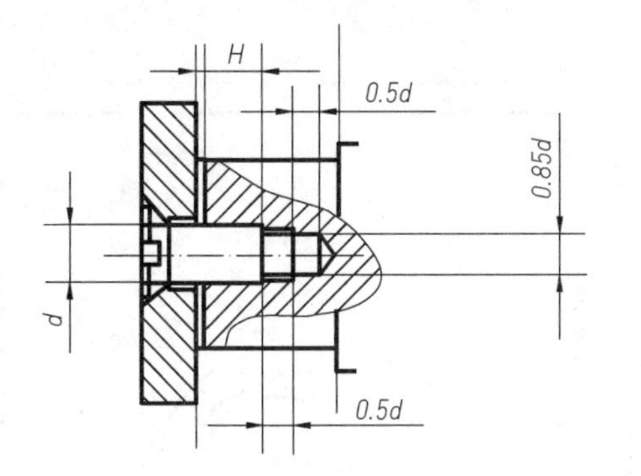

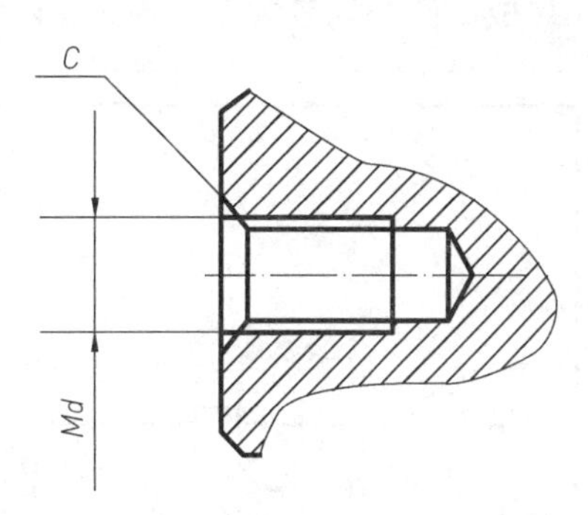

图 6-22　螺孔各部位尺寸关系

（3）将以上工艺结构画完整后，心轴的零件图如图 6-23 所示。

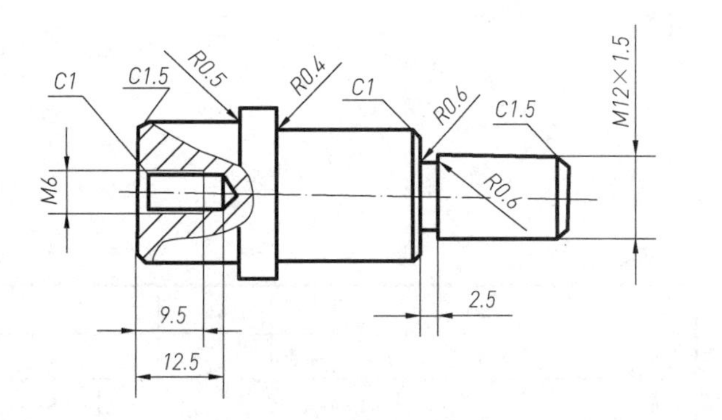

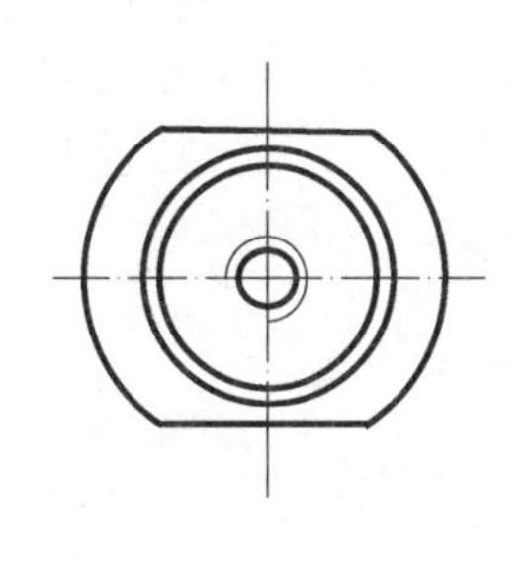

图 6-23　拆画心轴零件图的过程 3

6.3.4　尺寸标注

在零件图上正确地标注尺寸是拆画零件图的一项重要内容。零件图尺寸数值可以通过以下几方面获取。

（1）装配图中与零件有关的尺寸可抄注。

（2）有的尺寸要通过计算来确定，如拆画齿轮时轮齿的分度圆和齿顶圆直径等。

（3）对于标准结构尺寸，如沉孔、键槽、倒角、退刀槽等须查阅相应标准来确定。

（4）对于其他的未知尺寸，可直接从装配图中量取，量取的尺寸在标注时应注意圆整和比例的协调转换。

6.3.5 技术要求标注

零件各部位的配合要求可从装配图中确定。

零件各表面粗糙度应根据该表面的作用和要求来确定。接触面与有配合要求的表面的表面粗糙度数值应较小，自由表面的表面粗糙度数值应较大。

一般情况下，轴表面粗糙度应比孔表面粗糙度小一级。孔、轴的相邻端面的表面粗糙度应比孔、轴表面粗糙度高一级。

同时，根据零件的作用，还可加注其他必要的技术要求和说明。

完成后的心轴零件图如图 6-24 所示。

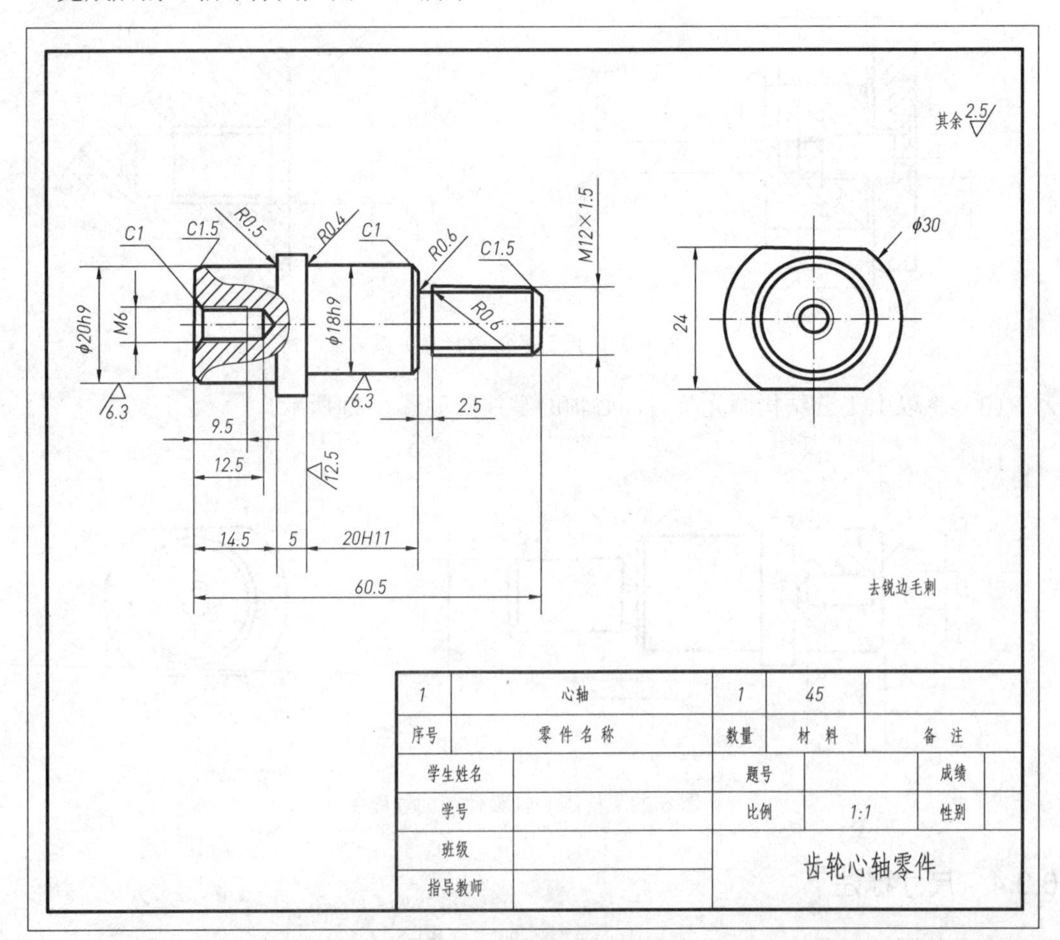

图 6-24 心轴零件图

6.4 注意事项

（1）应注意图形中的粗实线、细实线、点画线、双点画线、虚线等要绘制在相应的图层上，不要混淆不同的图层和线型。

（2）根据要求设置尺寸标注样式，通过尺寸标注的有关命令标注尺寸，并不得拆开，以保持所标注的尺寸是一个完整的图形元素。图案填充也是一个完整的图形元素，不要拆开。

6.5 练习题

一、填空题

1．在零件的台肩处，为保护加工刀具和方便刀具退出，以及装配时两零件表面能紧密接触，一般在零件上要加工出________槽或________槽。

2．影响零件工作性能、________、________及________的功能尺寸应直接标注。

3．配合分为________配合、________配合和________配合。

4．长度尺寸一般可用直尺或________直接测量。

二、问答题

1．轴套类零件的视图选择原则是什么？

2．读零件图的基本要求是什么？

3．什么是零件测绘？

4．详细说明画零件草图的方法和步骤。

5．说出任意五种零件测绘中常见的测量方法。

三、操作题

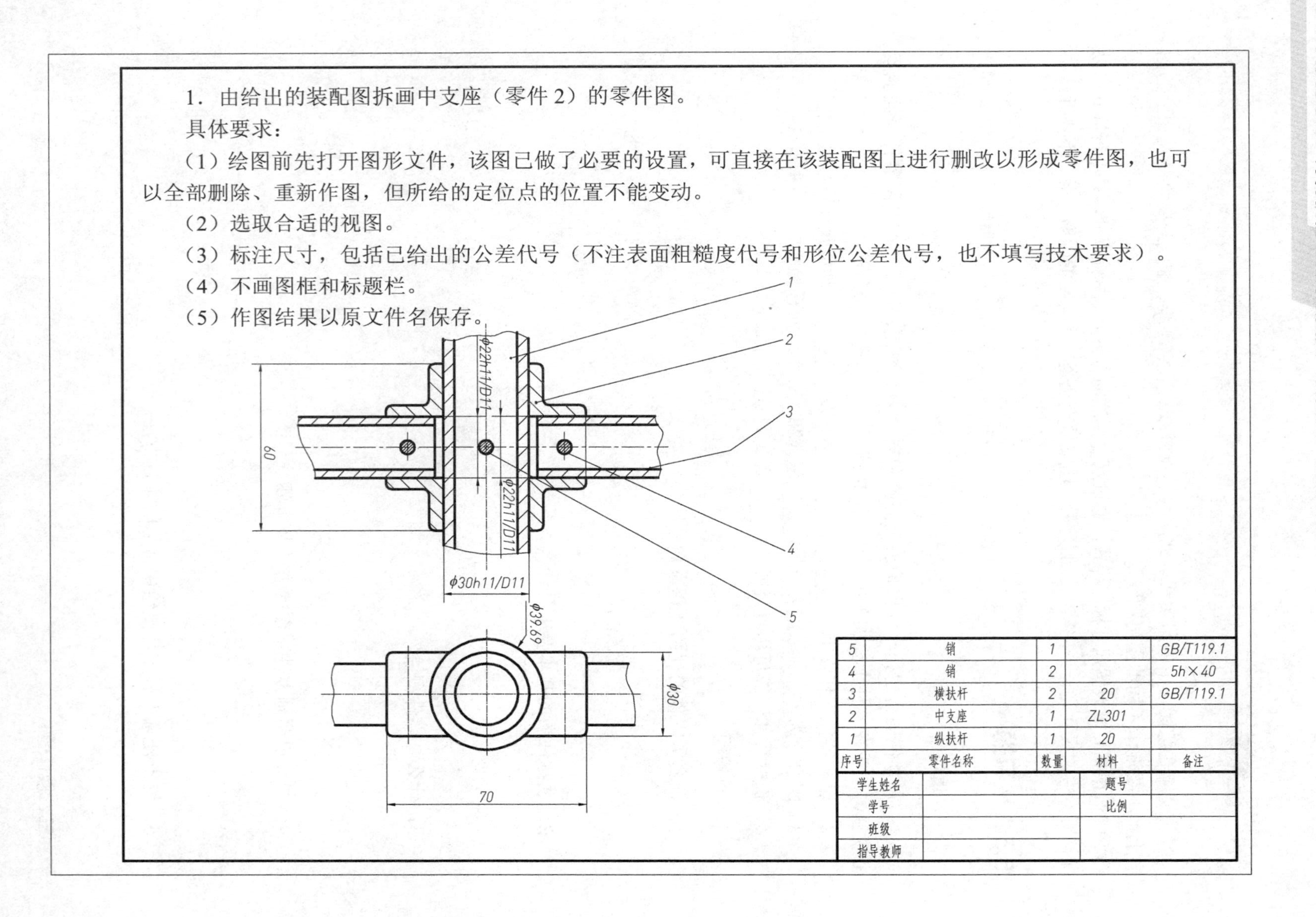

1．由给出的装配图拆画中支座（零件 2）的零件图。

具体要求：

（1）绘图前先打开图形文件，该图已做了必要的设置，可直接在该装配图上进行删改以形成零件图，也可以全部删除、重新作图，但所给的定位点的位置不能变动。

（2）选取合适的视图。

（3）标注尺寸，包括已给出的公差代号（不注表面粗糙度代号和形位公差代号，也不填写技术要求）。

（4）不画图框和标题栏。

（5）作图结果以原文件名保存。

5	销	1		GB/T119.1
4	销	2		5h×40
3	横扶杆	2	20	GB/T119.1
2	中支座	1	ZL301	
1	纵扶杆	1	20	
序号	零件名称	数量	材料	备注

学生姓名		题号	
学号		比例	
班级			
指导教师			

2．由给出的装配图拆画上压板（零件 3）的零件图。

具体要求：

（1）绘图前先打开图形文件，该图已做了必要的设置，可直接在该装配图上进行删改以形成零件图，也可以全部删除、重新作图，但所给的定位点的位置不能变动。

（2）选取合适的视图。

（3）标注尺寸，包括已给出的公差代号（不注表面粗糙度代号和形位公差代号，也不填写技术要求）。

（4）不画图框和标题栏。

（5）作图结果以原文件名保存。

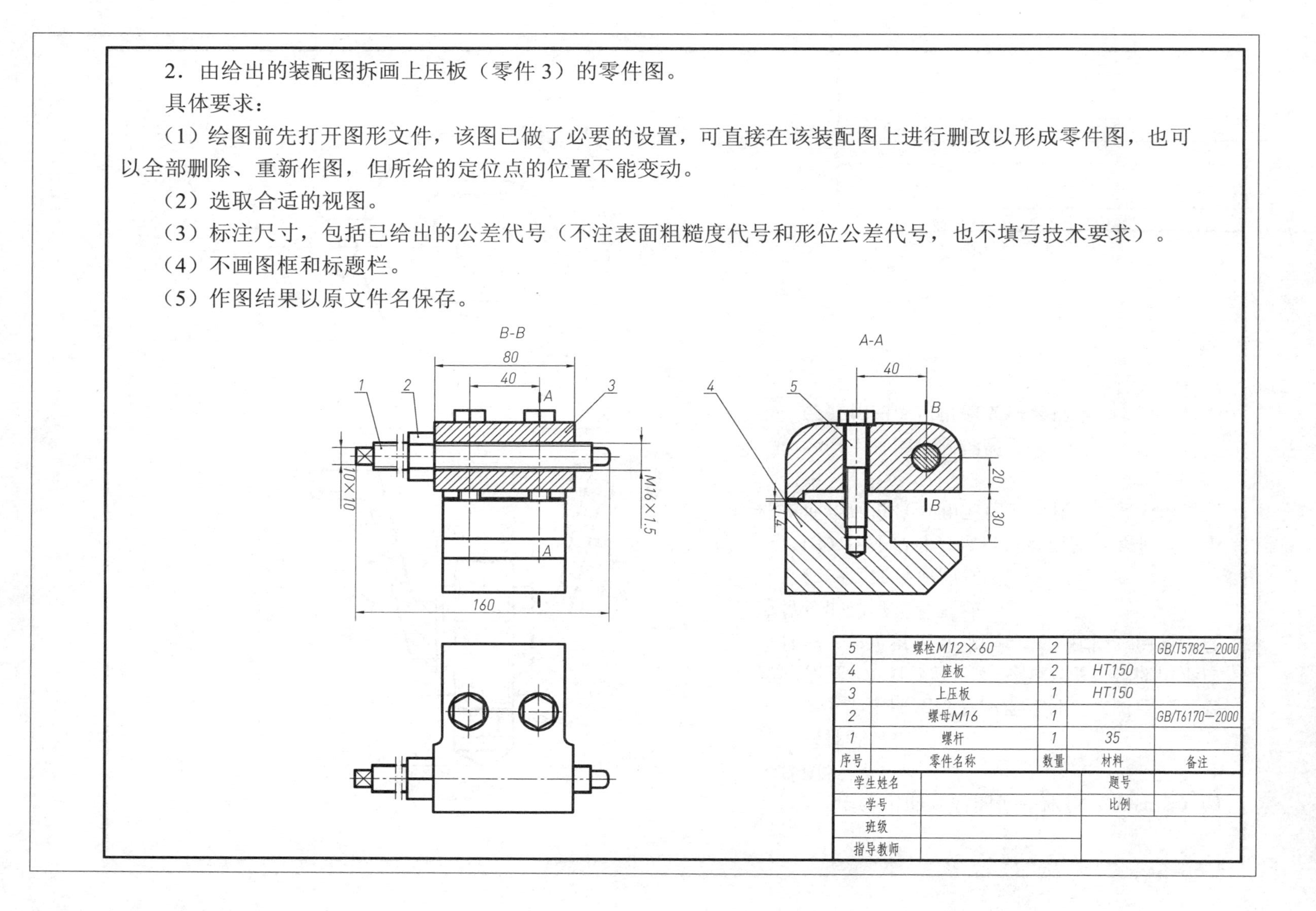

5	螺栓M12×60	2		GB/T5782—2000
4	座板	2	HT150	
3	上压板	1	HT150	
2	螺母M16	1		GB/T6170—2000
1	螺杆	1	35	
序号	零件名称	数量	材料	备注

学生姓名		题号	
学号		比例	
班级			
指导教师			

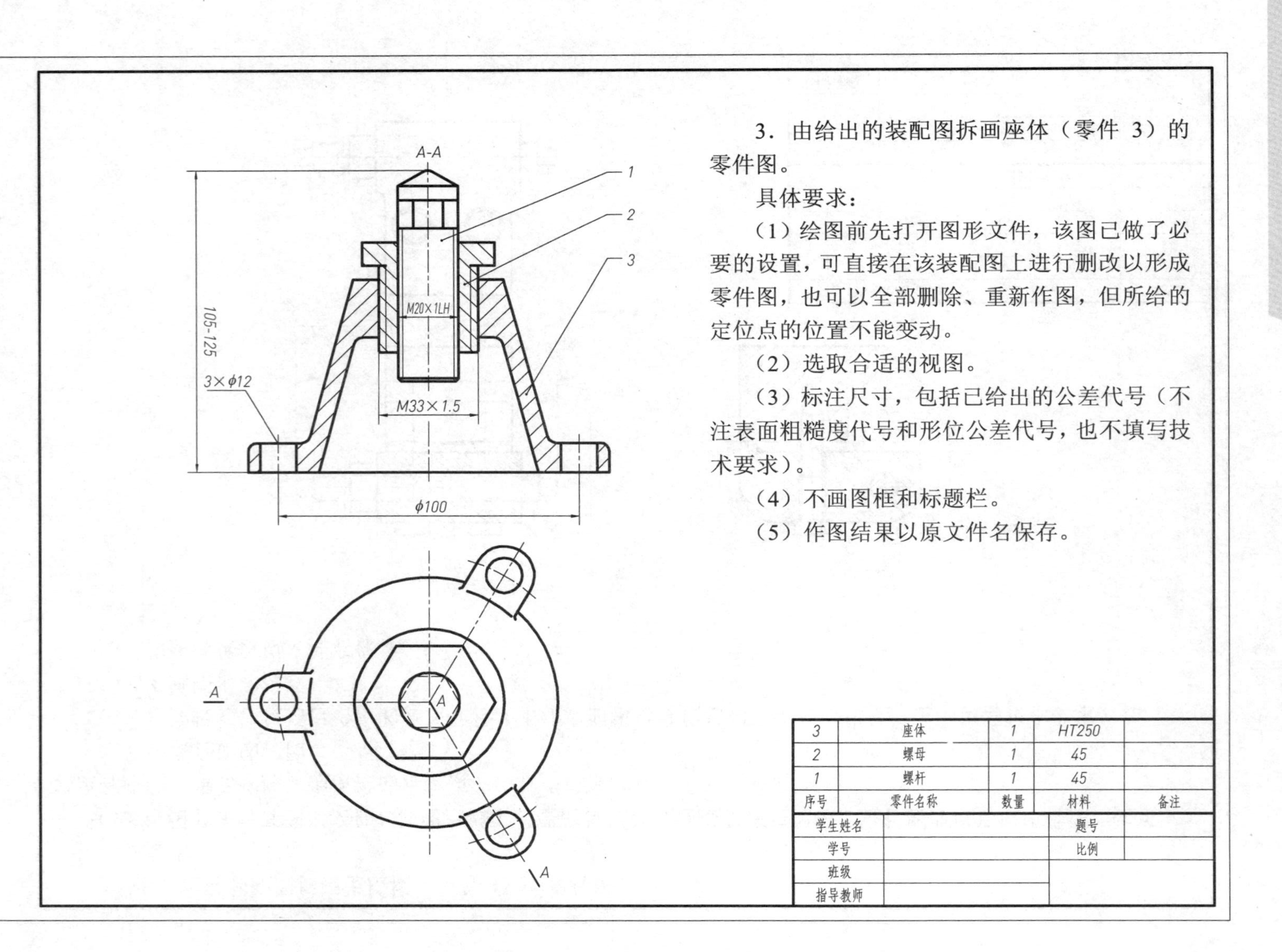
3．由给出的装配图拆画座体（零件 3）的零件图。
具体要求：
（1）绘图前先打开图形文件，该图已做了必要的设置，可直接在该装配图上进行删改以形成零件图，也可以全部删除、重新作图，但所给的定位点的位置不能变动。
（2）选取合适的视图。
（3）标注尺寸，包括已给出的公差代号（不注表面粗糙度代号和形位公差代号，也不填写技术要求）。
（4）不画图框和标题栏。
（5）作图结果以原文件名保存。
A-A
1
2
3
M20×1LH
M33×1.5
φ100
3×φ12
105-125
A
A
3 座体 1 HT250
2 螺母 1 45
1 螺杆 1 45
序号 零件名称 数量 材料 备注
学生姓名 题号
学号 比例
班级
指导教师

4．由给出的滚动轴承组件装配图拆画零件 1（端盖）的零件图。

具体要求：

（1）绘图前先打开图形文件，该图已做了必要的设置，可直接在该装配图上进行编辑以形成零件图，也可以全部删除、重新作图。

（2）选取合适的视图。

（3）标注尺寸。如装配图标注有某尺寸的公差代号，则零件图上该尺寸也要标注上相应的代号。不标注表面粗糙度符号和形位公差符号，也不填写技术要求。

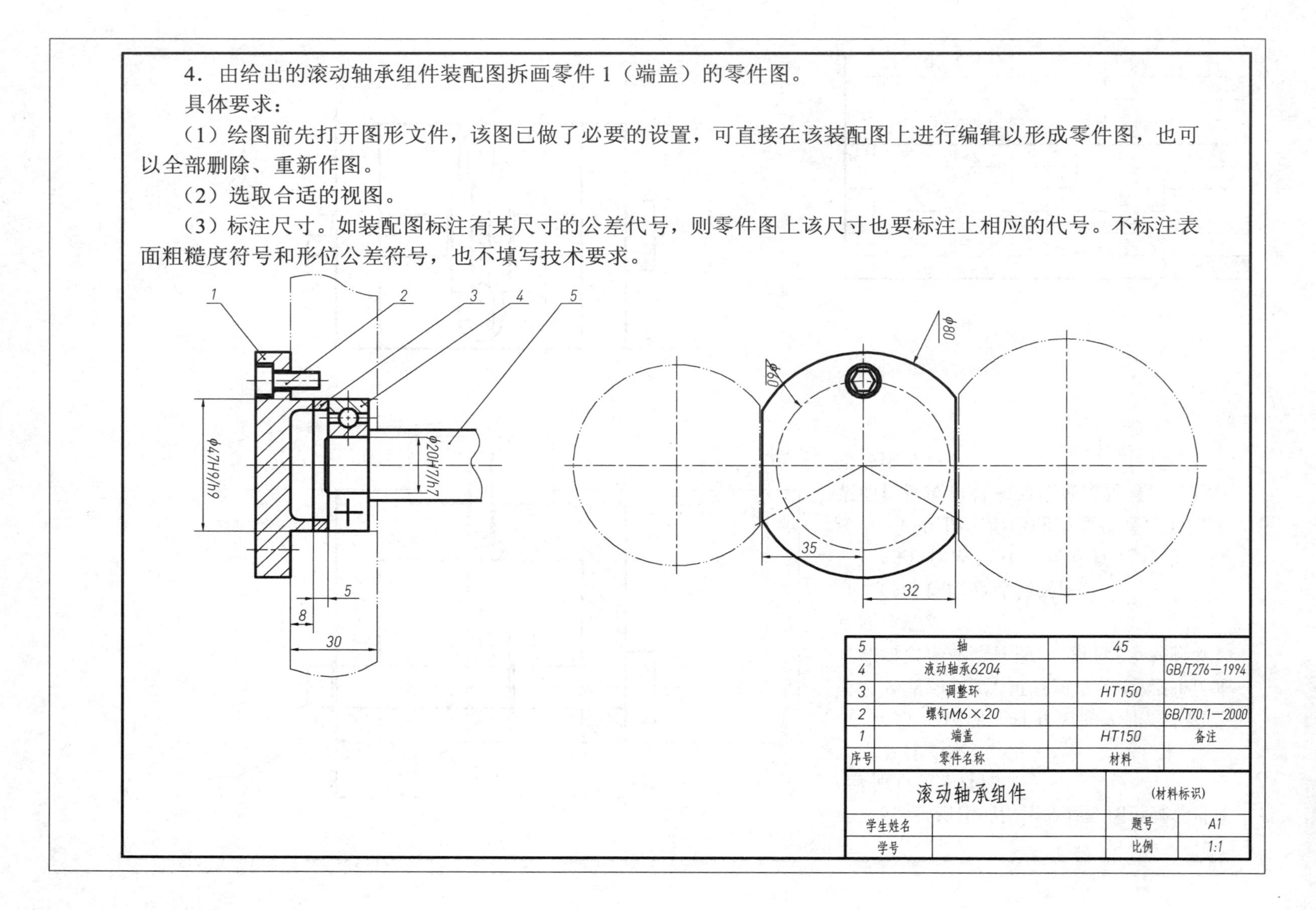

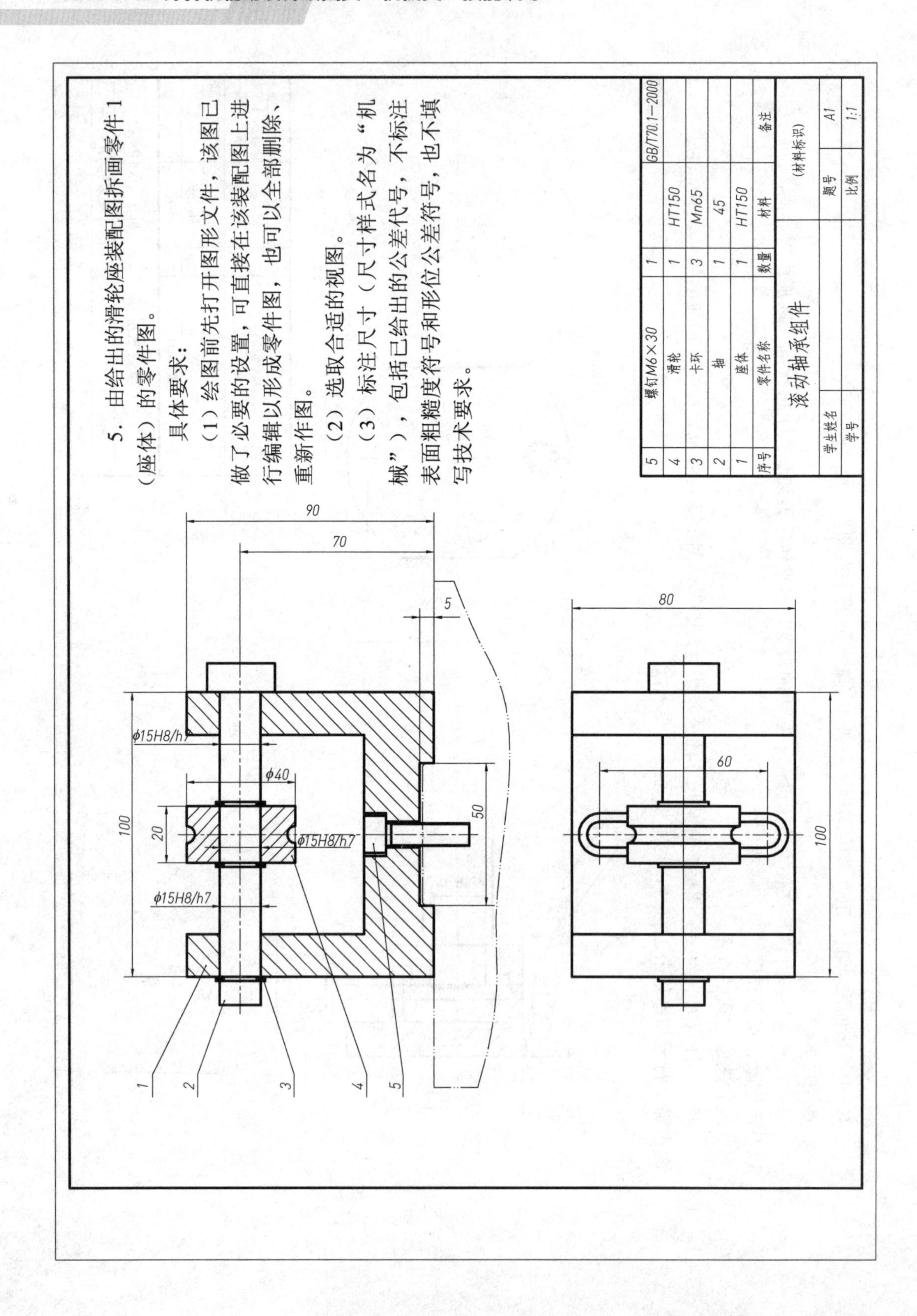

5. 由给出的滑轮座装配图拆画零件1（座体）的零件图。

具体要求：

（1）绘图前先打开图形文件，该图已做了必要的设置，可直接在该装配图上进行编辑以形成零件图，也可以全部删除、重新作图。

（2）选取合适的视图。

（3）标注尺寸（尺寸样式名为“机械”），包括已给出的公差代号，不标注表面粗糙度符号和形位公差符号，也不填写技术要求。

序号	零件名称	数量	材料	备注
5	螺钉M6×30	1		GB/T70.1—2000
4	滑轮	1	HT150	
3	卡环	3	Mn65	
2	轴	1	45	
1	座体	1	HT150	

滚动轴承组件		(材料标识)	
学生姓名		题号	A1
学号		比例	1:1

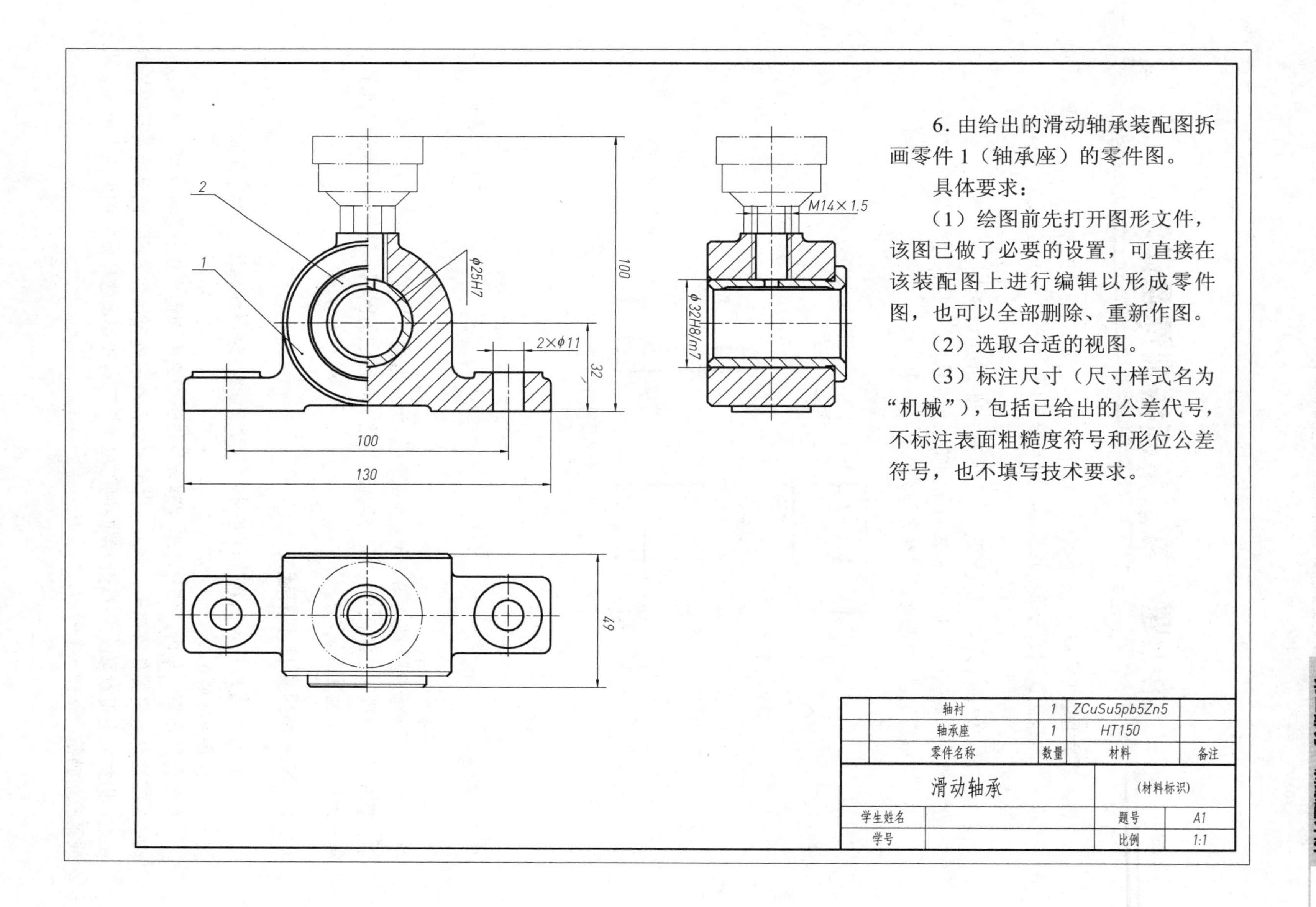

6. 由给出的滑动轴承装配图拆画零件 1（轴承座）的零件图。

具体要求：

（1）绘图前先打开图形文件，该图已做了必要的设置，可直接在该装配图上进行编辑以形成零件图，也可以全部删除、重新作图。

（2）选取合适的视图。

（3）标注尺寸（尺寸样式名为“机械”），包括已给出的公差代号，不标注表面粗糙度符号和形位公差符号，也不填写技术要求。

第七题 第三角画法训练题详解

训练题第七题内容如下。

将第三角投影视图改为第一角投影视图（图 7-1）。

具体要求：

（1）打开 A7.dwg，文件中已提供了立体第三角画法的三视图。

（2）将立体第三角画法的三视图转换为第一角画法的三视图（主、俯、左视图）。

（3）完成后仍以 A7.dwg 为文件名保存在文件夹中。

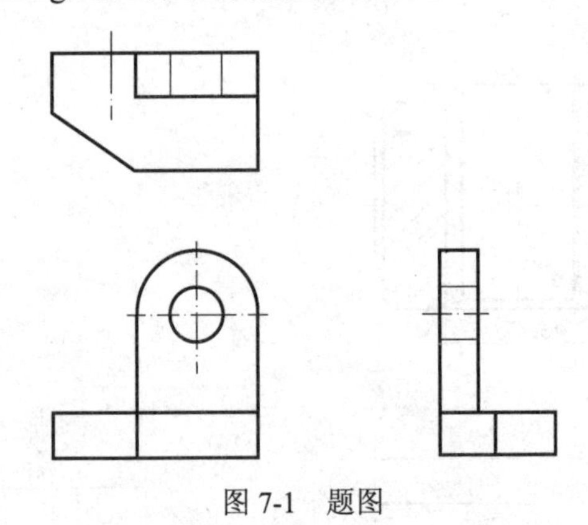

图 7-1 题图

7.1 分析

“将第三角投影视图改为第一角投影视图”，重点考查学员对第三角视图的理解。要求学员掌握第三角投影法的概念、第三角画法与第一角画法的区别、第三角投影图的形成、第一角和第三角画法的识别符号。

7.1.1 第三角投影体系的建立

三个相互垂直的投影面将空间划分成八个分角，分别称为第一角、第二角、第三角……，如图 7-2 所示。

将机件放在第一角内，使其处于观察者与投影面之间而得到正投影称为第一角画法；第三角投影法是将物体放在第三角内，投影面处在观察者与物体之间，把投影面看成是透明的，仍然采用正投影法，这样得到的视图称为第三角投影，这种方法称为第三角投影法或第三角画法，如图 7-3 所示。

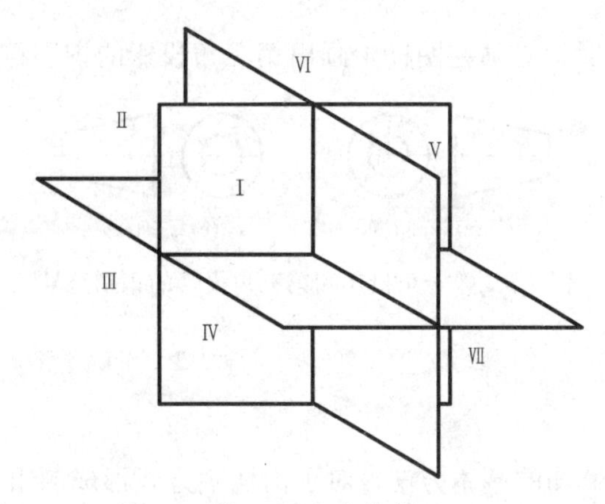

图 7-2　八个分角

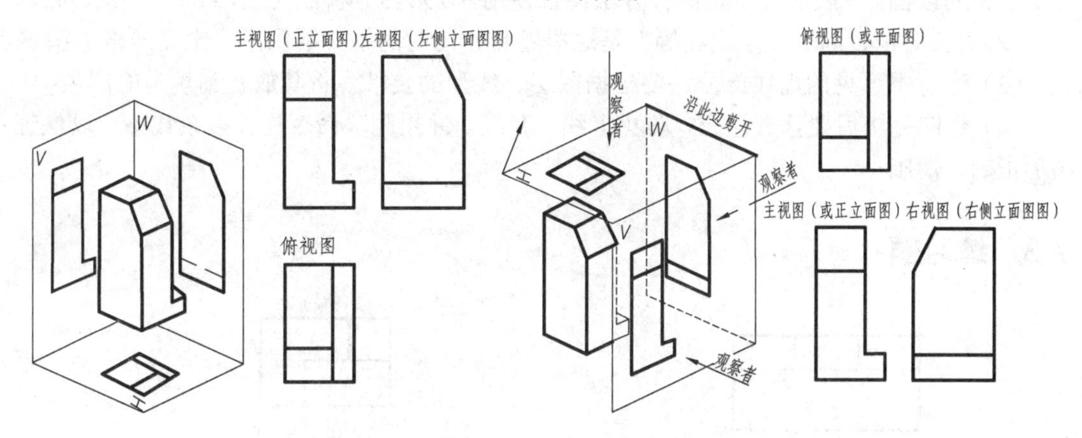

图 7-3　第一角画法与第三角画法的三视图对比

7.1.2　第三角画法的视图配置

第三角画法的投影面展开时，正面保持不动，其余各投影面的展开方法及视图的配置如图 7-4 所示。

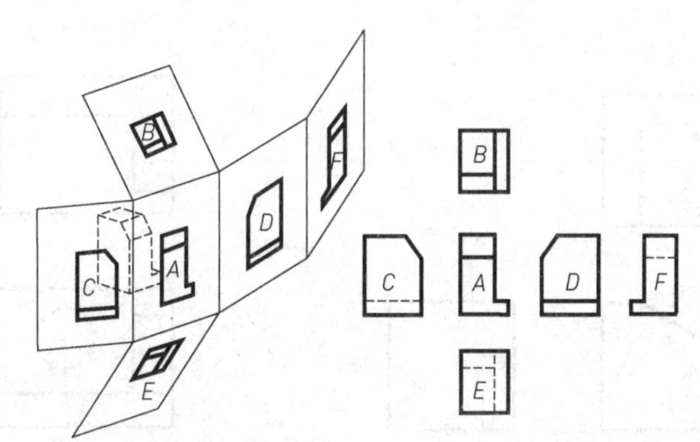

图 7-4　第三角画法投影面的展开方法及视图配置

在同一张图样中，如按图 7-4 配置视图，一律不注视图名称。

当采用第三角画法时，必须在图样中画出第三角投影的识别符号，如图 7-5 所示。

(a) 第一角投影　　(b) 第三角投影

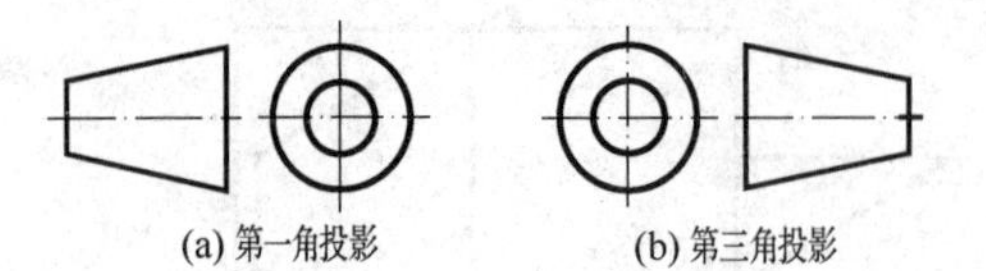

图 7-5　第一角投影和第三角投影的识别符号

7.2　注意事项

（1）形体分析法是读图的基本方法，对于由切割方式形成的组合体，还需要利用线面分析法帮助读图。一般情况下是两种方法混合使用，以形体分析法为主，线面分析法为辅。

（2）“长对正、高平齐、宽相等”是这类题目作图时的基本要求，一定要严格遵循。

（3）注意不可见的虚线部分，要根据图层、线型的要求，将其放置到规定的图层中。

（4）作图完毕后要认真检查，防止多线、漏线，并用删除命令去掉多余线条，以保证图形正确、清晰。

7.3　练习题

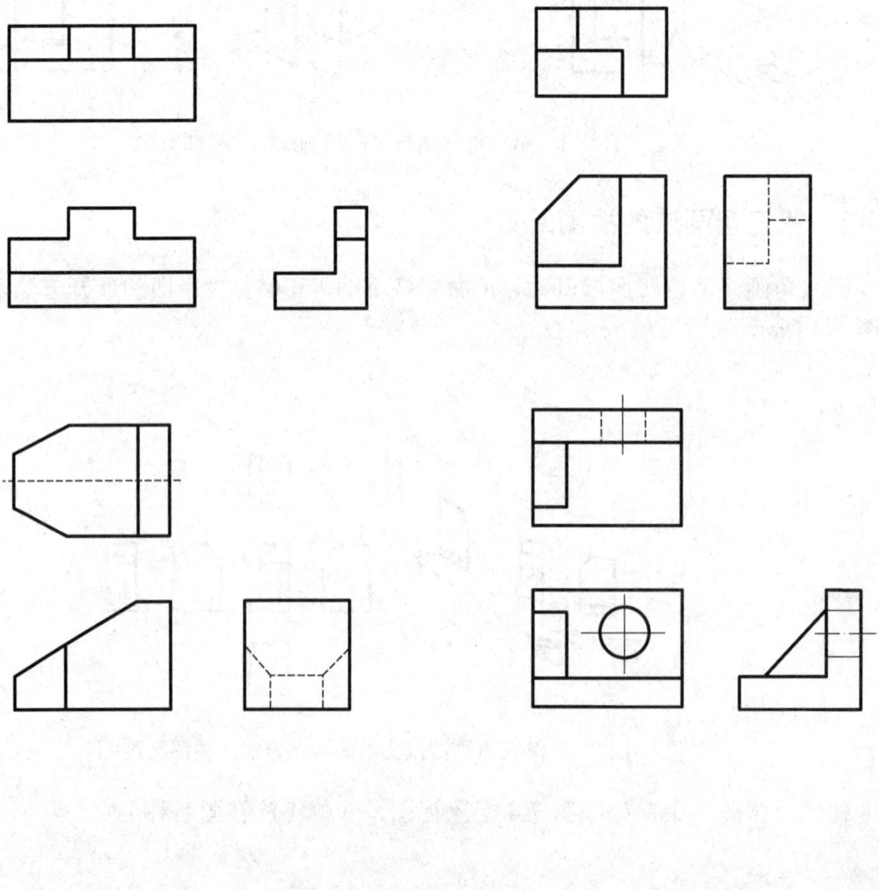

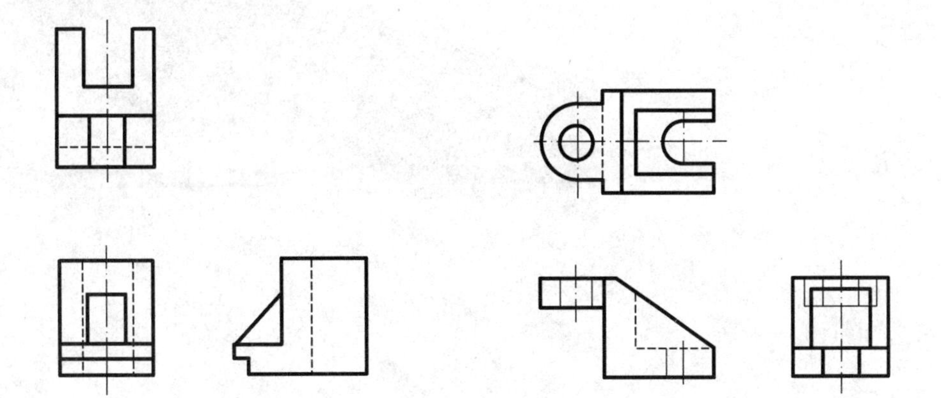

第三部分

模 拟 训 练 题

AutoCAD 计算机辅助设计绘图员（机械类）技能训练模拟训练题 1

一、基本设置（10 分）

打开图形文件 A1.dwg，在其中完成下列工作。

1．按以下规定设置图层及线型，并设定线型比例；绘图时不考虑图线宽度。

图层名称	颜色	（颜色号）	线型
01	白	（7）	实线 Continuous（粗实线用）
02	绿	（3）	实线 Continuous（细实线用）
04	黄	（2）	虚线 ACAD_ISO02W100（细虚线用）
05	红	（1）	点画线 ACAD_ISO04W100（细点画线用）
07	粉红	（6）	双点画线 ACAD_ISO05W100（细双点画线用）
08	绿	（3）	实线 Continuous（尺寸标注、公差标注、指引线、表面结构代号用）
09	绿	（3）	实线 Continuous（装配图序列号用）
10	绿	（3）	实线 Continuous（剖面符号用）
11	绿	（3）	实线 Continuous（细实线文本用）

2．按 1∶1 比例设置 A3 图幅（横装）一张，留装订边，画出图框线（图纸边界线已画出）。

3．按国家标准规定设置有关的文字样式（样式名为“机械样式”，包含“gbeitc.shx”和“gbcbig.shx”字体），然后画出并填写如下图所示的标题栏，不标注尺寸。

(图样名称)		(材料标识)	
学生姓名		题号	A1
学号		比例	1:1

16　2×8=16　30　60　25　25

4．完成以上各项内容后，以原文件名保存。

二、用 1：1 比例画出下图，不标注尺寸（10 分）

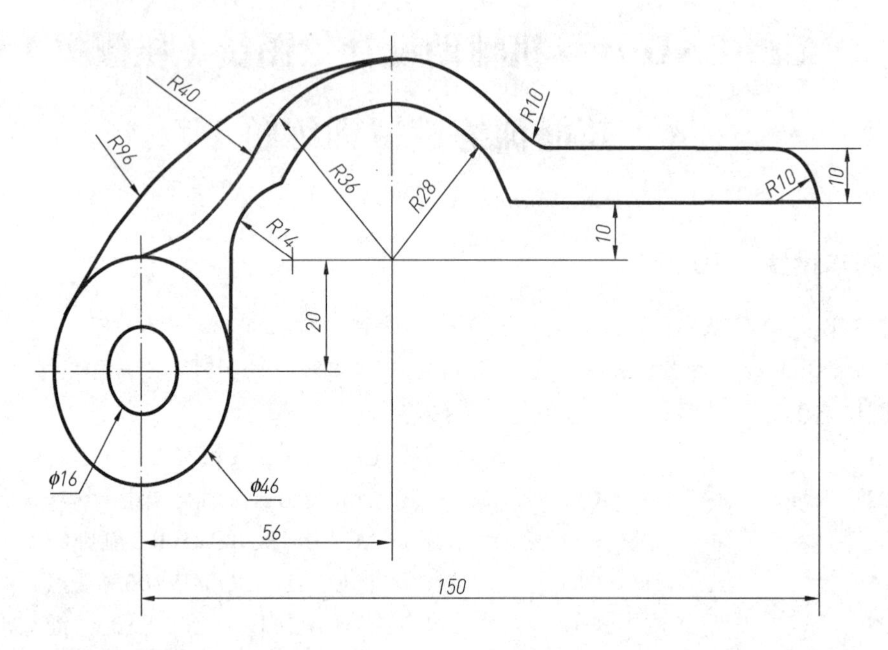

绘图前先打开图形文件 A2.dwg，该图已做了必要的设置，可直接在其上作图，作图结果以原文件名保存。

三、根据已知立体的两个投影画出第三个投影（10 分）

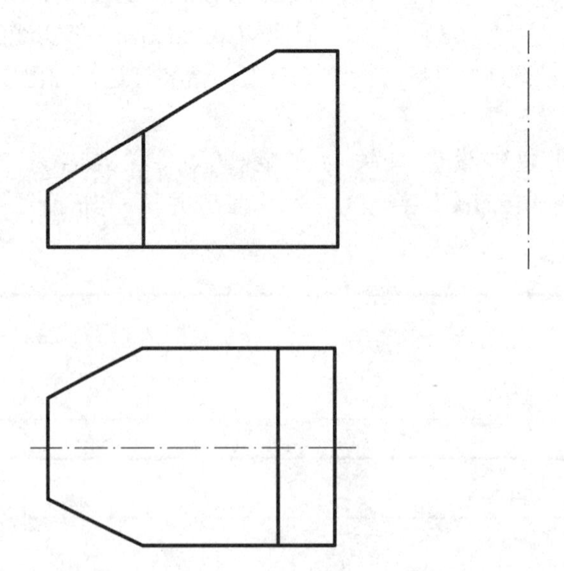

绘图前先打开图形文件 A3.dwg，该图已做了必要的设置，可直接在其上作图，作图结果以原文件名保存。

四、把下图所示立体的主视图画成半剖视图，左视图画成全剖视图（10 分）

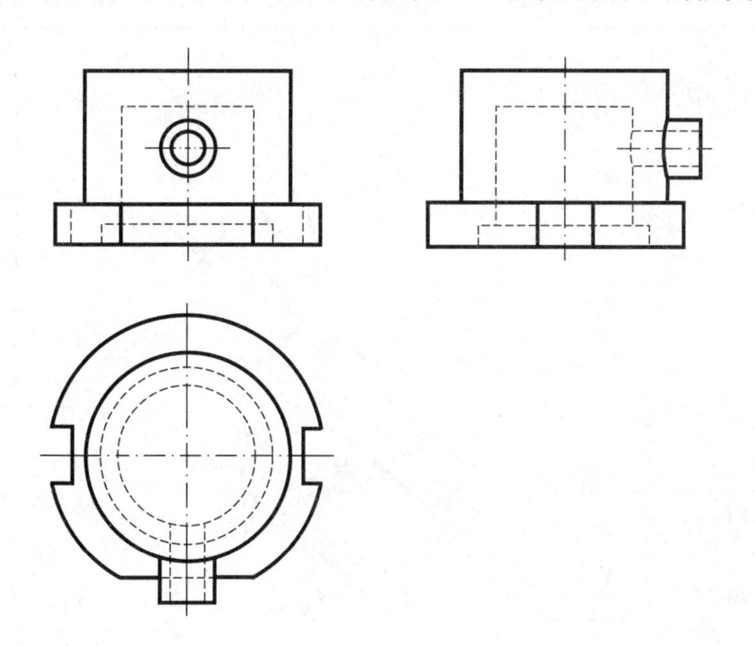

绘图前先打开图形文件 A4.dwg，该图已做了必要的设置，可直接在其上作图，主视图的右半部分取剖视。作图结果以原文件名保存。

五、画零件图（附图 1）（45 分）

具体要求：

1．画两个视图。绘图前先打开图形文件 A5.dwg，该图已做了必要的设置。

2．按国家标准有关规定，设置机械制图尺寸标注样式（样式名为“机械”）。

3．标注 *A—A* 剖视图的尺寸与表面粗糙度代号（表面粗糙度代号要使用带属性的块的方法标注，块名为“RA”，属性标签为“RA”，提示为“RA”）。

4．不画图框及标题栏，不用注写右上角的表面粗糙度代号及“未注圆角”等字样）。

5．作图结果以原文件名保存。

六、根据给出的结构齿轮组件装配图（附图 2）拆画零件 1（轴套）的零件图（10 分）

具体要求：

1．绘图前先打开图形文件 A6.dwg，该图已做了必要的设置，可直接在该装配图上进行编辑以形成零件图，也可以全部删除重新作图。

2．选取合适的视图。

3．标注尺寸（尺寸样式名为“机械”，已给出）。如装配图标注有某尺寸的公差代号，则零件图上该尺寸也要标注上相应的代号。不标注表面粗糙度符号和形位公差符号，也不填写技术要求。

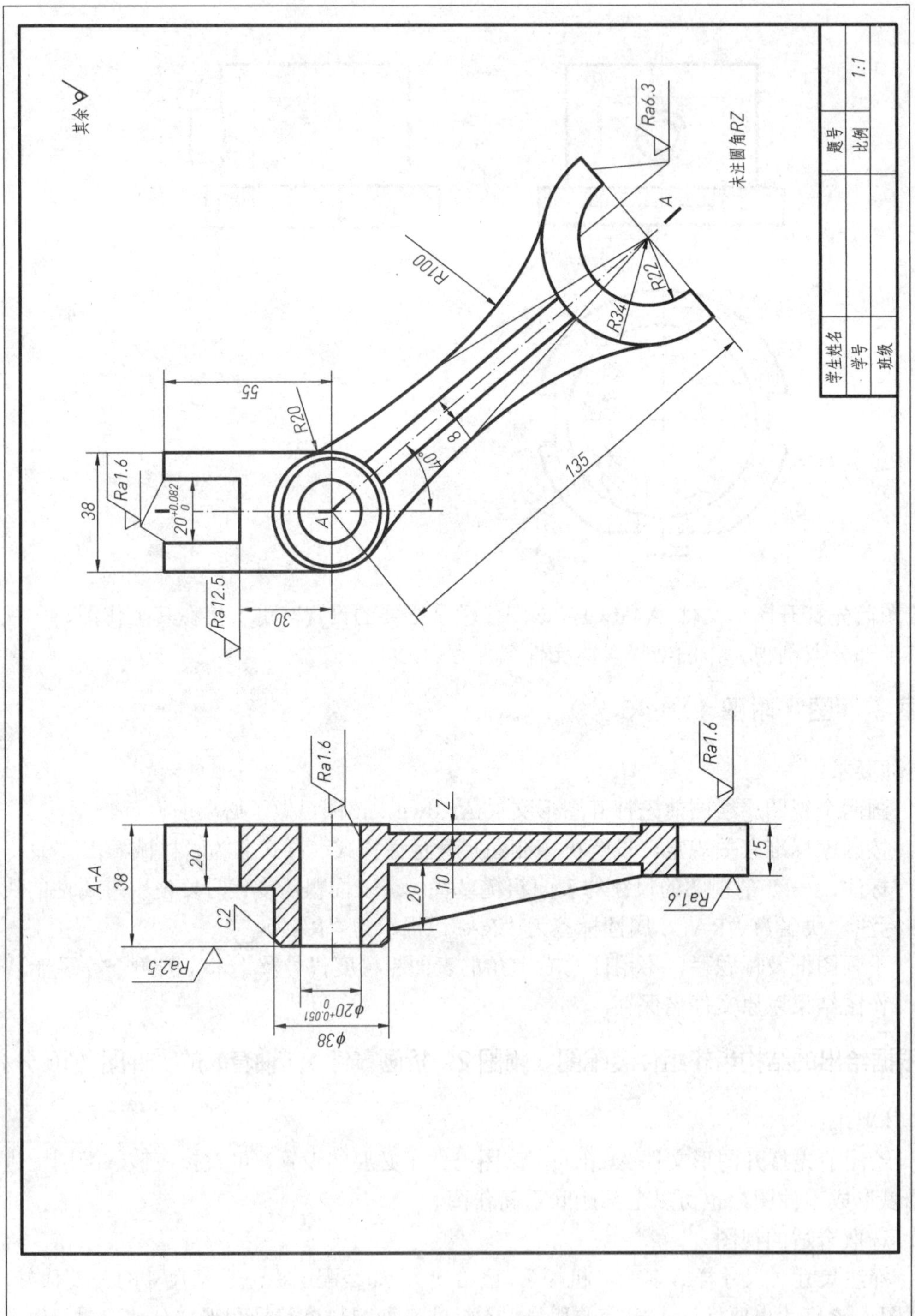

附图 1

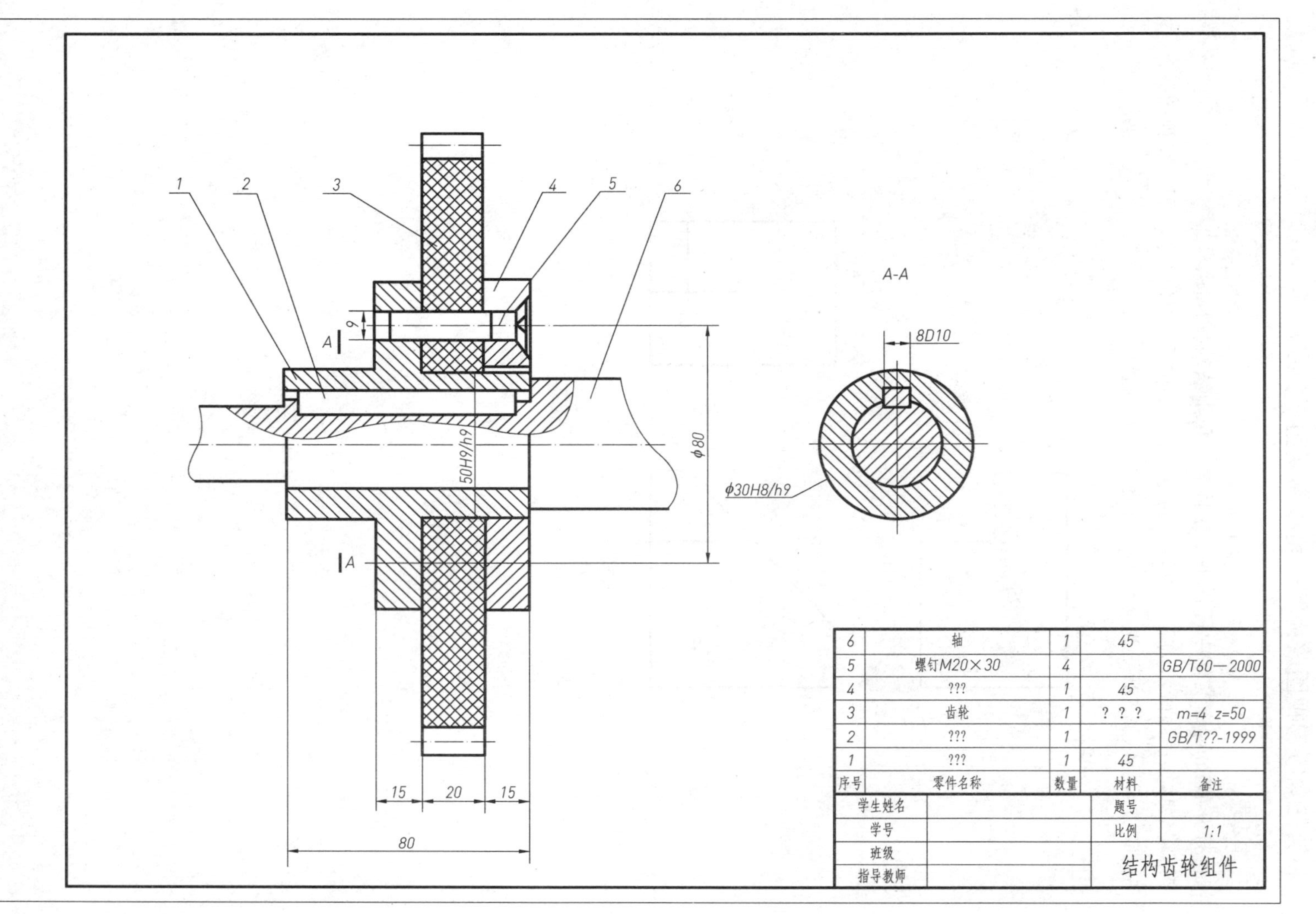
1
2
3
4
5
6
6
A
A
50H9/h9
φ80
A-A
8D10
φ30H8/h9
15
20
15
80
6 轴 1 45
5 螺钉M20×30 4 GB/T60—2000
4 ??? 1 45
3 齿轮 1 ? ? ? m=4 z=50
2 ??? 1 GB/T??-1999
1 ??? 1 45
序号 零件名称 数量 材料 备注
学生姓名
学号
班级
指导教师
题号
比例 1:1
结构齿轮组件

附图 2

七、将第三角投影视图改为第一角投影视图（5 分）

具体要求：

1．打开 A7.dwg，文件中已提供了立体第三角画法的三视图。

2．将立体第三角画法的三视图转换为第一角画法的三视图（主、俯、左视图）。

3．完成后仍以 A7.dwg 为文件名保存在文件夹中。

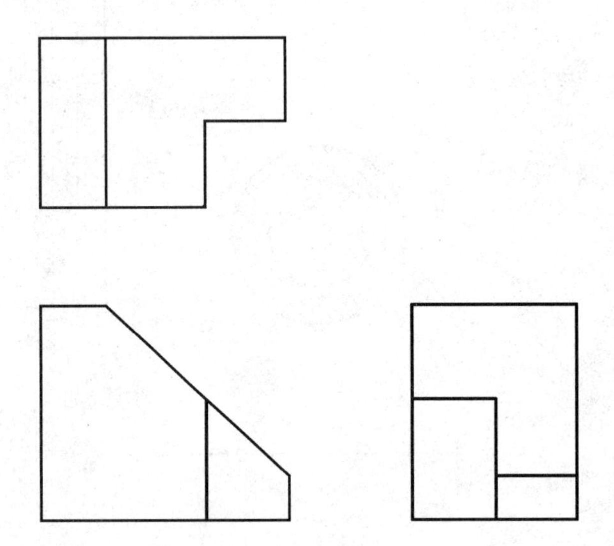

AutoCAD 计算机辅助设计绘图员（机械类）技能训练模拟训练题 2

一、基本设置（10 分）

打开图形文件 B1.dwg，在其中完成下列工作。

1．按以下规定设置图层及线型，并设定线型比例；绘图时不考虑图线宽度。

图层名称	颜色（颜色号）		线型
01	白	（7）	实线 Continuous（粗实线用）
02	绿	（3）	实线 Continuous（细实线用）
04	黄	（2）	虚线 ACAD_ISO02W100（细虚线用）
05	红	（1）	点画线 ACAD_ISO04W100（细点画线用）
07	粉红	（6）	双点画线 ACAD_ISO05W100（细双点画线用）
08	绿	（3）	实线 Continuous（尺寸标注、公差标注、指引线、表面结构代号用）
09	绿	（3）	实线 Continuous（装配图序列号用）
10	绿	（3）	实线 Continuous（剖面符号用）
11	绿	（3）	实线 Continuous（细实线文本用）

2．按 1∶1 比例设置 A3 图幅（横装）一张，留装订边，画出图框线（图纸边界线已画出）。

3．按国家标准规定设置有关的文字样式（样式名为“机械样式”，包含“gbeitc.shx”和“gbcbig.shx”字体），然后画出并填写如下图所示的标题栏，不标注尺寸。

（图样名称）		（材料标识）	
学生姓名		题号	A1
学号		比例	1:1

4．完成以上各项内容后，以原文件名保存。

二、用比例 1∶1 画出下图（图中 O 点为定位点），不标注尺寸（10 分）

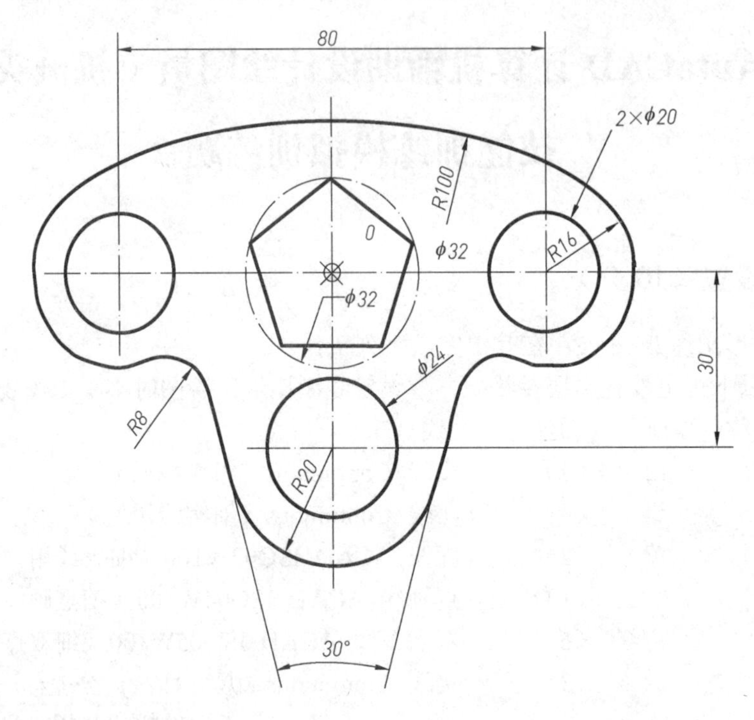

绘图前先打开图形文件 B2.dwg。该图已做了必要的设置，可直接在其上按所给的定位点 *O* 作图（定位点的位置不能变动）。作图结果以原文件名保存。

三、根据立体已知的两个投影画出第三个投影（10 分）

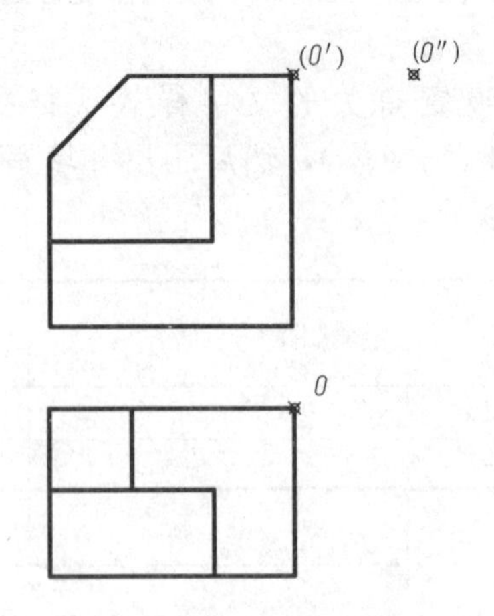

绘图前先打开图形文件 B3.dwg，该图已做了必要的设置，可直接在其上按所给的定位点 *O* 作图（定位点的位置不能变动）。

四、把下图所示立体的主视图画成全剖视图，俯视图画成半剖视图（10 分）

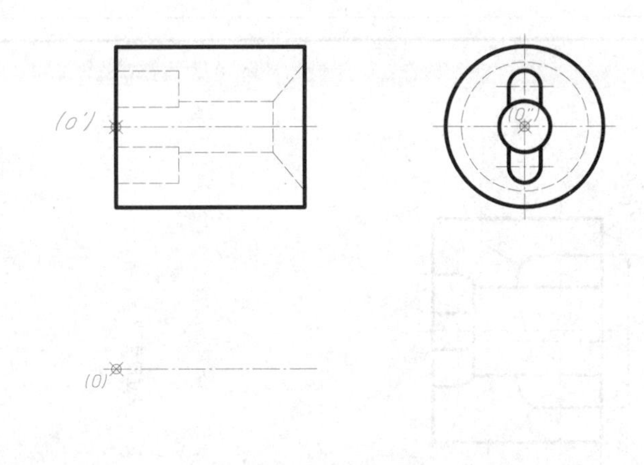

绘图前先打开图形文件 B4.dwg，该图已做了必要的设置，可直接在其上按所给的定位点 *O* 作图（定位点的位置不能变动），俯视图的前半部分取剖视。作图结果以原文件名保存。

五、画零件图的三个视图（附图 1）（45 分）

具体要求：

1．绘图前先打开图形文件 B5.dwg，该图已做了必要的设置，可直接在其上按所给的定位点 *O* 作图（定位点的位置不能变动）。

2．按国家标准有关规定，设置机械制图尺寸标注样式。

3．标注主视图的尺寸与表面粗糙度代号（表面粗糙度代号要使用带属性的块的方法标注）。

4．不画图框及标题栏，不用注写右上角的表面粗糙度代号及“未注圆角”等字样）。

5．作图结果以原文件名保存。

六、根据给出的扶杆支座装配图（附图 2）拆画零件 2（中支座）的零件图（10 分）

具体要求：

1．绘图前先打开图形文件 B6.dwg，该图已做了必要的设置，可直接在该装配图上进行删改或增添以形成零件图，也可以全部删除、重新作图，但所给的定位点 *O* 的位置不能变动。

2．选取合适的视图。

3．标注尺寸，包括已给出的公差代号（不标注表面粗糙度代号和形位公差代号，也不填写技术要求）。

4．不画图框、标题栏。

5．技术要求只填写未注圆角。

6．作图结果以原文件名保存。

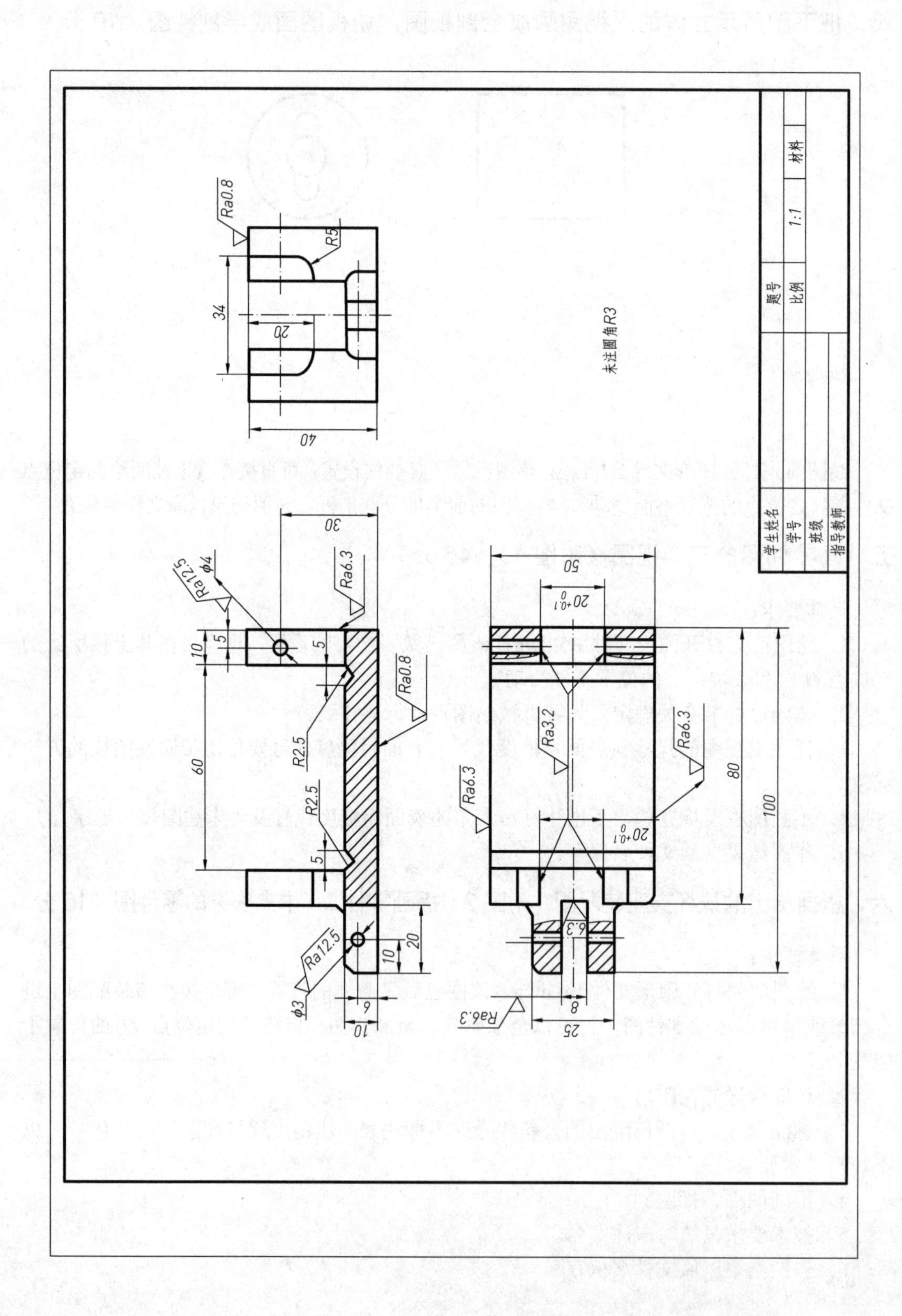
未注圆角R3
学生姓名
学号
班级
指导教师
题号
比例
1:1
材料
Ra0.8
R5
34
20
40
30
Ra12.5
φ4
Ra6.3
10
5
60
R2.5
R2.5
Ra0.8
20
Ra12.5
φ3
6
10
50
Ra3.2
Ra6.3
80
100
6.3
8
25
Ra6.3

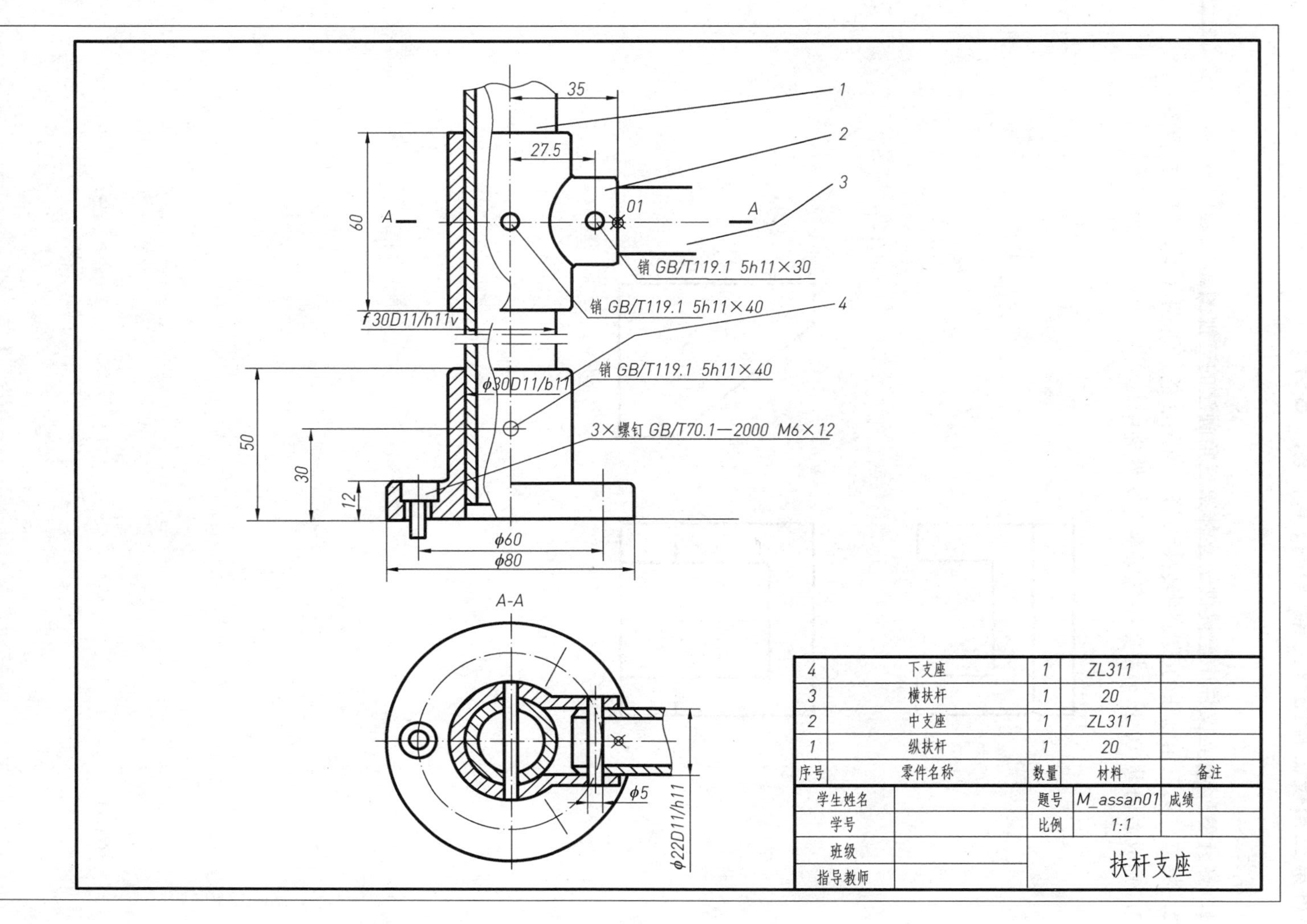

35
1
27.5
2
3
60
A
01
A
销 GB/T119.1 5h11×30
销 GB/T119.1 5h11×40
4
f30D11/h11v
销 GB/T119.1 5h11×40
φ30D11/b11
50
3×螺钉 GB/T70.1—2000 M6×12
30
12
φ60
φ80
A-A
φ5
φ22D11/h11
4 下支座 1 ZL311
3 横扶杆 1 20
2 中支座 1 ZL311
1 纵扶杆 1 20
序号 零件名称 数量 材料 备注
学生姓名 题号 M_assan01 成绩
学号 比例 1:1
班级
指导教师
扶杆支座

附图 2

七、将第三角投影视图改为第一角投影视图（5 分）

具体要求：

1．打开 B7.dwg，文件中已提供了立体第三角画法的三视图。

2．将立体第三角画法的三视图转换为第一角画法的三视图（主、俯、左视图）。

3．完成后仍以 A7.dwg 为文件名保存在文件夹中。

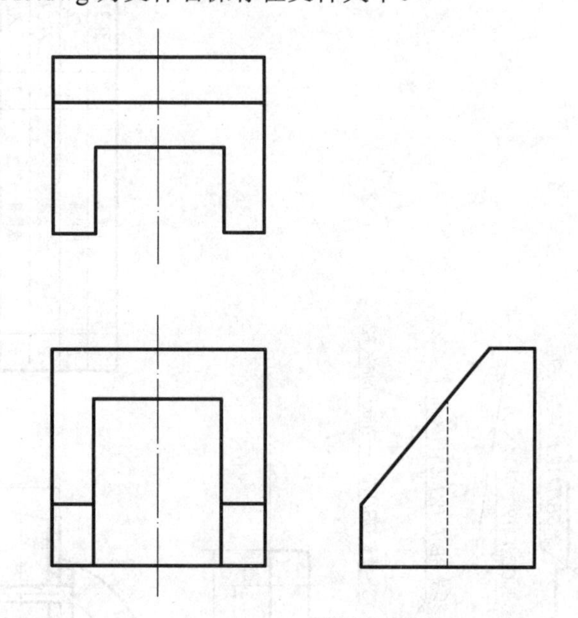

AutoCAD 计算机辅助设计绘图员（机械类）
技能训练模拟训练题 3

一、基本设置（10 分）

打开图形文件 C1.dwg，在其中完成下列工作。

1．按以下规定设置图层及线型，并设定线型比例；绘图时不考虑图线宽度。

图层名称	颜色（颜色号）		线型
01	白	（7）	实线 Continuous（粗实线用）
02	绿	（3）	实线 Continuous（细实线用）
04	黄	（2）	虚线 ACAD_ISO02W100（细虚线用）
05	红	（1）	点画线 ACAD_ISO04W100（细点画线用）
07	粉红	（6）	双点画线 ACAD_ISO05W100（细双点画线用）
08	绿	（3）	实线 Continuous（尺寸标注、公差标注、指引线、表面结构代号用）
09	绿	（3）	实线 Continuous（装配图序列号用）
10	绿	（3）	实线 Continuous（剖面符号用）
11	绿	（3）	实线 Continuous（细实线文本用）

2．按 1∶1 比例设置 A3 图幅（横装）一张，留装订边，画出图框线（图纸边界线已画出）。

3．按国家标准规定设置有关的文字样式（样式名为“机械样式”，包含“gbeitc.shx”和“gbcbig.shx”字体），然后画出并填写如下图所示的标题栏，不标注尺寸。

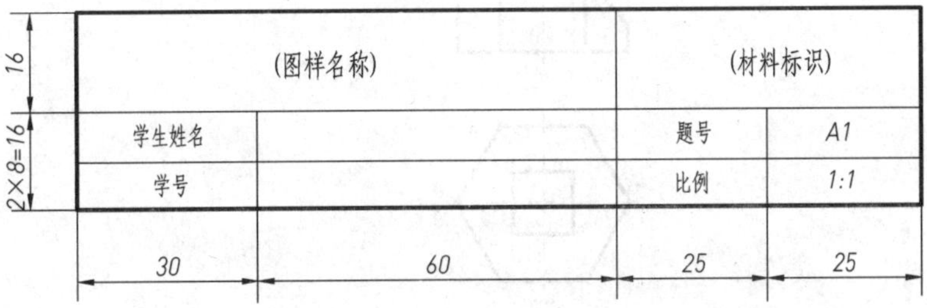

（图样名称）		（材料标识）	
学生姓名		题号	A1
学号		比例	1:1

尺寸：16；2×8=16；30；60；25；25

4．完成以上各项内容后，以原文件名保存。

二、按 1∶1 比例画出下图（图中 O 点为定位点），不标注尺寸（10 分）

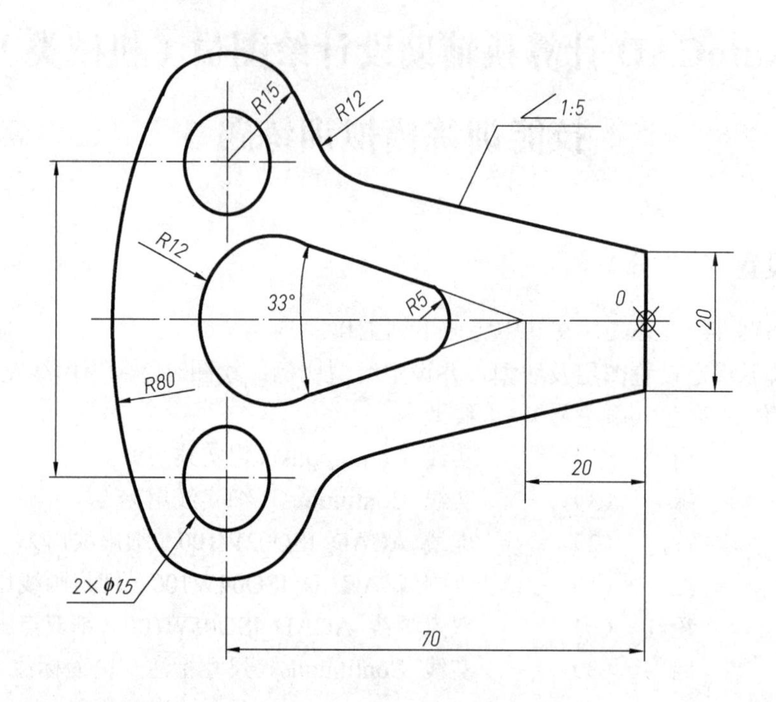

绘图前先打开图形文件 C2.dwg。该图形文件已做了必要的设置，可直接在其上按所给的定位点 O 作图（定位点的位置不能变动）。作图结果以原文件名保存。

三、根据已知立体的两个投影画出第三个投影（10 分）

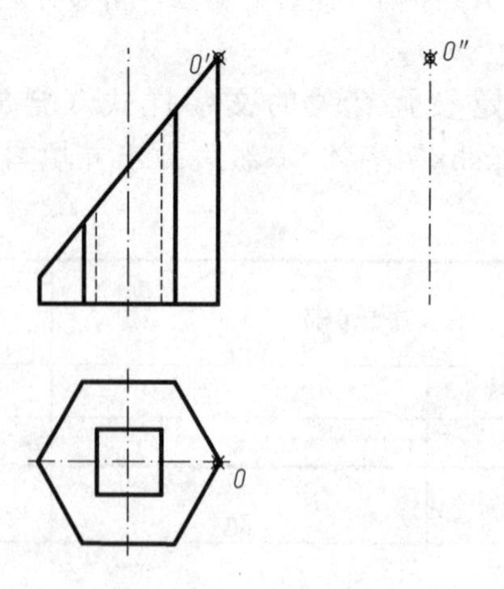

绘图前先打开图形文件 C3.dwg，该图形文件已做了必要的设置，可直接在其上按所给的定位点 O 作图（定位点的位置不能变动）。作图结果以原文件名保存。

四、把下图立体的主视图画成全剖视图，左视图画成半剖视图（10 分）

绘图前先打开图形文件 C4.dwg，该图形文件已做了必要的设置，可直接在其上按所给的定位点 *O* 作图（定位点的位置不能变动），左视图的右半部分取剖视。作图结果以原文件名保存。

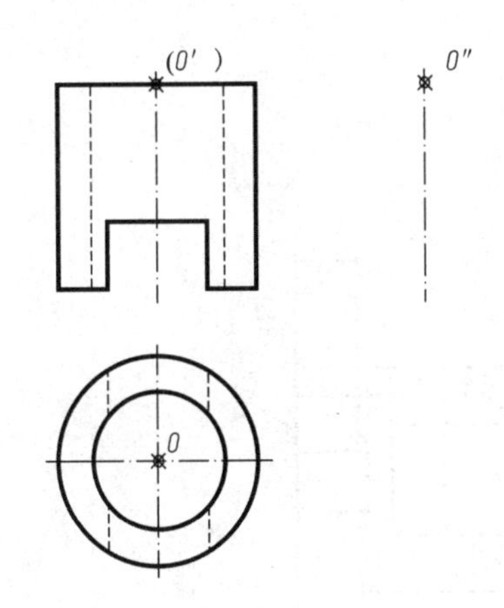

五、画零件图（附图 1）（45 分）

具体要求：

1．抄画三个视图。绘图前先打开图形文件 C5.dwg，该图形文件已做了必要的设置，可直接在其上按所给的定位点 *O* 作图（定位点的位置不能变动）。

2．按国家标准有关规定，设置机械制图尺寸标注样式。

3．注写主视图的尺寸与表面粗糙度代号（表面粗糙度代号要使用带属性的块的方法标注）。

4．不用画图框及标题栏，不用注写右上角的表面粗糙度代号及“未注圆角”等字样）。

5．作图结果以原文件名保存。

六、根据给出的扶手轴承装配图（附图 2）拆画轴承座零件图（10 分）

具体要求：

1．绘图前先打开图形文件 C6.dwg，该图形文件已做了必要的设置，可直接在该装配图上进行删改以形成零件图，也可以全部删除、重新作图，但所给的定位点 *O* 的位置不能变动。

2．选取合适的视图。

3．标注尺寸（如装配图注有公差配合代号，则零件图应填上相应的公差代号），不注表面粗糙度代号和形位公差代号，也不填写技术要求。

4．不画图框和标题栏。

5．作图结果以原文件名保存。

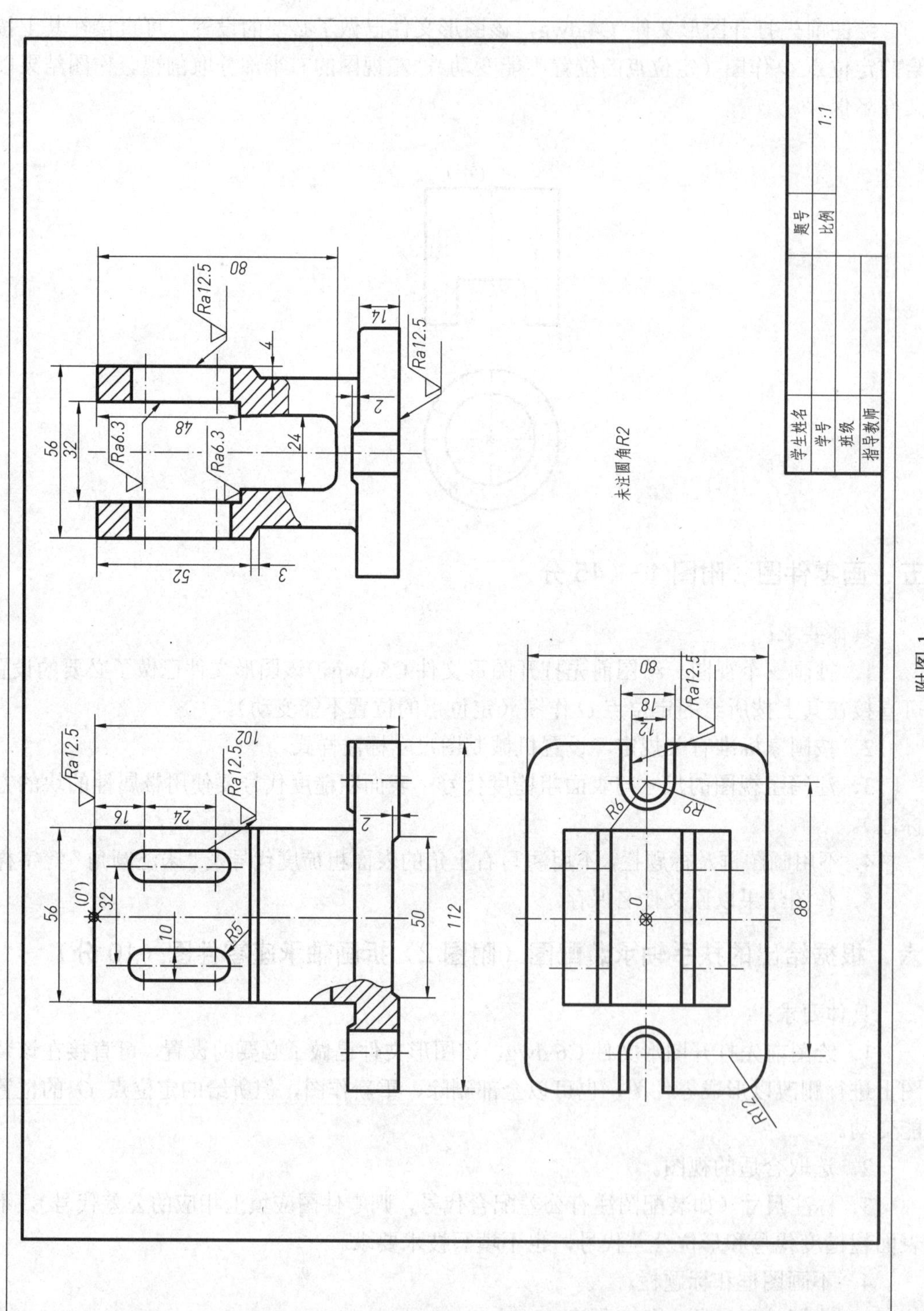

80
Ra12.5
14
4
2
48
56
32
Ra6.3
24
52
3
102
16
24
(0')
10
R5
50
112
18
12
R6
R9
0
88
R12
未注圆角R2
学生姓名
学号
班级
指导教师
题号
比例
1:1

附图 1

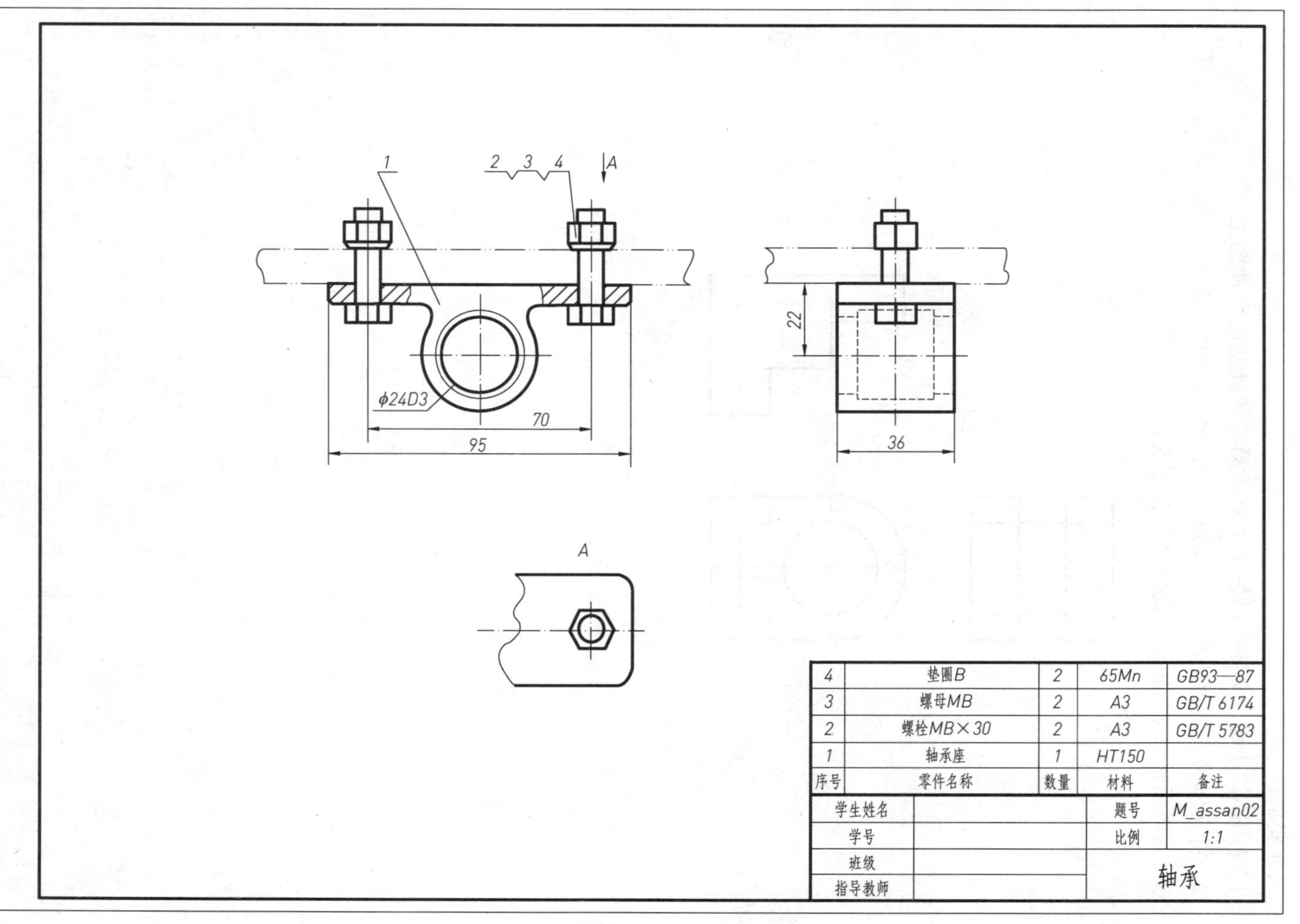
1
2 3 4
A
φ24D3
70
95
22
36
A
4 垫圈B 2 65Mn GB93—87
3 螺母MB 2 A3 GB/T 6174
2 螺栓MB×30 2 A3 GB/T 5783
1 轴承座 1 HT150
序号 零件名称 数量 材料 备注
学生姓名
学号
班级
指导教师
题号 M_assan02
比例 1:1
轴承

附图 2

七、将第三角投影视图改为第一角投影视图（5 分）

具体要求：

1．打开 C7.dwg，文件中已提供了立体第三角画法的三视图。

2．将立体第三角画法的三视图转换为第一角画法的三视图（主、俯、左视图）。

3．完成后仍以 C7.dwg 为文件名保存在文件夹中。

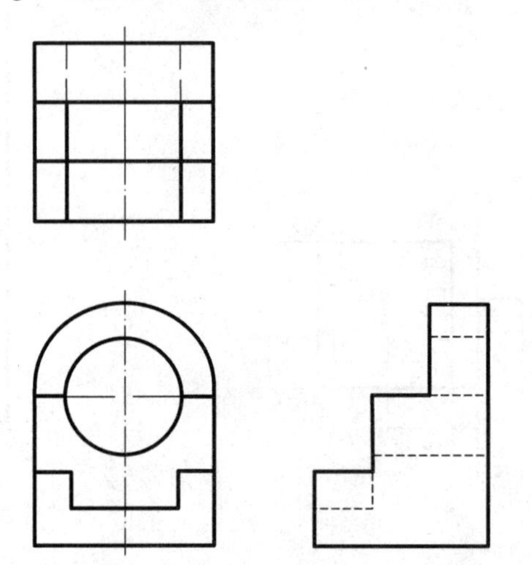

常用 AutoCAD 快捷键命令

F1：获取帮助
F2：实现作图窗口和文本窗口的切换
F3：控制是否实现对象自动捕捉
F4：数字化仪控制
F5：等轴测平面切换
F6：控制状态行上坐标的显示方式
F7：栅格显示模式控制
F8：正交模式控制
F9：栅格捕捉模式控制
F10：极轴模式控制
F11：对象追踪模式控制

CTRL+0：清除屏幕
CTRL+1：修改特性
CTRL+2：设计中心
CTRL+3：工具选项面板
CTRL+6：数据库连接管理器

CTRL+A：全选
CTRL+B：切换捕捉
CTRL+C：复制
CTRL+D：切换坐标显示
CTRL+E：在等轴测平面之间循环
CTRL+F：切换执行对象捕捉
CTRL+G：切换栅格
CTRL+H：打开/关闭 PICKSTYLE
CTRL+J：执行上一个命令
CTRL+K：超链接
CTRL+L：切换正交模式
CTRL+M：重复上一个命令
CTRL+N：创建新图形
CTRL+O：打开现有图形
CTRL+P：打印当前图形

CTRL+Q：退出
CTRL+S：保存当前图形
CTRL+T：切换“数字化仪模式”

CTRL+U：打开/关闭“极轴”
CTRL+V：粘贴剪贴板中的数据
CTRL+W：打开/关闭“对象捕捉追踪”
CTRL+X：将对象剪切到剪贴板
CTRL+Y：重复上一个操作
CTRL+Z：撤销上一个操作

CTRL+Shift+C：带基点复制
CTRL+Shift+S：另存为
CTRL+Shift+V：粘贴为块
CTRL+[：取消当前命令
CTRL+\：取消当前命令

对象特性：
LA, *LAYER（图层操作）
LW, *LWEIGHT（线宽）

绘图命令：
PO, *POINT（点）
L, *LINE（直线）
PL, *PLINE（多段线）
SPL, *SPLINE（样条曲线）
POL, *POLYGON（正多边形）
REC, *RECTANGLE（矩形）
C, *CIRCLE（圆）
A, *ARC（圆弧）
EL, *ELLIPSE（椭圆）
MT, *MTEXT（多行文本）
T, *MTEXT（多行文本）
B, *BLOCK（块定义）
I, *INSERT（插入块）
W, *WBLOCK（定义块文件）
H, *BHATCH（填充）

修改命令：
CO, *COPY（复制）
MI, *MIRROR（镜像）
AR, *ARRAY（阵列）
O, *OFFSET（偏移）
RO, *ROTATE（旋转）
M, *MOVE（移动）
E, DEL 键 *ERASE（删除）
X, *EXPLODE（分解）
TR, *TRIM（修剪）
EX, *EXTEND（延伸）
S, *STRETCH（拉伸）
CHA, *CHAMFER（倒角）
F, *FILLET（倒圆角）

视窗缩放：
Z+空格+空格：实时缩放
Z：局部放大
Z+P：返回上一视图
Z+E：显示全图

尺寸标注：
DLI, *DIMLINEAR（直线标注）
DAL, *DIMALIGNED（对齐标注）
DRA, *DIMRADIUS（半径标注）
DDI, *DIMDIAMETER（直径标注）
DAN, *DIMANGULAR（角度标注）
DCE, *DIMCENTER（中心标注）
DOR, *DIMORDINATE（点标注）
TOL, *TOLERANCE（标注形位公差）
LE, *QLEADER（快速引出标注）
DBA, *DIMBASELINE（基线标注）
DCO, *DIMCONTINUE（连续标注）
D, *DIMSTYLE（标注样式）
DED, *DIMEDIT（编辑标注）
DOV, *DIMOVERRIDE（替换标注系统变量）

反侵权盗版声明